高职高专教育"十二五"规划建设教材

动物性食品卫生检验技术

第 2 版

姜凤丽　曹　斌　主编

中国农业大学出版社
·北京·

内容简介

本书以动物性食品的卫生检验为主线，共11个任务，分别是：动物性食品污染与控制、屠宰加工企业的卫生要求、屠宰加工流程及检疫、肉的新鲜度检验、不同肉制品的卫生检验、屠畜常见传染病的鉴定与卫生处理、屠畜常见寄生虫病的鉴定与卫生处理、乳及乳制品的检验、蛋的检验、市场肉品检疫检验、水产品的检验。各任务下细分出子任务，系统全面地叙述了动物性食品污染的来源，屠畜的加工工艺流程，宰前、宰后的检疫检验方法及产品的处理方法，同时列出了动物性食品的安全指标，并且通过任务的设计、完成，培养学生的认知能力、实践能力，不仅有利于学生学习的需求，同时也适合相关技术人员培训使用。

图书在版编目(CIP)数据

动物性食品卫生检验技术/姜凤丽，曹斌主编．—2版．—北京：中国农业大学出版社，2014.8(2020.11重印)

ISBN 978-7-5655-1007-6

Ⅰ.①动…　Ⅱ.①姜…　②曹…　Ⅲ.①动物性食品-食品检验　Ⅳ.①TS207.3

中国版本图书馆CIP数据核字(2014)第136903号

书　名　动物性食品卫生检验技术　第2版
作　者　姜凤丽　曹　斌　主编

策划编辑　康昊婷　　**责任编辑**　田树君
封面设计　郑　川　　**责任校对**　陈　莹　王晓凤
出版发行　中国农业大学出版社
社　址　北京市海淀区圆明园西路2号　　**邮政编码**　100193
电　话　发行部 010-62818525,8625　　读者服务部 010-62732336
编辑部 010-62732617,2618　　出　版　部 010-62733440
网　址　http://www.cau.edu.cn/caup　　**e-mail** cbsszs @ cau.edu.cn
经　销　新华书店
印　刷　涿州市星河印刷有限公司
版　次　2014年8月第2版　　2020年11月第3次印刷
规　格　787×1 092　　16开本　　13.75印张　　337千字
定　价　37.00元

图书如有质量问题本社发行部负责调换

编写人员

主　编　姜凤丽　辽宁农业职业技术学院
曹　斌　江苏农牧科技职业学院

副主编　王景春　辽宁农业职业技术学院
刘衍芬　辽宁农业职业技术学院
杨仕群　宜宾职业技术学院
焦　镭　河南农业职业学院
张学勇　黑龙江生物科技职业学院

参　编　沈向华　内蒙农大职业技术学院
刘永华　辽宁医学院
葛兰云　黑龙江农业工程职业技术学院
田　璐　北京农业职业学院
张　瑾　甘肃畜牧工程职业技术学院
李春华　辽宁农业职业技术学院

前　言

本教材是根据《国家中长期教育改革和发展规划纲要(2010—2020年)》、《教育部关于加强高职高专教育人才培养工作的意见》、《教育部关于以就业为导向深化高等职业教育改革的若干意见》、《关于全面提高高等职业教育教学质量的若干意见》(教高16号文件)及《关于加强高职高专教育教材建设的若干意见》的精神和要求进行编写的。

动物性食品卫生检验技术是兽医专业及畜牧兽医专业的专业课程，主要是培养学生对动物性食品安全性的认识及检验能力，也是检验检疫员的必备课程。本教材以兽医及畜牧专业课程为基础，完整地体现了各课程之间的紧密联系，也进一步提升了学生的专业能力。

本教材在设计理念上进行大胆的创新，按国家教育部文件精神，按"工作过程系统化"的思路，以任务为载体，提高学生的相应岗位的职业素质和职业能力，培养自主创新能力、知识的综合应用能力、协作沟通能力等社会能力，同时也提升学生的创新能力，并充分体现了以学生为主体的教学理念。

内容安排上，根据"提出任务—资讯—决策—计划—实施—检查—评价"的七步教学法的要求设计任务，强调了"学与做相结合、考核与学习同步"，充分体现"理实一体化"的教改思路。

内容的选取针对岗位的需求，解决具体的实际问题，保证学生的可持续发展，参照家畜检验检疫工作的要求组织教材内容。

本教材编写过程中，参阅了大量的国内外相关文献，对所涉及的专家学者表示衷心的感谢！

由于编写时间较短，加之业务水平和编写水平有限，难免会有不足之处，敬请大家批评指正。

编　者

2014年3月

目　录

任务1

动物性食品污染与控制

学习目标

● 了解动物性食品污染的来源、途径及危害，从而掌握如何控制动物性食品的污染；并且了解动物性食品安全性评价标准，能正确评价动物性食品的安全性。

学习流程

生物性污染的来源、途径 → 非生物性污染的来源、途径 → 食物中毒与监控 → 动物性食品安全性评价

任务概述

子任务	依据及资讯
1-1 确定动物性食品生物性污染途径与控制	动物性食品生物性污染的来源、途径及危害
1-2 确定动物性食品非生物性污染途径与控制	动物性食品非生物性污染的来源、途径及危害
1-3 食物中毒与监控	引起食品中毒的原因
1-4 动物性食品安全性评价	动物性食品安全性评价标准

子任务1-1 确定动物性食品生物性污染途径与控制

【任务】

动物性食品的生物性污染对人类的健康危害巨大，是造成人畜共患病及畜禽疫病暴发流行的主要传播途径，请列举动物性食品生物性污染的来源及途径，并说明原因。

【学习流程】

内源性污染 → 外源性污染 → 生物性污染的控制

【资讯】

生物性污染是微生物、寄生虫以及昆虫对动物性食品造成的污染。其污染方式和途径可以是内源性的，也可以是外源性的。

一、内源性污染

内源性污染又称食用动物的生前污染或第一次污染，即动物在生长发育过程中，由本身带染的生物性或从环境中侵入的生物性物质而造成的食品污染。

(1)人畜共患传染病和寄生虫病的病原体的污染　人畜共患病是指脊椎动物和人类之间自然传染的疾病。现已查明，在目前已知的200多种动物传染病和150多种寄生虫病中，至少有160种可以自然传染给人，其中通过肉用动物及其产品传染给人的有30多种。如果动物生长发育过程中感染了这些人畜共患传染病和寄生虫病，就可能对人类健康造成威胁。

(2)动物固有的传染病和寄生虫病的病原体的污染　除人畜共患病外，食用动物还可感染其固有的一些疾病。这些疾病虽然不感染人，但由于病原体在体内的活动以及组织的病理分解，使动物体内蓄积了某些有毒物质，同时由于患病机体抵抗力减弱，使正常存在于机体中的某些微生物，尤其是沙门氏菌属细菌发生继发感染，引起人们的食物中毒或感染。

(3)非致病性和条件致病性微生物的污染　正常条件下，在动物机体的某些部位，如消化道、上呼吸道、泌尿生殖道及体表等，存在着一些非致病性和条件致病性微生物，当动物宰前处于不良条件下，如长途运输、过度疲劳、拥挤、饥饿等，则动物机体的抵抗力降低，这些微生物便有可能侵入肌肉、肝脏等部位，造成动物性食品的污染。

二、外源性污染

外源性污染又称为食品加工流通过程的污染或第二次污染。即食品在生产、加工、运输、贮藏、销售等过程中的污染。常见以下几种：

(1)通过水的污染　动物性食品生产加工的许多环节都离不开水，如果使用被生物性、化学性或放射性物质污染的水源，则会造成食品的污染。

(2)通过空气的污染　空气中含有大量的微生物，还可能含有工业废气等有害物质。空气中的污染物可以自然沉降或随雨滴降落在食品上，造成直接污染，也可以污染水源、土壤，造成间接污染。此外，带有微生物的痰沫、鼻涕与唾液的飞沫、空气中的尘埃等也可对食品造成污染。

(3)通过土壤的污染　土壤中可能存在各种致病性微生物和各种有毒的化学物质。动物性食品在生产、加工、贮藏、运输等过程中，接触被污染的土壤，或尘土沉降于食品表面，造成食品的直接污染，或者成为水及空气的污染源而间接污染食品。

土壤、空气、水的污染是相互联系、相互影响的，污染物在三者之间相互转化，往往形成环境污染的恶性循环，从而造成污染物对食品的更严重的污染。

(4)生产加工过程和流通环节的污染　在生产加工过程的各个环节都有可能造成食品的污染。如食品加工器具、设备等不清洁，可以造成食品的污染；又如挤奶过程中，挤奶工人的手、挤奶用具等未经严格消毒，都有可能污染乳汁；如果直接从事食品生产的工人患有呼吸道、消化道传染病，都有可能污染食品；此外，食品添加剂的不合理使用也会造成食品污染。从食品生产到消费者进食，期间要经过运输、贮藏、销售、烹调等环节，任何一个环节稍不注意，就会造成污染。

(5)从业人员带菌污染 从业人员的健康状态和卫生习惯对食品卫生也至关重要。正常人的体表、呼吸道、消化道、泌尿生殖道均带有一定类群和数量的微生物，尤其是当从业人员患有传染性肝炎、开放性结核、肠道传染病、化脓性皮炎等疾病时，可向体外不断排菌。可以通过加工、运输、贮藏、销售、烹调等环节将病原微生物带入食品，进而危害消费者的健康。因此，对食品加工及经营环节的从业人员，应定期进行健康检查，并搞好个人卫生。

三、生物性污染的控制

控制食品生物性污染，一方面要控制原料的内源性污染，另一方面控制加工和流通过程中的外源性污染，保证动物性食品的卫生质量。

(一)防止原料的污染

动物性食品来源于各种家畜、家禽和水生动物，其健康和洁净状态直接影响到动物性食品的卫生质量与安全性，因此食用动物的卫生管理至关重要。

(1)建立良好的动物生活环境 从科学饲养的角度出发，对环境卫生、场圈卫生、畜舍卫生、畜体卫生以及饮水和饲料卫生等都要给予足够重视。应固定畜禽饲养基地和饲料基地，尽可能自繁自养，建立无病畜禽群体。建立卫生管理机构，健全各项卫生管理制度。

(2)消灭畜禽疫病、切断传染途径 开展防疫、检疫、驱虫、灭病，适时进行预防注射，创建无疫区。

(二)防止加工和流通过程中的污染

外源性污染是食品污染的重要来源，要保证食品的卫生质量，必须控制外源性污染。

(1)食用动物的屠宰加工应严格遵照卫生要求操作，并依据规程进行动物性食品卫生检验。

(2)乳品生产应着重抓好畜舍卫生、乳畜卫生和鲜乳初步加工卫生三大环节。

(3)禽蛋和水产品的卫生管理从收集、捕捞到运输、贮存、销售，应重点抓好包装物卫生、运输卫生及冷藏卫生三大环节。

(4)食品的加工贮藏须符合卫生要求。

(5)建立健全市场卫生监督检验机构，大力宣传《食品卫生法》及其他有关条例、规定和办法。

子任务 1-2 确定动物性食品非生物性污染途径与控制

【任务】

化学性污染日渐严重，包括工业三废的污染、农药污染、食品添加剂污染及饲料添加剂污染，请对宰后猪肉进行盐酸克伦特罗检测，并根据检测结果给出处理意见。

【学习流程】

化学性污染 ⇨ 放射性污染 ⇨ 非生物性污染的控制

【资讯】

非生物性污染包括化学性污染和放射性污染。其污染方式和途径也可分为内源性和外源性两种。

一、化学性污染

化学性污染指各种有害的金属、非金属、有机物、无机物等对动物性食品造成的污染。进入动物饲料和人类食品中的化学污染物,除少数因浓度或数量过大引起急性中毒外,绝大部分以食品残毒(通过各种途径进入并残留于食物中的有毒物质)的形式构成潜在的危害。从污染来源可分为以下几类:

(一)环境污染

随着工业生产的发展,工业三废(废气、废水、废渣)不合理的排放,是引起大气、水体、土壤及动植物污染的主要原因。这些环境污染物可以通过呼吸、饮水直接进入人体,也可沿食物链间接进入人体。尤其需要注意的是,污染物沿食物链逐级生物富集,可以使本来浓度很低的污染物富集到危险的高浓度水平。例如,多氯联苯(PCB)是几乎不溶于水的物质,它在河水和海水中的浓度只有 0.000 01～0.001 mg/L,乍看起来,这样微乎其微的物质是不可能造成什么危害的,但经过食物链富集后,其浓度可以成千上万倍地增加,在鱼体内可富集到 0.01～10 mg/kg,在食鱼鸟体内可进一步富集到 1.0～100 mg/kg,而且食物链越长,富集的程度越高,危害也就越明显。人食用上述鱼类,使脂肪中富集的多氯联苯可达 0.1～10 mg/kg。

污染环境的化学物质种类繁多,如镉、铅、汞、砷、多氯联苯、苯并芘、氟化物等。

(二)农药污染

农药是指用于预防、消灭、驱除各种有害昆虫、啮齿动物、霉菌、病毒、杂草和其他有害动植物的物质,以及用于植物的生长调节剂、落叶剂、贮藏剂等。农药的广泛使用,常造成动物性食品的农药残留(是指农药的原形及其代谢物蓄积或贮存于动物的细胞、组织或器官内)。其可以由于对动物体和厩舍使用农药或在运输中受到农药的污染而发生,但主要是通过食物链而来。引起食品污染的,主要是有机磷、有机汞、有机砷等农药。

(三)药物污染

用于动物生产的药物,如抗生素、磺胺制剂、生长促进剂和各种激素制品等,可以在动物体内反应并形成残留。人类食用有药物残留的食品,将对人体健康造成影响,主要表现为变态反应与过敏反应,细菌耐药性,致癌、致畸、致突变和激素样作用。为了防止食品中药物残留对人体的危害,使用过药物的动物要经过休药期后方可屠宰或允许其产品上市。

(四)食品添加剂污染

食品添加剂是指为改善食品的品质,增加其色、香、味,以及为防腐和加工工艺的需要而加入食品中的化学合成的或天然的物质。食品添加剂在一定范围内使用一定量对人体无害，但若滥用则会造成食品的污染，对食用者的健康造成危害。所以，各国都制定了食品添加剂的卫生标准，规定了允许使用的添加剂名称、使用范围和最大使用量。

(五)饲料添加剂——盐酸克伦特罗污染

根据国内有关部门报告，猪的瘦肉精中毒，可以出现如下病变：

(1)主要症状　初期进食减少，腿脚无力；症状加重以后，严重减食，体重下降，肌肉颤抖；或肌肉萎缩，卧地不起。浅表血管扩张，前肢屈曲，后肢僵直，不能起立，瘫痪，直到死亡。

(2)肉眼病变　无特征病变。但是可以发现：病死猪因为卧地不起，着地部位损伤感染化脓，关节肿胀；心肌松弛，肺气肿，肝脏、脾脏、淋巴结充血，肾上腺体积缩小，卵巢囊肿，胃脏膨胀，髂动脉增粗。

(3)显微变化　神经系统的特征：大脑神经元变性、坏死，出现噬神经元现象，胶质细胞增生，血管瘀血，有软化灶。小脑普金野氏细胞坏死消失。脊髓白质脱髓鞘，灰质神经元皱缩。心肌纤维变性、肌纤维溶解。骨骼肌肌纤维溶解，出现坏死灶。脾脏白髓减少，鞘动脉闭合。淋巴结淋巴组织萎缩，间质增生。

血管内出现血栓，血管平滑肌变性。肺脏气肿，肝脏细胞肿胀，细胞核浓缩。肾脏肾小管上皮细胞水肿，肾小球坏死，肾小管内出现蛋白尿。胃脏胃壁神经节细胞空泡化，坏死。

近几年来，人的中毒事件不断发生，较为突出的事件是广东河源市的瘦肉精中毒。

人食用含盐酸克伦特罗较高的动物组织后 15 min 至 6 h 内出现症状，症状持续 90 min 至 6 d，症状可逆。按中毒量 20 μg 计算，食用猪肝 80～100 g 即可中毒。

心率加速，心悸，特别是原有心律失常的病例更易发生心脏反应，可见心室早搏、ST 段与 T 波幅低。肌肉震颤、肌痛；头痛、头晕、目眩、恶心、呕吐；胸闷、面部潮红。瘦肉精中毒能让人产生特别的兴奋。代谢紊乱，能引起血乳酸、丙酮酸升高，并可出现酮体。糖尿病人服用这一药物应注意可能会引起酮中毒或酸中毒。

此外，还能引起血钾降低，过量应用或与糖皮质激素合用时，有可能引起低钾血症，从而导致心律失常。反复用药后发生低敏感现象也很常见，表现为支气管扩张作用明显减弱，作用持续时间缩短。

对高血压、心脏病、甲状腺功能亢进、前列腺肥大的人有生命危险。也有专家认为，瘦肉精有可能使人体致畸、致癌。

农业部 1997 年下令禁止使用盐酸克伦特罗喂猪。农业部和国家医药监督管理局 2000 年 4 月发文，禁止生产、销售和使用。卫生部《关于加强肉及肉制品管理的紧急通知》要求，对无卫生许可证的非法生产经营者，要坚决取缔，对私屠滥宰、不符合《肉类加工厂卫生规范》的生产经营企业要依法进行查处，有条件的地区应加强肉及肉制品中违禁兽药的残留量的监测。

(4)酶联免疫吸附法检测盐酸克伦特罗。

原理

免疫酶标技术是将酶分子与抗体分子共价结合。酶标记抗体与存在于组织细胞或吸附于固相载体上的抗原(或抗体)发生特异性结合，如滴加底物溶液，底物便在酶的反复作用下，导致大量的催化过程，从而水解呈色；也可使底物溶液中的供氢体由无色还原型变成有色氧化型而呈色。因此，检验盐酸克伦特罗时，可借底物呈色反应来判断有无相应的免疫反应，其颜色深浅与样品中相应抗体(或抗原)含量成正比关系,故用酶标仪在波长 450～490 nm 检测盐酸克伦特罗的吸光度值。

仪器与器材

(1)酶标仪　ELX-800 uv 型全自动酶标仪(美国)或 DG3022A 型酶标仪(国产)。

(2)β-Agonist ELISA 试剂盒　配备有:A. 酶标板,96 孔微量反应板,并已用抗 β-克伦特罗的抗体包被,真空密封低温保存;B. 洗涤-稀释缓冲浓缩液(32 mL/瓶),用时加 968 mL 蒸馏水稀释为应用液,于 2～8 ℃保存;C. 酶标抗原原液,使用时与酶标抗原稀释剂(1∶100,体积分数)稀释;D. 底物(A、B)溶液,临用前 A、B 液(1∶1,体积分数)混合;E. 盐酸克伦特罗标准冻干粉(6 支),用时分别加洗涤-稀释缓冲应用液,摇动使冻干粉溶解,其标准应用液(ng/mL)0.0、0.1、0.22、0.5、1.0、5.1;F. 1.0 mol/L HCl 溶液,为酶促显色反应终止剂。

试剂

(1)1 mol/L HCl。

(2)异丁醇。

(3)PBST 液(PBS-0.05%吐温-20)。

(4)1 mol/L NaOH 液。

(5)无水 Na_2SO_4。

检测步骤

(1)样品提取　称取样品 10 g 于锥形瓶中,加 1 mol/L HCl 20 mL,振荡提取 30 min,过滤于烧杯中。提取液于烧杯中用 1 mol/L NaOH 液调 pH 为 10,移入分液漏斗中加异丁醇 20 mL×2,分 2 次提取,经无水 Na_2SO_4 脱水于 K-D 浓缩器中,经浓缩,用 N_2 吹干。残渣于浓缩器中,加 PBST 液 1 mL 溶解,加洗涤-稀释缓冲应用液 9 mL,稀释,混匀,待检。

(2)样品检测　于酶标板(96 孔)每孔加入洗涤-稀释缓冲应用液 50 μL,分别定位加入盐酸克伦特罗标准应用液及样品待检液 50 μL,各加稀释酶标抗原 25 μL,轻轻振动酶标板,混匀,于水浴 25 ℃,1 h。然后将酶标板(96 孔)于自动洗板机上,用洗涤-稀释缓冲应用液洗 6 次,3 min/次,吸干。酶标板(96 孔)每孔加现配底物(A、B)混合液 25 μL,置 22 ℃,暗室 20 min,各加 1 mol/L HCl 50 μL,终止显色反应,于 10 min 内在酶标仪上用波长 450 nm 检测每孔吸光度值。

(3)标准曲线的绘制　以酶标板上盐酸克伦特罗标准工作液系列测定的吸光度值为纵坐标、标准液系列浓度的对数值(lg C)为横坐标,绘制标准曲线。

计算

根据样品在酶标板上测定的吸光度值,到标准曲线中查出相对应的对数值,再换算成样品的浓度,乘以 10,即为样品中克伦特罗残留浓度。

检测要点

(1)ELISA 法的优点为简便、特异、灵敏、快速,并能一次检测数量较多的样品,故适用于大量样品初步筛选,有一定使用价值。

(2)每个样品应在酶标板上做两个平行样检测,可以减少误差。

(3)每次检测时均需同步制作标准曲线。

(4)肌肉和肝、肺、肾等组织样品也可采取葡萄糖苷酸酶-芳基磺酸酯酶水解处理。

(5)尿样可用洗涤-稀释缓冲应用液,按 1∶10(体积分数)稀释后直接用 ELISA 检测。

【资讯链接】

1997 年上半年，香港 17 人因食猪肺汤，出现手指震颤、头晕、心悸、口干、失眠等症状，经调查，这是由于猪肺中残留的盐酸克伦特罗(Clenbuterol,CL)所致。此后，关于盐酸克伦特罗的残留问题，引起全社会高度重视。2011 年，中国某著名品牌双汇火腿肠选用“美体猪”的猪肉，在社会上又一次引全社会和政府的高度重视，现在所有屠宰企业必须进行瘦肉精检查，以确保食用安全。

一、名称和化学性质

盐酸克伦特罗的化学名称是 2-[(叔丁氨基)甲基]-4-氨基-3,5-二氯苯甲醇盐酸盐。白色或类白色的结晶性粉末，无臭，味苦。本品化学性质稳定，一般的加热方法不能将其破坏，加热到 172 ℃时才能分解。

二、药理作用

盐酸克伦特罗是人工合成的β-肾上腺素能受体兴奋剂之一，是一种强效激动剂，有强而持久的松弛支气管平滑肌的作用。常用其盐酸盐制成片剂或膜剂，用于治疗哮喘、慢性支气管炎、肺气肿等呼吸系统疾病，所以又称克喘素、氨哮素。加入洋金花制成的气雾剂称喘立平气雾剂。

盐酸克伦特罗能够和大多数组织细胞膜上β-受体，特别是分布在血管平滑肌和细支气管平滑肌的β-受体结合，激活细胞膜上的腺苷酸环化酶，cAMP 又作为第二信使，引起细胞产生一系列变化：导致气管、支气管和血管的平滑肌松弛，骨骼肌收缩，过敏介质释放减少，并增加呼吸道纤毛运动，促使痰液排出。常用于防治哮喘性慢性支气管炎、肺气肿等呼吸系统疾病。

胃肠道吸收快，作用快，作用维持时间持久；人或动物服后 15～20 min 即起作用。2～3 h 血浆浓度达峰值，作用维持 5 h 以上。CL 在血中含量很低，而在尿中含量很高，人口服治疗量 20～40 μg，在血中浓度低于 0.15 ng/mL，而尿中最高浓度达 10～20 ng/mL，48 h 后尿中浓度下降至 1～2 ng/mL。

大量(5～10 倍治疗量)使用盐酸克伦特罗，可以重新分配脂肪与肌肉的比例，故又称营养重新调配剂。以盐酸克伦特罗作为动物生长促进剂，提高畜牧生产效益，被称为瘦肉精。

三、毒性作用

小动物：小鼠、豚鼠静脉注射半数致死量分别是 27.6 mg 和 12.6 mg。

猪：CL 作为营养重新调配剂常常采用混饲给药，以 1～3 mg/kg 饲料饲养猪 1～3 个月，可造成药物蓄积，主要蓄积于内脏（肝脏、肺脏）、毛发、视网膜。在肝脏中去甲基后从尿中排出，肌肉中含量较肝脏低很多。体内留存时间较长，造成药物残留。

残留时间：用药以后 1 d 内 Cl 可出现在尿及身体各器官中，在肝脏中可保留数天，但在视网膜组织中至少可保留 5 个月。

吃了瘦肉精的猪，其肉在色、味上无特别之处，人们靠肉眼无法辨认。

二、放射性污染

食品吸附或者吸收外来的放射性核素，其放射性高于自然放射性本底时，称为食品的放射性污染。这些污染物主要来源于放射物质的开采、冶炼，大气中核爆炸的沉降物，原子能工业和核工业的放射性核素废物的排放不当或意外事故等均可造成环境的污染。这些放射性物质直接或间接地污染食品，危害食用者的健康。

放射性物质对食品污染的特点是：种类较多，半衰期一般较长，被人摄取的机会多，有的在人体内可以长期蓄积。

三、非生物性污染的控制

（一）积极治理工业三废，加强农药和药物的使用管理

（1）做好工业三废的综合治理，禁止随意排放，防止对环境的污染。同时，要积极开展环境分析和食品卫生监测工作，及时采取防止食品污染的有效措施。

（2）加强对农药生产和使用的管理，严格规定食品中农药的最高残留限量（MRL），禁止和限制使用高残留、剧毒农药，开展食品中农药残留的检测工作，禁止使用农药残留量超标的任何原料生产食品。

（3）加强对药物的生产和使用的管理，严格规定药物的休药期和 MRL。对兽药的生产和使用进行严格管理，对动物性食品中的药物残留进行全面检测，凡超过 MRL 的食品不允许在市场上出售和食用。

（二）加强对放射性污染的控制

（1）加强对污染源的经常性卫生监督　使用放射性物质时，应严格遵守技术操作规程，定期检查装置的安全性。对食品进行辐照保鲜时，应严格遵守照射源和照射剂量的规定，禁止任何能够引起食品和包装物产生放射形的照射。绝对禁止把放射性核素作为食品保藏剂。

（2）适时或定期地进行食品卫生监督　对应用于工农业、医学和科学实验目的的核装置及同位素装置附近地区的食品，要定期进行卫生监督。对于辐照处理的食品也应如此监督，严格控制食品的吸收剂量，卫生监督部门随时查验，未经审查批准的辐照食品，一律不得上市。

（3）严格执行卫生标准　1958 年国际辐射防护委员会（ICRP）推荐“人体最大允许量”。一些国家根据这一建议制订了空气、水和食品的放射性核素最大允许浓度或最大允许摄入量。

子任务 1-3　食物中毒与监控

【任务】

2 头猪误食了被有机磷农药污染的青草，请对肉品进行检测，并简单进行区分。

【学习流程】

食物中毒途径 → 食物中毒种类 → 食物中毒的危害 → 食物中毒的监控

【资讯】

一、食物中毒途径——食肉感染

食肉感染是指人类食用患病动物的产品及其制品而引发的某种传染性和寄生虫性疾病。带染有人畜共患病病原体的动物性食品，可经食肉感染给人，导致人畜共患病的传播和流行。

人畜共患病的危害因国家和地区而不同。在我国，据不完全统计，人畜共患病近200种之多，其中比较重要的有：炭疽、鼻疽、布鲁氏菌病、结核病、伪结核病、沙门氏菌病、猪丹毒、破伤风、土拉杆菌病、军团病、李氏杆菌病、弯杆菌病、钩端螺旋体病、口蹄疫、甲型肝炎、乙型肝炎、狂犬病、Q热、日本乙型脑炎、轮状病毒病、猪囊尾蚴病、牛囊尾蚴病、棘球蚴病、旋毛虫病、弓形虫病、血吸虫病、住肉孢子虫病、肺吸虫病、华支睾吸虫病、孟氏双槽蚴病等(表1-3-1)。人可因为食用未彻底消毒的牛乳而感染结核病。1987年上海暴发甲型肝炎，造成30万人发病，其原因是食用了污染有甲肝病毒的水产品。1997年台湾暴发猪口蹄疫，给养猪业遭到了毁灭性打击。疯牛病不仅给英国造成巨大损失，而且引起了全世界的恐慌。1997年香港发生禽流感，不仅使大批鸡发病死亡，而且造成13人感染 H_5N_1 禽流感病毒并发病，其中4人死亡。食用囊尾蚴病猪肉可使人发生感染。人畜共患病不仅通过食物传染给人，危害人体健康，同时，亦会因畜产品及废弃物处理不当，造成动物疫病流行，影响畜牧业的发展。因此，为了保障人类健康，促进畜牧业的发展，必须加强对动物性食品的卫生监督与检验，以防止食肉传染的发生。

表1-3-1 常见的食肉感染

人患主要病症	人畜共患病	主要传染源动物	主要感染途径
炭疽	牛、羊、马、猪	接触、食入	炭疽痈、肠炭疽
布鲁氏菌病	牛、羊、猪	接触	波状热、关节炎、睾丸炎
结核病	牛、猪	食入	肺结核、肠结核
沙门氏菌病	猪、鸡、牛	食入	肠炎、食物中毒
猪丹毒	猪	创伤、食入	局部红肿疼痛、类丹毒
李氏杆菌病	牛、羊、猪	食入	脑膜脑炎
钩端螺旋体病	猪	接触	出血性黄疸
野兔热	兔	食入	局部淋巴结肿胀、菌血症
鼻疽	马	接触	局部溃疡
口蹄疫	猪、牛、羊	接触	手、足、口腔发生水疱、烂斑
旋毛虫病	猪、犬	食入	初期腹痛，后期肌肉疼痛
囊尾蚴病	猪、牛	食入	绦虫病、肌囊虫(极少)
弓形虫病	猪	食入	脾肿、发热、肺炎

二、微生物性食物中毒

微生物性食物中毒是指因食用被中毒性微生物污染的食品而引起的食物中毒。包括细菌性食物中毒和霉菌毒素性食物中毒。前者是指人食入被大量活的中毒性细菌或细菌毒素污染的食品所引起的中毒现象，是常见的一类食物中毒；后者是指某些霉菌如黄曲霉菌、赭曲霉菌等污染了食品，并在适宜条件下繁殖，产生毒素，摄入人体后所引起的食物中毒。长期少量摄入霉菌毒素，则可引起致畸、致癌、致突变的所谓“三致”作用。对 1987 年全国食物中毒的原因分析表明，在 3 241 起食物中毒中，1 686 起为微生物性食物中毒，其中细菌性食物中毒占 50% 以上，沙门氏菌引起的最为常见，占 14.41% 以上；化学性食物中毒为 1 111 起；真菌性和原因不明的各为 112 起和 328 起。

(一)沙门氏菌性食物中毒

沙门氏菌为肠杆菌科的一个菌属，有 2 000 多个血清型，我国已发现 100 多个血清型。广泛存在于各种动物的肠道中，当机体免疫力下降时，会进入血液、内脏和肌肉组织，造成肉品的内源性污染；畜禽粪便污染食品加工场所的环境和用具，也会造成沙门氏菌的污染，引起食物中毒。食物中毒性沙门氏菌群主要包括鼠伤寒沙门氏菌、猪霍乱沙门氏菌、肠炎沙门氏菌、纽波特沙门氏菌、病牛沙门氏菌、都柏林沙门氏菌、汤普逊沙门氏菌、山夫顿沙门氏菌、鸭沙门氏菌等。

沙门氏菌食物中毒主要是由于摄入大量致病活菌造成的，菌体内毒素也起到一定的协同作用。沙门氏菌食物中毒的潜伏期多为 4～48 h。主要症状为头痛、恶心、头晕、寒战、冷汗、全身无力、食欲不振、呕吐、腹泻、腹痛、腹胀、发烧、体温高达 38～40 ℃。重者可引起痉挛、脱水、休克等。急性腹泻以黄色或黄绿色水样便为主，有恶臭。以上症状可因病情轻重而反应不同。本病发病率高，死亡率低。

沙门氏菌的国家标准检验方法按 GB 4789.4—2010 进行。此外，一些快速检验方法已有应用，如荧光抗体检查法、固相载体吸附免疫技术、免疫染色法等，具有快速、简便、特异等特点。

(二)葡萄球菌食物中毒

葡萄球菌食物中毒是由金黄色葡萄球菌的肠毒素引起的，葡萄球菌通常是通过患病动物的产品以及患化脓疮的食品加工人员及环境因素引起食品污染，在适宜的条件下大量繁殖并产生肠毒素。葡萄球菌是无芽孢细菌中毒力最强的一种，在干燥的脓汁中可存活数月，湿热 80 ℃ 30 min 才能将其杀死，耐盐性强。肠毒素的耐热性强，食物中的肠毒素煮沸 2 h 方能破坏，故一般的消毒和烹调不能破坏。

葡萄球菌食物中毒的特征是发病突然，来势凶猛。潜伏期一般为 2～4 h，最短者为 30 min。主要症状为恶心、剧烈地反复呕吐、腹痛、腹泻等胃肠道症状。

金黄色葡萄球菌的国家标准检验方法按 GB 4789.10—2010 进行。此外，还可进行肠毒素的检测、血清学试验等。

(三)副溶血弧菌食物中毒

副溶血弧菌又称嗜盐杆菌、嗜盐弧菌,存在于海水和海产品中。该菌的致病菌株引起的食物中毒,位居沿海地区食物中毒之首,有明显的季节性,多发生在夏、秋季节(6~9月)。引起中毒的水产品中以带鱼、墨鱼、黄花鱼、海蟹、海蜇为多。潜伏期一般为8~20 h,最短2 h,也可长达数天。主要症状为腹痛、腹泻(一般为水样便,重者为黏液便和黏血便)、恶心、呕吐、发烧,其次尚有头痛、发汗、口渴等症状。发病急促,来势凶猛,必须及时抢救。

副溶血弧菌的国家标准检验方法按GB 4789.7—2013进行。

(四)肉毒梭菌食物中毒

肉毒梭菌食物中毒是由肉毒梭菌的外毒素引起的一种比较严重的食物中毒。中毒食品多为家庭自制发酵豆谷类制品,其次为肉类和罐头食品。主要是食品在调制、加工、运输、贮存的过程中污染了肉毒梭菌芽孢,芽孢在适宜的条件下发芽、增殖并产生毒素所造成。肉毒毒素是一种神经毒素,是目前已知化学毒物与生物毒素中毒性最强的一种,对人的致死量为10^{-9} mg/kg体重,毒力比氰化钾还要大1万倍。毒素在正常胃液中经24 h不被破坏,但易被碱和热破坏,加热80 ℃ 30 min或煮沸5~20 min,可破坏其毒性。

肉毒毒素是一种与神经亲和力较强的毒素,经肠道吸收后,作用于神经肌肉突触,阻止乙酰胆碱的释放,导致肌肉麻痹和神经功能不全。多发生在冬春季。潜伏期长短不一,短者2 h,长者可达数天,一般为1~7 d。主要症状有头晕、无力、视力模糊、眼睑下垂、复视、咀嚼无力、张口困难、伸舌困难、咽喉阻塞感、饮水发呛、吞咽困难、头颈无力垂头等 。体温一般正常,病程一般2~3 d,也有长达2~3周之久的。肉毒中毒死亡率较高,可达30%~50%。主要死于呼吸麻痹和心肌麻痹。如早期使用特异性或多价抗血清治疗,病死率可降至10%~15%。

肉毒毒素的国家标准检验方法按GB 4789.12—2003进行。

(五)蜡样芽孢杆菌食物中毒

蜡样芽孢杆菌在自然界分布很广,在各种动植物生熟食品中都能分离到,该菌的肠毒素可引起食物中毒,肠毒素分为呕吐肠毒素和腹泻肠毒素两种,因而中毒的临床表现有呕吐型与腹泻型两种。呕吐型以恶心、呕吐为主,并有头晕、四肢无力的综合症状,腹泻则少见。潜伏期一般为0.5~5 h。腹泻型以腹痛、腹泻为主,呕吐则少见。潜伏期一般为8~16 h。两型均不发热,有时混合发生,致死率较低。由于蜡样芽孢杆菌对热有一定的抵抗力,能耐受100 ℃ 30 min的热处理,故可在熟食品中迅速繁殖产生毒素,引起食物中毒。

蜡样芽孢杆菌的国家标准检验方法按GB 4789.14—2003进行。

(六)魏氏梭菌食物中毒

魏氏梭菌又称产气荚膜杆菌,是一种厌氧性芽孢杆菌。魏氏梭菌食物中毒多发生在夏秋季节,中毒食物以鱼、肉及其制品为多见,中毒的原因主要是热处理不充分,冷却不及时,致使细菌大量繁殖产生毒素所致。A型魏氏梭菌食物中毒,潜伏期一般为10~12 h,临床表现为典型急性胃肠炎:腹痛、腹泻,多为水样便,偶尔混有黏液和血液,并伴有恶心、发热,多数在1~2 d恢复。C型魏氏梭菌引起的中毒症状较为严重,潜伏期一般2~3 h,临床症状表现为严重的下腹部疼痛，重度腹泻，便中带有血液、黏液，并伴有呕吐。严重者发生毒血症，死亡率可达35%～40%。

(七)病原性大肠埃希氏菌食物中毒

病原性大肠埃希氏菌的食物中毒性菌株，可以通过耐热肠毒素(ST)和不耐热肠毒素(LT)引起食物中毒。主要发生于3～9月的温热季节。中毒食物以熟肉制品、蛋及蛋制品、乳类、凉拌食物多见。中毒临床症状以急性胃肠炎为主，也有表现为急性菌痢的。潜伏期8～44 h。一般在进食后12～24 h出现腹泻、呕吐，严重者呈水样便，伴发头痛、发热、腹痛，病程1～3 d。

病原性大肠埃希氏菌的国家标准检验方法按GB/T 4789.6—2003进行。

(八)链球菌食物中毒

链球菌在自然界分布较广，引起食物中毒的主要是D群的粪链球菌和类粪链球菌。该食物中毒多发生在5～11月，中毒的食物以熟肉类、乳类、冷冻食品和水产品为多。临床主要表现为上腹部不适，恶心呕吐，腹痛腹泻，偶有嗳气、头晕头痛和低烧。症状轻，病程短，1～2 d恢复正常，未见有死亡者。

(九)变形杆菌食物中毒

变形杆菌为腐物寄生菌，在自然界广泛分布。该菌一般对人体无害，但当它在食品中大量繁殖，随食物进入人体可引起食物中毒。多发于夏秋季节，中毒食物以熟肉及内脏冷盘最为常见。临床表现主要是急性胃肠炎型，其次是过敏型。前者的潜伏期多为5～18 h，短者仅1 h。临床特征以上腹部刀绞样痛和急性腹泻为主，有的伴以恶心呕吐、头痛、发热、体温一般在38～39 ℃之间，病程一般为1～3 d。很少有死亡。

变形杆菌的检测方法按WS/T 9—1996中附录A进行。

(十)空肠弯曲菌食物中毒

空肠弯曲菌引起的食物中毒多见于夏秋季节。潜伏期一般为3～5 d。主要临床症状是发热、腹痛、腹泻、水样便或血腥黏液便。严重腹痛酷似阑尾炎。腹泻可持续5～7 d，多数患者1周左右即可恢复。但20%的病人有病情复发或加重，也有死亡病例。

(十一)小肠耶尔森氏菌食物中毒

小肠耶尔森氏菌是近年来发现的食物中毒病原菌，中毒的临床表现比较复杂，但主要表现为急性胃肠炎。常见症状为腹痛、腹泻、发热以及恶心、呕吐，有时伴发关节炎、结节性红斑，甚至出现败血症。腹痛多见于脐周和下腹部，部分患者呈现急性阑尾炎样回盲部疼痛。腹泻多为水样便，无黏液。腹部症状出现后，发生结节性红斑。

三、化学性食物中毒

引起食物中毒的化学物质包括有害元素(重金属、非金属)、农药、添加剂及其他化学毒物。

(一)有害元素等化学物质食物中毒

(1)镉引起的食物中毒 镉在工业上应用十分广泛,采矿、冶炼、合金制造、电镀、印刷、油漆、颜料、电池、陶瓷、汽车运输等工业生产排放的含镉“三废”,以及含镉的农药化肥是造成镉污染的重要因素。镉的生物半衰期为40年,含镉工业废水排入水体,可使鱼、贝等水生生物受到污染,人摄入后主要在肾脏,其次在肝脏中蓄积,镉中毒主要表现为肾脏严重受损,发生肾炎和肾功能不全,出现蛋白尿、糖尿及氨基酸尿,骨质软化、疏松或变形,全身刺痛,易发生骨折。1946年3月至1968年5月,日本富山县神通川流域由于镉的污染而发生“骨痛病”,发病258例,死亡128例。患病后关节和骨疼痛,有的上牙齿出现黄色镉环,由于长期卧床而发生废用性萎缩,常因并发症而死亡。镉还引起高血压、动脉粥样硬化、贫血及睾丸损伤等。

我国食品卫生标准(GB 2762—2012)规定,食品中镉限量指标[允许最大浓度(MLs)]:畜禽肉类、鱼类0.1 mg/kg,禽蛋0.05 mg/kg。1972年WHO建议,镉的ADI应为“无”,而暂时允许每周摄入量为400～500 μg/成人,或8.3 μg/kg体重。

(2)汞引起的食物中毒 汞及其化合物都是有毒物质,有机汞的毒性比无机汞大得多,汞的污染主要是由于汞矿及其他矿产的开采、冶炼和工农业生产的广泛应用。进入人体的汞,主要来自被污染的鱼、贝类,日本鹿儿岛水俣镇1953年发生的所谓“水俣病”,就是一起汞中毒事件。当时该地区鱼体内汞含量曾高达20～24 mg/kg,致使一些微生物,特别是污泥中的微生物将无机汞转化为有机汞。甲基汞进入人体后不易降解,排泄很慢,在人体中的生物半衰期为70 d,主要蓄积于肝和肾,并通过血脑屏障进入脑组织,主要损害神经系统,急性中毒时可迅速昏迷,抽搐,死亡;慢性中毒可使四肢麻木,步态不稳,语言不清,进而发展为瘫痪麻痹,耳聋眼瞎,智力丧失,精神失常。此外,甲基汞还可通过胎盘进入胎儿体内,导致畸胎率明显增高。因此,汞污染已被列为世界八大公害之一。

我国食品卫生标准(GB 2762—2012)规定,食品中汞限量指标(MLs):肉、去壳蛋总汞为0.05 mg/kg;鱼(不包括食肉鱼类)及其他水产品甲基汞为0.5 mg/kg;食肉鱼类(如鲨鱼、金枪鱼及其他)甲基汞为1.0 mg/kg。

(3)铅引起的食物中毒 铅在采矿、冶炼、蓄电池、汽油、印刷涂料、焊接、陶瓷、塑料、橡胶和农药工业中广泛使用,可通过工业三废污染环境。铅及其化合物对人体都有一定的毒性,有机铅比无机铅毒性更大,尤其作为汽油防爆剂的四乙基铅及其同系物则毒性更大。铅在机体内的生物半衰期为1 460 d,主要对神经系统、造血系统和消化系统有毒性作用。中毒性脑病是铅中毒的重要病症,表现为增生性脑膜炎或局部脑损伤。成年人血铅含量超过0.8 μg/mL时,则会出现明显的临床症状,表现为食欲不振、胃肠炎、口腔金属味、失眠、头晕、头痛、关节肌肉酸痛、腰痛、便秘、腹泻和贫血等。中毒者外貌出现“铅容”,牙齿出现“铅缘”。此外,还可导致肝硬化、动脉硬化,对心、肺、肾、生殖系统及内分泌系统均有损伤作用。

我国食品卫生标准(GB 2762—2012)规定,食品中铅限量指标(MLs):禽畜肉类0.2 mg/kg;鱼类0.5 mg/kg;鲜蛋0.2 mg/kg;鲜乳0.05 mg/kg。

(4)砷引起的食物中毒 砷及其化合物在有色玻璃、合金、制革、染料、医药等行业广泛使用。砷的急性中毒多因误食引起,通过食物长期少量摄入砷主要引起慢性中毒,表现为感觉异常、进行性虚弱、眩晕、气短、心悸、食欲不振、呕吐、皮肤黏膜病变和多发性神经炎,颜面、四肢色素异常,称为黑皮症和白斑,心、肝、脾、肾等实质脏器发生退行性病变,以及并发性溶血性贫血、黄疸等，严重时可导致中毒性肝炎、心肌麻痹而死亡。砷还可通过胎盘引起胎儿中毒。台湾西海岸曾发生的"黑足病"，就是长期饮用高砷水(达 1.2～2.0 mg/L)引起慢性中毒的结果，其实质是一种干性坏疽。

我国食品卫生标准(GB 2762—2012)规定，食品中砷限量指标(MLs)：肉、蛋类、鲜乳无机砷 0.5 mg/kg；鱼无机砷 0.1 mg/kg。WHO 暂定 ADI 为 0.05 mg/kg 体重。

(5)多氯联苯引起的食物中毒　多氯联苯(PCB)用途广泛，化学性质极其稳定，广泛存在于自然界。长期接触多氯联苯，除引起再生障碍性贫血和致癌外，还可使遗传基因受到损害，出现畸形胎儿。它还能影响大脑功能，使记忆力减退甚至丧失。1968 年日本福冈县发生的"米糠油中毒事件"就是污染多氯联苯所致，患者出现皮肤酒刺样疮疤，并有手足麻木等症状。

我国食品卫生标准(GB 2762—2012)规定，海产食品中多氯联苯限量指标(MLs)为 2.0 mg/kg(以 PCB28、PCB52、PCB101、PCB118、PCB138、PCB153、PCB180 总和计)。

(二)农药食物中毒

(1)有机磷农药中毒　有机磷农药广泛应用于谷类、蔬菜、果树等作物的生产中。有机磷农药在土壤中的残留时间一般为数天，个别的可长达数月。有机磷农药随食物进入人体被吸收后，其分布以肝脏为最多，其次为肾、肺、骨、肌肉和脑。有机磷农药毒性作用主要在于抑制胆碱酯酶活性。急性中毒时，表现为血液胆碱酯酶活性下降，引起胆碱能神经功能紊乱，例如出汗、肌肉震颤，严重时导致中枢神经功能障碍，出现共济失调、震颤、神经错乱、语言失常等一系列神经中毒的表现。长期接触有机磷农药可引起神经功能的损害。有机磷农药慢性中毒可以出现进行性眼外肌麻痹，眼的屈光度降低。有些有机磷农药如敌百虫、乐果、甲基对硫磷等有迟发神经毒性，即在急性中毒过程结束后第 2 周病人发生神经症状，主要是下肢软弱无力和运动失调，进一步发展为神经麻痹。

我国动物性食品的有机磷农药的 MRL 尚无标准。

(2)氨基甲酸酯类农药中毒　氨基甲酸酯类多为杀虫剂，近年来应用日益广泛。常用的品种有西维因、速灭威、叶蝉散、呋喃丹等，这些农药易分解，在体内不蓄积，其中毒机理与有机磷农药相似，但易恢复，因此症状消失较快。WHO 建议，西维因 ADI 为 0.01 mg/kg 体重。各类食品中的氨基甲酸酯类限量指标(MLs)：家禽和蛋(去壳)0.5 mg/kg；畜肉 0.2 mg/kg；奶制品 0.1 mg/kg。

(三)食品添加剂食物中毒

(1)发色剂　常用的发色剂有硝酸盐和亚硝酸盐。发色剂加入肉品中可使肉色鲜红，香肠、火腿肠、肉类罐头等食品中经常使用。当亚硝酸盐大量进入血液时，可使血红蛋白变为高铁血红蛋白，失去输氧功能。表现为皮肤黏膜青紫、呼吸困难、循环衰竭以及中枢神经系统的损害。此外，亚硝酸盐还引起血管扩张、血压下降。在食品中亚硝基和胺类结合形成具有强烈致癌性的亚硝胺类物质。因此食品工业中应严格限量使用。

我国食品卫生标准(GB 2762—2012)规定，食品中亚硝酸盐限量指标(MLs)(以 $NaNO_2$ 计)：鱼类、肉类 3 mg/kg；蛋类 5 mg/kg。

(2)油脂抗氧化剂　我国规定使用和制定国家标准的油脂抗氧化剂，有丁基羟基茴香醚(BHA)、二丁基羟基甲苯(BHT)和没食子酸内酯(PG)。这 3 种油脂抗氧化剂毒性很小，较为安全。但近年来对油脂抗氧化剂的安全性提出了新的疑义，近年来有报告称 BHA 和 BHT 有致癌作用，FAO/WHO 添加剂联合专家委员会 1983 年第 27 次会议决定，对 BHA 仍需进一步实验，ADI 暂定为 0.5 mg/kg 体重；会议同时肯定 BHT 没有致癌性，ADI 正式定为 0.5 mg/kg 体重。我国食品卫生标准（GB 2760—2011）规定：BHA 和 BHT 混合使用时总量不得超过 0.2 g/kg；以上三种抗氧化剂同时使用时，BHA 和 BHT 的量不得超过 0.1 g/kg，PG 不得超过 0.05 g/kg。

我国允许使用的另一种抗氧化剂为 D-异抗坏血酸钠，肉制品的最大使用量为 0.5 g/kg。

(3)防腐剂　我国允许使用并制定有国家标准的防腐剂有苯甲酸及其钠盐、山梨酸及其钾盐、亚硝酸及其盐类。

四、生物毒素性食物中毒

(1)河豚毒素中毒　引起中毒的是河豚毒素，毒素量因部位不同而有差异，河豚的卵巢、血液和肝脏毒性最强。河豚毒素中毒的特点为发病急速而剧烈，潜伏期 10 min 至 3 h，首先感觉手指、唇和舌刺痛，然后出现恶心、呕吐、腹泻等胃肠炎症状，并有四肢无力、发冷、口唇、指尖和肢端麻痹、眩晕，重者瞳孔及角膜反射消失，四肢肌肉麻痹，以致身体摇摆、共济失调，甚至全身麻痹、瘫痪。以致语言不清、紫绀、血压和体温下降。呼吸先迟缓浅表，后渐困难，以致呼吸麻痹，最后死于呼吸衰竭。

(2)鱼类组胺中毒　组胺中毒是一种过敏型食物中毒。不新鲜的鱼含一定量组胺，容易形成组胺的鱼类有青花鱼、金枪鱼、沙丁鱼等青皮红肉的鱼。组胺中毒主要是组胺使毛细血管扩张和支气管收缩，临床特点为发病快、症状轻、恢复快，潜伏期为数分钟至数小时，主要表现为颜面部、胸部以及全身皮肤潮红和眼结膜充血等。同时还有头痛、头晕、心悸、胸闷、呼吸频数和血压下降。体温一般不升高，多在 1～2 d 内恢复。

(3)贝类中毒　贝类引起食物中毒的毒素为石房蛤毒素，属神经毒素，其毒性很强，可阻断神经和骨骼肌细胞间神经冲动的传导。中毒潜伏期为数分钟至数小时，初期唇、舌、指尖麻木，继而腿、臂、颈部麻木，然后运动失调。伴有头痛、头晕、恶心和呕吐。随病程发展，呼吸更加困难，严重者在 2～24 h 内因呼吸麻痹而死亡。

(4)甲状腺中毒　食用未摘除甲状腺的肉或误食甲状腺，可引起中毒。中毒潜伏期为 12～24 h，表现为头晕、头痛、心悸、烦躁、抽搐、恶心、呕吐、多汗，有的还见腹泻和皮肤出血。病程 2～3 d，发病率 70%～90%，死亡率为 0.16%。

(5)肾上腺中毒　误食肾上腺中毒的潜伏期为 15～30 min，表现为头晕、恶心、呕吐、腹痛、腹泻，严重者瞳孔散大，颜面苍白。

(6)肝脏和胆中毒　某些动物的肝脏和胆也可引起食物中毒，肝中毒主要是某些动物肝脏中所含的大量维生素 A 引起，表现为头痛、皮肤潮红、恶心、呕吐、腹部不适、食欲不振等症状，之后有脱皮现象，一般可自愈。动物胆中毒是由于胆汁毒素引起的，潜伏期为 5～12 h，最短为 0.5 h，初期表现恶心、呕吐、腹痛、腹泻等，之后出现黄疸、少尿、蛋白尿等肝肾损害症状，中毒者出现循环系统和神经系统症状，因中毒性休克和昏迷而死亡。

表 1-3-2 是食肉感染与食肉中毒的区别。

表 1-3-2 食肉感染与食肉中毒的区别

		病原	感染途径	症状	流行情况	潜伏期	病程
食肉感染		微生物、寄生虫、人兽互传染病原	接触 食入	依疾病不同、症状各异	散发或陆续发生	潜伏期长短不一	较长
食肉中毒	急性	微生物及其毒素、化学毒物、生物性毒素	食入	恶心、呕吐、腹痛、腹泻、消化道症状	集中暴发	短(数分钟至几小时)	短
	慢性	真菌毒素、化学残毒	食入	慢性中毒致癌	散发	长(数日至数年)	长

子任务 1-4 动物性食品的安全性评价

【任务】

请完成对两种存放时间、条件各异的猪肉中细菌总数的检测,判断肉品质量,给出处理意见。

【学习流程】

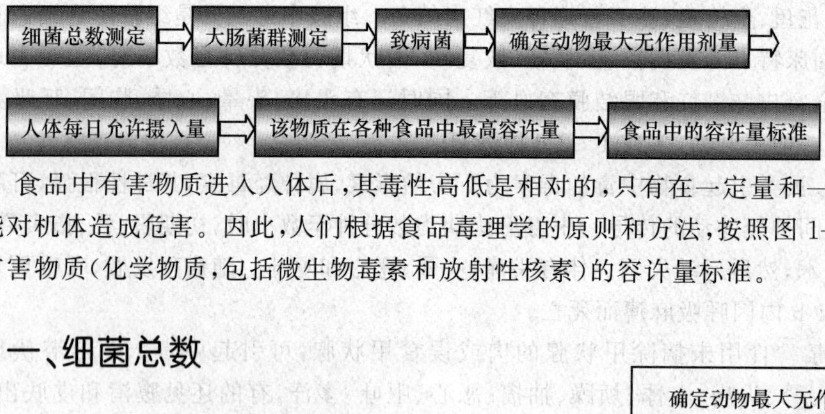

食品中有害物质进入人体后,其毒性高低是相对的,只有在一定量和一定接触条件下,才可能对机体造成危害。因此,人们根据食品毒理学的原则和方法,按照图 1-4-1 程序制定食品中有害物质(化学物质,包括微生物毒素和放射性核素)的容许量标准。

一、细菌总数

菌落总数是指食品经过处理,在一定条件下培养后,所得 1 g 或 1 mL 检样中所含细菌菌落总数。菌落总数主要作为判别食品被污染程度的标志,也可以应用这一方法观察细菌在食品中繁殖的动态,以便对被检样品进行卫生学评价时提供依据。

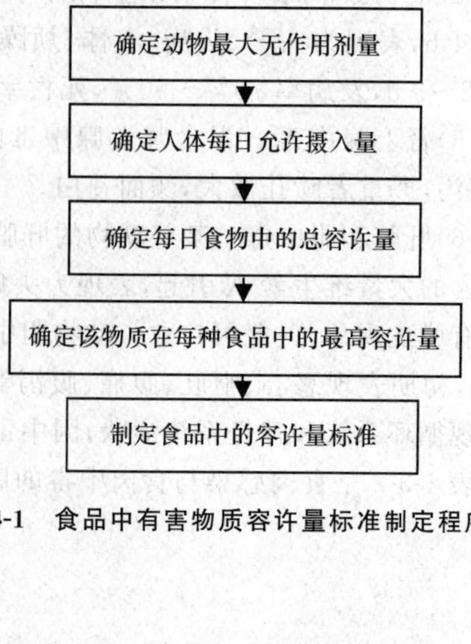

图 1-4-1 食品中有害物质容许量标准制定程序

(一)器材和试剂

温箱、天平、灭菌试管、吸管、灭菌平皿、乳钵、剪子和镊子、稀释液、营养琼脂等。

(二)方法步骤

1.检样稀释及培养

(1)以无菌操作,取检样 25 g(或 25 mL),放于 225 mL 灭菌生理盐水或其他稀释液的灭菌玻璃瓶内(瓶内预置适当数量的玻璃珠)或灭菌乳钵内,经充分振摇或研磨制成 1∶10 的均匀稀释液。固体检样在加入稀释液后,最好置灭菌均质器中以 8 000~10 000 r/min 的速度处理 1 min,制成 1∶10 的均匀稀释液。

(2)用 1 mL 灭菌吸管吸取 1∶10 稀释液 1 mL,沿管壁徐徐注入含有 9 mL 灭菌生理盐水或其他稀释液的试管内,振摇试管混合均匀,制成 1∶100 的稀释液。

(3)另取 1 mL 灭菌吸管,按上项操作顺序,制 10 倍递增稀释液,如此每递增稀释一次即换用 1 支 1 mL 灭菌吸管。

(4)根据标准要求或对污染情况的估计,选择 2~3 个适宜稀释度,分别在制 10 倍递增稀释的同时,以吸取该稀释度的吸管移取 1 mL 稀释液于灭菌平皿中,每个稀释度做两个平皿。

(5)将凉至 46 ℃营养琼脂培养基注入平皿约 15 mL,并转动平皿,混合均匀。同时将营养琼脂培养基倾入加有 1 mL 稀释液(不含样品)的灭菌平皿内作空白对照。

(6)待琼脂凝固后,翻转平板,置(36±1)℃温箱内培养(24±2)h[肉、水产、乳、蛋为 (48±2)h],取出计算平板内菌落数目,乘以稀释倍数,即得每克(毫升)样品所含菌落总数。

2.菌落计数和报告

(1)操作方法:培养到时间后,计数每个平板上的菌落数。可用肉眼观察,必要时用放大镜检查,以防遗漏。在记下各平板的菌落总数后,求出同稀释度的各平板平均菌落数,计算出原始样品中每克(毫升)中的菌落数,进行报告。

(2)到达规定培养时间,应立即计数。如果不能立即计数,应将平板放置于 0~4 ℃,但不得超过 24 h。

(3)计数时应选取菌落数在 30~300 之间的平板(SN 标准要求为 25~250 个菌落),若有 2 个稀释度均在 30~300 之间时,按国家标准方法要求应以二者比值决定,比值小于或等于 2 取平均数,比值大于 2 则取其较小数字(有的规定不考虑其比值大小,均以平均数报告)。

(4)若所有稀释度均不在计数区间。如均大于 300,则取最高稀释度的平均菌落数乘以稀释倍数报告之;如均小于 30,则以最低稀释度的平均菌落数乘稀释倍数报告之;如菌落数有的大于 300,有的又小于 30,但均不在 30~300 之间,则应以最接近 300 或 30 的平均菌落数乘以稀释倍数报告之;如所有稀释度均无菌落生长,则应按小于 1 乘以最低稀释倍数报告之。有的规定对上述几种情况计算出的菌落数按估算值报告。

(5)不同稀释度的菌落数应与稀释倍数成反比(同一稀释度的 2 个平板的菌落数应基本接近),即稀释倍数愈高菌落数愈少,稀释倍数愈低菌落数愈多。如出现逆反现象,则应视为检验中的差错(有的食品有时可能出现逆反现象,如酸性饮料等),不应作为检样计数报告的依据。

(6)当平板上有链状菌落生长时,如呈链状生长的菌落之间无任何明显界限,则应作为一个菌落计,如存在有几条不同来源的链,则每条链均应按一个菌落计算,不要把链上生长的每一个菌落分开计数。如有片状菌落生长,该平板一般不宜采用,如片状菌落不到平板一半,而另一半又分布均匀,则可以半个平板的菌落数乘 2 代表全平板的菌落数。

(7)当计数平板内的菌落数过多(即所有稀释度均大于 300 时),但分布很均匀,可取平板的1/2或1/4计数，再乘以相应稀释倍数作为该平板的菌落数。

(8)菌落数的报告，按国家标准方法规定菌落数在1～100时，按实有数字报告，如大于100时，则报告前面2位有效数字，第3位数按四舍五入计算。固体检样以克(g)为单位报告，液体检样以毫升(mL)为单位报告，表面涂擦则以平方厘米(cm^2)报告。

在实际工作中，我国多采用菌落总数来评价微生物对食品的污染。食品的菌落总数越低，表明该食品被细菌污染的程度越轻，食品的卫生质量越好。

二、大肠菌群

大肠菌群系指一群能发酵乳糖、产酸产气、需氧和兼性厌氧的革兰氏阴性无芽孢杆菌。该菌主要来源于人畜粪便，故以此作为粪便污染指标来评价食品的卫生质量，具有广泛的卫生学意义。它反映了食品是否被粪便污染，同时间接地指出食品是否有肠道致病菌污染的可能性。食品中大肠菌群数系以每100 g(或mL)检样内大肠菌群最近似数(the most probable number，MPN)表示。

(一)材料

(1)样品　乳、肉、禽蛋制品、饮料、糕点、发酵调味品或其他食品。

(2)菌种　大肠埃希氏菌(*Escherichia coli*)、产气肠杆菌(*Enterobacteria aerogenes*)。

(3)培养基及试剂　单料乳糖胆盐发酵管、双料乳糖胆盐发酵管、乳糖胆盐发酵管、伊红美蓝琼脂(EMB)、革兰氏染色液。

(4)其他　恒温箱、恒温水浴、药物天平、培养皿、载玻片等。

(二)方法步骤

1. 样品稀释

(1)以无菌操作，取检样25 g(或25 mL)，放于225 mL灭菌生理盐水或其他稀释液的灭菌玻璃瓶内(瓶内预置适当数量的玻璃珠)或灭菌乳钵内，经充分振摇或研磨制成1∶10的均匀稀释液。固体检样在加入稀释液后，最好置灭菌均质器中以8 000～10 000 r/min的速度处理1 min，制成1∶10的均匀稀释液。

(2)用1 mL灭菌吸管吸取1∶10稀释液1 mL，沿管壁徐徐注入含有9 mL灭菌生理盐水或其他稀释液的试管内，振摇试管混合均匀，制成1∶100的稀释液。

(3)另取1 mL灭菌吸管，按上项操作顺序，制10倍递增稀释液，如此每递增稀释一次即换用1支1 mL灭菌吸管。

(4)根据标准要求或对污染情况的估计，选择3个适宜稀释度，分别在制10倍递增稀释的同时，以吸取该稀释度的吸管移取1 mL稀释液于灭菌平皿中，每个稀释度做3个平皿。

2. 乳糖发酵试验

根据食品卫生要求或对检样污染程度的估计，选择3个稀释度，每个稀释度接种3管乳糖胆盐发酵管。接种量在1 mL以上者，用双料乳糖胆盐发酵管，1 mL及1 mL以下者，用单料乳糖胆盐发酵管，同时用大肠埃希氏菌和产气肠杆菌混合菌种混合接种于1支单料乳糖胆盐发酵管作对照。置(36±1)℃温箱内，培养(24±2)h，如所有发酵管都不产气，则可报告为大肠菌群阴性，如有产气者，则与对照的混合菌种一起按下列程序进行。

3. 分离培养

将产气的发酵管分别在伊红美蓝琼脂(EMB 琼脂)平板上划线分离。然后置(36±1)℃温箱内，培养 18～24 h 后取出，观察菌落形态，并作革兰氏染色和证实试验。

4. 证实试验

在上述平板上，挑取可疑大肠菌落 1～2 个进行革兰氏染色，同时接种乳糖发酵管，置(36±1)℃温箱培养(24±2) h，观察产气情况，凡乳糖管产气、革兰氏染色为阴性的无芽孢杆菌，即可报告为大肠菌群阳性。

5. 报告

根据证实为大肠杆菌阳性的管数，查 MPN 表，报告每 100 mL(g)大肠菌群的 MPN 值。

三、致病菌

食品首要要求是安全性，其次才是可食性和其他。食品中一旦含有致病菌，其安全性也就丧失了，食用性也不复存在。与菌落总数和大肠菌群相比，致病菌与食物中毒和疾病发生不再是推测性和潜在性的，而是肯定性和直接的。所以，各国的卫生部门对致病性微生物都做了严格的规定，将其作为食品卫生质量的重要的标准之一。

目前列入国家标准的致病菌有 12 种，如沙门氏菌、葡萄球菌、链球菌、副溶血弧菌等，每一种都有详细、完整的检验方法。作为全国范围内的统一方法，在保证食品安全和维护消费者健康方面起了重要作用。列入出口食品行业标准的致病菌有 7 种，这些检验方法与发达国家的相应方法基本保持了一致，同时也尽量适合我国国情。

四、确定动物最大无作用剂量(MNL)

一般情况下，有害物质引起动物机体的毒性作用会随着其剂量的降低而逐渐减弱；当减弱到一定剂量时，不能再观察到它对动物的毒性作用，这一剂量称为动物最大无作用剂量，以 mg/kg体重表示。

五、人体每日允许摄入量(ADI)

人体每日容许摄入量(ADI)是指人类终生每日摄入该有害物质，对人体健康没有任何已知的不良效应的剂量，以 mg/kg 体重表示。ADI 当然不可能由人体试验进行测定，而是由动物 MNL 换算来的。考虑到动物与人的种间差异以及人的个体差异，为安全起见，在换算时要考虑安全系数，一般定为 100(可以理解为种间差异和个体差异各取 10)。

换算公式如下：ADI＝MNL/100。

六、确定该物质在各种食品中最高容许量

要确定一种有害物质在人体内所摄取的各种食品中的最高容许量，则首先需要通过膳食

调查，了解含该物质的食品种类，并了解各种食品的每日摄入量。假定含该农药的食品只有粮食和蔬菜，人体每日摄取粮食和蔬菜的量分别为 500 g 和 300 g，则粮食和蔬菜中该农药最高容许量为 2.4 mg /(0.5＋0.3) kg＝3 mg/kg。不论含有该农药的食品有多少种，均可如此推算。至于多种食品的最高容许量之间是否应该有差别，则可根据具体情况而定。

七、制定食品中的容许量标准

按上述方法计算得出的各种食品最高允许含量是理论值，在制定标准时，还应根据实际情况作调整。调整的原则是，在确保人体健康的情况下，兼顾健康需要和目前生产技术水平及经济水平，同时还要考虑与国际标准和国外先进标准的接轨问题。在具体制订时，还应考虑有害物质的毒性、特点和实际摄入情况，将标准从严制订或略加放宽。考虑的因素常有以下几点：①该物质在人体内的蓄积性及代谢特点，不易排泄或解毒者从严；②该物质的毒性特点，产生严重后果（如致癌、致畸、致突变等）者从严；③含有该物质的食品的食用情况，长时间大量食用者从严；④含该物质食品的食用对象，供儿童、病人食用者从严；⑤该物质在烹调加工过程中的稳定性强者从严。制订食品中有害物质的容许量标准时，带有一定的相对性。故标准制订后，还应进行验证。此外，随着科学技术的发展，容许量标准还应不断进行修订。

任务2

屠宰加工企业的卫生要求

学习目标

● 能根据屠宰加工场的规模，依据国家标准《畜类屠宰加工通用技术条件》(GB/T 17237—2008)的要求，屠宰厂(场)的选址要求选择合适的屠宰加工场的场址，并能依据卫生需求合理规划场内布局。

学习流程

屠宰场址选择 → 屠宰场内布局 → 屠宰加工场的消毒 → 屠宰场内污水消毒

任务概述

子任务	依据及资讯
2-1 屠宰加工企业的选址和布局	不同规模屠宰加工企业的选址、布局
2-2 屠宰加工场内各部分卫生要求	屠宰加工场内的卫生要求
2-3 屠宰加工场内消毒	屠宰场内消毒的方法
2-4 屠宰加工场内污水消毒	屠宰场污水消毒处理

子任务 2-1 屠宰加工企业的选址和布局

【任务】

假设在本地区建设一个大约每天能屠宰 2 000 头生猪屠宰场，请估算出大概土地使用面积，结合本地区的自然条件和社会条件，选择合适的场址，并且做出场内的布局设计。

【学习流程】

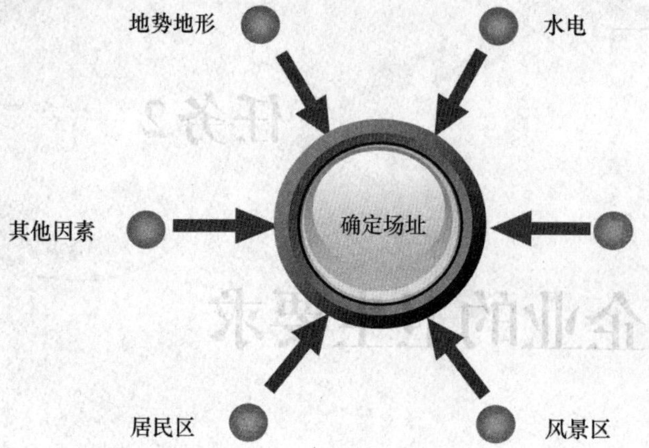

图 2-1-1 是屠宰加工场内部布局。

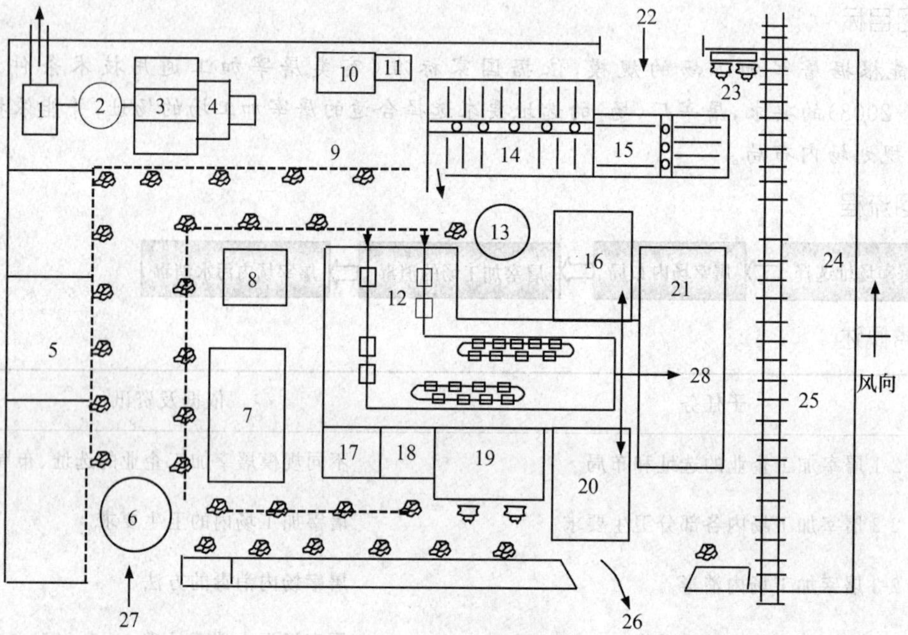

图 2-1-1　屠宰加工场内部布局

1.沉淀池　2.生物池　3.曝气池　4.集污池　5.行政区　6.花坛　7.办公室　8.化验室　9.无害处理区　10.化制间　11.急宰间　12.屠宰间　13.水塔　14.候宰圈　15.验收圈　16.复制品间(2 层)　17.皮张间　18.内脏整理间　19.发货场(冷却装置)　20.分割肉间(2 层)　21.机器房(多层)　22.活猪进厂门　23.车辆洗消站　24.生活区　25.铁路专线　26.成品出厂门　27.厂大门　28.冷库

【资讯】

一、屠宰加工企业选址的卫生要求

根据国务院 1998 年 1 月起颁布实施的《生猪屠宰管理条例》第六条和农业部《生猪屠宰管

理条例实施办法》第十二条的规定，以及国家标准《畜类屠宰加工通用技术条件》(GB/T 17237—2008)的要求，屠宰厂(场)的选址要求，归纳起来，主要有下列要求：

(1)根据城市(含县城)、乡镇建设发展规划，必须符合国家、省、自治区、直辖市和当地政府的环境保护、卫生和防疫等要求。

(2)应选择地势较高、干燥的地方，并在城市(含县城)、乡镇所在地常年主导风向的下方；还应远离水源保护区和饮水取水口，远离居民住宅区、风景旅游点、公共场所以及畜禽饲养场。

(3)应是交通运输方便，电源供应稳定可靠，水源供给充足，水质要符合国家规定的《生活饮用水标准》(GB 5749—2006)，周围无有害气体、粉尘、污浊水和其他污染源，以及便于排放污水的地方。

(4)屠宰加工场所附近应有粪便和胃肠内容物发酵处理的场所，未经处理的粪便不得运出厂外作肥料。

二、屠宰加工企业场址布局的卫生要求

屠宰加工企业总体设计要符合科学管理、方便生产和清洁卫生的原则，各车间和建筑物的配置，要布局合理，既要相互连贯又要做到病健隔离，防止原料、产品、副产品和废弃物的转运造成交叉污染甚至传播疫病。

(1)新建的屠宰厂生产区的布局　生产区与非生产区分开，且必须单独设置人员、活畜、产品、废弃物的出入口。产品与活畜禽在厂内不得共用一个通道。

(2)生产区各车间的布局　生产区各车间的布局必须满足生产工艺流程和卫生要求。健畜舍和病畜舍必须严格分开。原料、半成品、成品等加工应避免迂回运输，防止交叉污染。

(3)屠宰车间和分割间的布局　屠宰车间与分割车间应考虑与其他建筑物的联系，并使厂内的非清洁区与清洁区明显分开，防止后者受到污染。

(4)急宰间、化制间、污水处理场的布局　急宰间、化制间、污水处理场与屠宰车间和分割车间之间可用围墙或绿化带隔开，也可以在隔离地带设置不污染屠宰车间与分割车间的建筑物。

(5)厂区的环境卫生要求

①屠宰车间和分割车间所在厂区的路面、场地应平整、无积水。

②厂区内的建筑物周围、道路的两侧应绿化。

③“三废”处理必须符合国家环境保护法的规定要求。

④厂内应设有垃圾、畜粪、废弃物的集存场所，其地面与围墙应便于冲洗消毒。运送垃圾等废弃物的车辆必须是密封(不渗水)的，这些车辆还应配备清洗消毒设施及存放场所。

⑤活畜禽进出的出入口必须设置消毒池。

⑥车间外厕所应采用水冲式的，且应有防蝇设施。

子任务 2-2　屠宰加工场内各部分卫生要求

【任务】

对照标准屠宰加工场所的要求，考察当场屠宰场，找出问题并给出整改建议。

【学习流程】

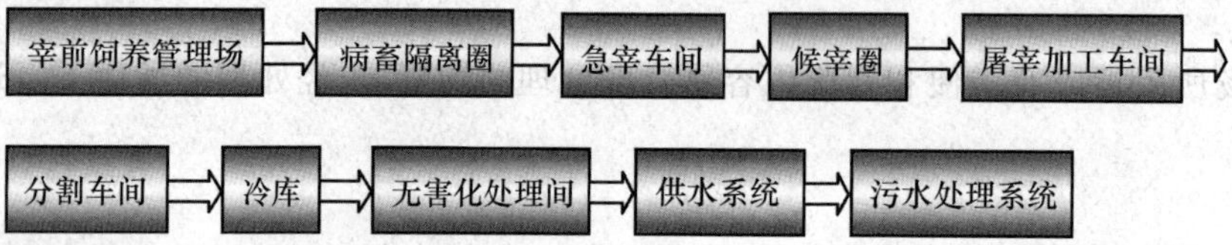

【资讯】

屠宰加工场所主要包括宰前饲养管理场、病畜隔离圈、急宰车间、候宰圈、屠宰加工车间、分割车间、冷库和无害化处理间等。

一、宰前饲养管理场

宰前饲养管理场或称“贮畜场”，是对屠畜禽实施宰前检疫、宰前休息管理和宰前停饲管理的场所。

宰前饲养管理场贮备畜禽的数量，应以日屠宰量和各种屠畜禽接受宰前检疫、宰前休息管理与宰前停饲管理所需要的时间来计算，为日屠宰量的 1～3 倍。延长屠畜禽在宰前饲养管理场的饲养日期，既不利于疫病防治，也不经济。

为了做好屠畜禽宰前检查、宰前休息管理和宰前停饲管理工作，对宰前饲养管理场提出以下卫生要求：

(1)宰前饲养管理场应自成独立的系统，与生产区相隔离，并保持一定的距离。

(2)设畜禽卸装台、地秤、供宰前检查和检测体温用的分群圈(栏)及预检圈、病畜隔离圈和健畜圈、供宰前停饲管理的候宰圈，以及饲料加工与调制车间。

(3)宰前饲养管理场的圈舍应采用小而分立的形式，防止疫病传染。应具有足够的光线、良好的通风、完善的上下水系统及良好的饮水装置。圈内还应有饲槽和消毒清洁用具及圆底的排水沟。每头畜禽所需面积应符合下列卫生标准：牛为 1.5～3 m^2，羊为 0.5～0.7 m^2，猪为 0.6～0.9 m^2。

(4)场内所有圈舍，必须每天清除粪便，定期进行消毒。粪便应及时送到堆粪场进行无害化处理。

(5)有条件的单位，应设车辆清洗、消毒场，备有高压喷水笼头、洗涮工具与消毒药品。

二、病畜隔离圈

病畜隔离圈是供收养宰前检疫中剔出的病畜，尤其是疑有传染病的畜禽而设置的隔离饲养场，其容量不应少于宰前饲养管理场总畜量的1%。在建筑的使用上应有更加严格的卫生要求。病畜隔离圈的用具、设备、运输工具等必须专用。工人也需专职，不得与其他车间随意来往。隔离圈应具有不渗水的地面和墙壁，墙角和柱角呈半圆形，易于清洗和消毒，应设专门的粪便处理池，粪尿须经消毒后方可运出或排入排水沟。出入口应设消毒池，并要有密闭的便于消毒的尸体运输工具。

三、急宰车间

急宰车间是屠宰各种病畜的场所。它的位置一般在病畜隔离圈的近邻，设计上要适用于各种畜禽的急宰，并便于清洗消毒。

急宰车间的卫生要求除与病畜隔离圈相同外，还应设有专用的更衣室、淋浴室、污池和粪便处理池。整个车间的污水必须经严格消毒方可排出。急宰车间应设置动物性食品卫生检验室和无害化处理、化制等卫生处理设施。

急宰车间应配备专职人员，必须具有良好的卫生条件与人身防护设施。各种器械、设备、用具应专用，经常消毒，防止疫病扩散。急宰车间的污水和废弃物的处理必须符合卫生要求。

四、候宰圈

候宰圈是供屠畜禽等候屠宰、施行宰前停饲管理的专用场所，应与屠宰加工车间相毗邻。候宰圈的大小应以能圈养1 d屠宰加工所需的畜禽数量为准。候宰圈由若干小圈组成，所有地面应不渗水，墙壁光滑，易于冲洗、消毒。圈舍应通风良好，不设饲槽，提供充足的饮水。候宰圈邻近屠宰加工车间的一端，应设淋浴室，用于屠畜禽的宰前淋浴净体。

五、屠宰加工车间

屠宰加工车间是屠宰场的主体车间，严格执行屠宰车间的兽医卫生监督是保证肉制品原料卫生的重要环节。屠宰加工车间的建筑、设施、随规模的大小和机械化程度不同相差悬殊，但卫生管理要求的基本原则是一致的。

(1)屠宰车间应包括赶畜道、致昏放血间、烫毛刮毛剥皮间、胴体加工间。大中型屠宰厂要设副产品加工间、胴体凉冷发货间及副产品暂存发货间。

屠宰车间内致昏放血、烫毛刮毛、剥皮及副产品中的肠胃、剥皮畜的头蹄加工工序属于非清洁区，而胴体加工和心、肝、肺加工工序及暂存发货间属于清洁区。在布置车间建筑平面时，应使两区划分明显，不准交叉。

(2)屠宰车间以单层建筑为宜。在中型屠宰车间的柱距不宜小于6 m，单层宜采用较大跨度，净高不得低于5 m。

(3)屠宰工艺流程应按致昏→刺杀放血→脱毛或剥皮→开膛净膛→劈半→整修分级的顺序来排列设置。同时要求猪体与内脏做到同步检验或对号检验。

(4)屠宰车间内的地面应使用防水、防滑、不吸潮、可冲洗、无毒、耐腐蚀的材料，表面无裂缝、无积水，明地沟应呈弧形，排水口须设网罩，墙裙和柱应贴2 m以上的白色瓷砖，墙角、地角、顶角应呈弧形，天花板表面要光滑，不易脱落。门窗装配应严密，并便于拆卸和清洗，内窗台须呈45°坡度。

屠宰车间致昏的赶畜道坡度不应大于10°坡度，赶畜道的宽度以仅能通过1头畜为宜，赶畜道墙的高度不应低于1 m。屠宰车间内与放血线路平行的墙裙，其高度不应低于放血轨道的高度。放血槽应采用不渗水材料制作，表面光滑平整，便于清洗消毒。放血槽的长度按工艺要求确定，其高度应能防止血液喷溅外溢。寄生虫检验室应设置在靠近生产线的采样处。室内要光线充足，通风良好，其面积要适合动物性食品卫生检验的需要，不宜小于20 m^2。副产品加工间及副产品暂存发货间使用的台池如用非金属材料制作，应采用不渗水、表面光滑、便于清洗消毒的材料。大中型屠宰车间的胴体暂存发货间及副产品暂存发货间须通风良好，并宜采取冷却设施。屠宰车间内车辆的通道宽度单向应不小于1.5 m，双向应不小于2.5 m。

(5)屠宰车间至少应配备有电麻器、浸烫池、吊轨、挂钩、副产品整理操作台以及符合卫生标准的盛装屠畜产品专用器具，禁止使用竹木工具和容器。车间内照明设施要齐备，屠宰车间照度不少于75 lx，屠宰操作间照度不少于150 lx，检验操作间照度不少于300 lx。吊轨的高度是：放血线轨道离地面3～3.5 m，胴体加工线轨道离地面单滑轮2.5～2.8 m，双滑轮2.8～3 m。自动悬挂传送带的输送速度，以每分钟通过6～10头，挂猪间距应大于0.8 m。

(6)应设有洗手、清洗、消毒设施。屠宰车间内的放血、开膛、卫生检验操作台、剥皮、劈半等工序位置应设有洗手和刀具消毒器等设施，并应有充足的冷热水源。

应设有与职工人数相适应的更衣室、淋浴室和厕所。更衣室内须有个人衣物存放柜。车间内厕所应与车间走廊相连，门窗不得直接开向生产操作间，便池必须是水冲式，粪便排放管不得与车间内污水排放管混用。

六、分割车间

分割肉车间是肉类加工企业的一个重要车间，包括暂存胴体的冷却间、分割肉加工车间、成品冷却间、包装间、用具准备间、包装材料暂存间，有时还有分割工人的专用淋浴间。分割肉车间和屠宰车间相连，后端连接冷库。

(1)建筑卫生　地面：用不透水材料建造，有一定坡度。内墙：用瓷砖大理石等容易清洗和消毒的材料建筑。墙壁贴面到顶。墙壁其他部分和顶棚喷涂白色无毒涂料或者无毒塑料。所有拐角处建成弧形。窗户高度以2 m为好，窗台有45°倾斜。门窗都有防蝇、防蚊、防虫设施。门有风幕或水幕。

(2)洗手装置　车间入口处设置靴子和洗手、干手设备。

(3)饮用水、非饮用水(红色)和消毒用的82 ℃热水管道 应标记为不同色彩。

(4)温度、湿度和风速控制　室温：保持在10～20 ℃，设置空调，配置自动温度测定仪和自动记录仪。湿度：顶棚和风道都不能结露滴水。风速：操作区平均风速0.1～0.2 m/s。

(5)采光　以人工照明为主，要求达到130～140 lx。开关不设明拉线。

(6)噪声　为了减少噪声，将冷风机和分割间隔开，换风系统和吸风口要有空气过滤装置。

(7)机械、用具卫生　传送装置用不锈钢或无毒塑料制品。加工机械便于拆卸、清洗消毒。车辆、用具和容器以及操作台面：采用不锈钢或者无毒塑料制造。不得使用竹子和木材器具。切割电锯有防噪声措施，达到国家标准，用82 ℃热水定时消毒。

(8)清洁和消毒　分割车间备有冷水、热水、消毒液,以便于洗手、消毒。最好每个操作台设置一个刀具消毒器。消毒器可以使用82 ℃以上的热水或化学消毒剂。每天工作结束时,用82 ℃以上热水消毒地面和工作台。

七、冷库

冷库包括冷却间、冷冻间、冷藏间。

(1)冷却间(预冷室)　容量为每日工作8 h屠宰头数的1倍,温度为−2～4 ℃或0～4 ℃,冷却终了时,肉的中心温度达到7 ℃左右。网架式冷却架用不锈钢制造。保持清洁卫生,无霉变。

(2)包装间和包装材料间　包装间温度控制在7～10 ℃。保持清洁、干燥、无霉。包装材料间和包装间紧密相连。包装材料清洁、干燥,符合卫生要求。包装箱上的品名、重量、生产日期、工厂名称、注册厂代号都必须清楚,印在正确的位置,符合买主的要求。

(3)冷冻间　最低容量要能容纳每日工作8 h的屠宰头数。保持−35～−18℃,相对湿度90%。地面光滑,墙壁铺设瓷砖,有排水设备。

(4)冷藏间　最低容量为每日工作10 h屠宰头数的2倍。维持−18 ℃,相对湿度90%～95%。卫生要求同上。

八、无害化处理场所

无害化处理是利用专门的高温设备,杀灭废弃品中的病原微生物,以达到无害化处理的目的。从保护环境、防止污染的角度出发,要求每个屠宰加工企业和负责集贸市场肉品检疫工作的业务部门,都应建立化制间或化制站。其建筑设施必须符合下列卫生要求。

(1)场址的选择　化制间(站)应该是一座独立的建筑物、位于屠宰加工厂的边缘位置。城镇病尸化制站应建于远离居民区、学校、医院和其他公共场所的地段(最好是在郊区),位于城市的下游和下风处。

(2)建筑物的结构与工艺布局　化制间(站)建筑物的结构和卫生要求与屠宰加工车间基本相同。即车间的地面、墙壁、通道、装卸台等均应用不透水的材料建成,大门口和每个工作室门前应设有永久性消毒槽。

化制间(站)的工艺布局应严格地分为两个部分:第一部分为原料接受室、解剖室、化验室、消毒室等,房间建筑要求光线充足,有完善的供水(包括热水)和排水系统,防蝇、防鼠设备齐全;第二部分为化制室等。两个部分一定要用死墙绝对分开。第一部分分割好的原料,只能通过一定的孔道,直接进入第二部分的化制锅内。

(3)污水处理　由化制间(站)排出的污水,不得直接通入下水道或河流、湖泊,必须经过一系列净化处理之后,测定其生化需氧量符合国家规定标准时,方可排入卫生防疫部门许可的排水沟内。

(4)工作人员　化制间(站)工作人员,要保持相对稳定,非特殊情况不得任意调动。工作时要严格遵守卫生操作规程。

子任务2-3 屠宰加工场内消毒

【任务】

设计一个屠宰加工场的消毒方案，并且选取几种合理的消毒剂。

【学习流程】

车间的消毒 ⇒ 圈舍场地的消毒 ⇒ 运输工具的消毒

【资讯】

屠宰加工企业是生产肉品的主要工厂。鉴于屠宰的动物来源广泛、健康情况复杂，不可避免地有带菌畜进入屠宰加工过程而引起一定的污染。为此，屠宰加工企业必须经常消毒。根据病原体传播的途径，消毒的范围应包括：病畜通过的道路，停留过的圈舍，与病畜接触过的工具、饲槽、车船，生产车间的地面、墙裙、设备、用具，病畜的排泄物、分泌物、血污，各种人员的刀具、工作服、手套、胶靴等。

一、车间的消毒

屠宰加工企业各生产车间的消毒，按卫生条例规定有经常性消毒和临时性消毒两种。

(1)经常性消毒　经常性消毒是指在日常清洁扫除的基础上所进行的消毒，每日工作完毕，必须将全部生产地面、墙裙、通道、排水沟、台桌、设备、用具、工作服、手套、围裙、胶靴等彻底洗刷干净，并用82 ℃左右的热水进行消毒。按规定，每周进行一次大消毒。在彻底扫除、洗刷的基础上对生产地面、墙裙和主要设备用1%～2%氢氧化钠(烧碱)溶液或2%～4%次氯酸钠溶液进行喷洒消毒，保持1～4 h后，用水冲洗。据实验，1%氢氧化钠溶液能在很短时间内杀灭猪的主要病原体，如猪瘟病毒、猪丹毒杆菌、猪巴氏杆菌等，其中加入5%～10%食盐时，还可提高对炭疽菌的杀灭能力，此外，还具有除去油腻的作用。刀和器械可用82 ℃左右的热水消毒或0.015%碘溶液消毒。工作人员的手用75%乙醇擦拭消毒或用0.002 5%的碘溶液洗手消毒。该碘溶液无刺激、无气味、无染色性，具有较强的清洁效力。胶鞋、围裙等胶制品，用2%～5%福尔马林溶液进行擦洗消毒。工作服、口罩、手套等应煮沸消毒。

(2)临时性消毒　临时性消毒是在生产车间发现炭疽等恶性传染病或其他必要情况下进行的以消灭特定传染病原为目的的消毒方法。它在控制疫情、防止肉品污染上有很大的作用。具体做法可根据传染病的性质分别采用有效的消毒药剂。对病毒性疾病的消毒，多采用3%氢氧化钠喷洒消毒；对能形成芽孢的细菌如炭疽、气肿疽等，应用10%氢氧化钠热水溶液或10%～20%漂白粉溶液进行消毒，国外多用2%戊二醛溶液进行消毒。消毒的范围和对象，应根据污染的情况来决定。消毒时药品的浓度、剂量时间等必须准确。

二、圈舍场地的消毒

需先进行清扫，将粪便、垫草、表土和垃圾集中后按规定进行处理。对地面、墙壁、门窗、饲槽，用1%～4%氢氧化钠溶液或4%碳酸钠(食用碱)喷洒消毒。消毒后打开门窗通风，并用水冲洗饲槽以除去药味。圈舍墙壁还可以定期用石灰乳粉刷，以达到美化环境和消毒的目的。

三、车船和其他运输工具的消毒

凡载运过屠畜及其产品的车船和其他运输工具，按规定进行处理消毒。对装运过健康动物及其产品的车船，清扫后用60～70 ℃的热水冲洗消毒；装运过一般性传染病病畜及其产品的车船，清扫后用4%氢氧化钠溶液或0.1%碘溶液洗涤消毒，清除的粪污应进行生物热消毒；装运过由形成芽孢的病原菌感染引起的恶性传染病畜及其产品的车船，先用4%福尔马林溶液喷洒，然后清扫，再用4%福尔马林溶液喷洒消毒，1 m^2 需消毒药液0.5 kg。保持半小时后再用热水仔细冲洗，最后再用上述药液喷洒消毒。清除的粪便焚烧销毁。

子任务2-4 屠宰加工场内污水消毒

【任务】

根据当地屠宰加工场实际情况，设计一套合理的污水处理方案。

【学习流程】

污水处理方法 ⇒ 屠宰污水生物处理系统

【资讯】

屠宰加工企业的污水主要来自屠宰加工、内脏整理、肉品加工、炼油等车间和畜禽饲养场以及其他日常生活的用水，其中含有排弃的组织碎屑、脂肪、血液、毛污、胃肠内容物以及用于生产的各种配料，属于典型的高浓度有机污水。

屠宰加工用后的废水具有流量大、污物多、温度高和气味不良的特点。尽管屠宰加工企业排出的污水中基本上不存在残留汞、氰、酚、苯等毒物，但由于含有大量微生物和寄生虫卵，任其排放就会污染江河湖海和地下水，直接影响到工业用水和城市饮水的质量，并在公共卫生和畜禽流行病学方面具有一定的危险性。因此必须做好屠宰污水的净化处理。

一、屠宰污水的处理方法

屠宰污水处理通常包括预处理、生物处理、消毒处理三部分。

1. 预处理

预处理是指主要利用物理学的原理除去污水中悬浮固体、胶体、油脂与泥沙。常用的方法是设置格栅、格网、沉砂池、除脂槽、沉淀池等，故又称物理学处理或机械处理。其意义主要在于减少生物处理时的负荷，提高排放水的质量，还可以防止管道阻塞，降低能源消耗，节约运转费用，便于综合利用。

(1)格栅和格网　防止碎肉、碎骨及木屑等进入污水处理系统。

(2)除脂槽　用于收集污水中的油脂。污水中的油脂,一部分为乳化状态,温度较低时能黏附在管道壁上,使流水受阻,而且还会严重妨碍污水的生物净化。因此,污水处理系统必须首先设置除脂槽。

(3)沉淀池　污水处理中利用静置沉淀的原理沉淀污水中固体物质的澄清池,称为沉淀池。该池设于生物反应池之前,也称初次沉淀池。

2. 生物处理

生物处理是利用自然界的大量微生物氧化有机物的能力,除去污水中各种有机物,使之被微生物分解后形成低分子的水溶性物质、低分子的气体和无机盐。根据微生物嗜氧性能的不同,将污水生物处理分为好氧处理法和厌氧处理法两类。

(1)好氧处理法　污水好氧处理法主要有土地灌溉法、生物过滤法、生物转盘法、接触氧化法、活性污泥法及生物氧化塘法等。

细菌通过自身的生命活动过程,把吸收的有机物氧化成简单的无机物,并放出能量。微生物利用分解中获得的能量,把有机物同化,以增殖新的菌体。这些微生物如果附着在滤料如土壤细粒的表面,形成面膜,即所谓的"生物膜"。如果在污水中,这些细菌形成的菌胶团(即活性污泥绒粒)与污水中的某些原生动物(纤毛虫类等)及藻类结合,即形成"活性污泥",悬浮在污水中。生物膜和活性污泥在污水生物学处理中起着主导作用。当污水中有机物质与生物膜表面接触时,则较迅速地被生物膜吸附,而非溶解性污物转变为溶解性的污物,也被生物膜吸收,从而使污水中的有机物质被降解。与此同时,生物膜上的微生物也摄取污水中的有机物质来营养自己,使生物膜具有再生的能力。据此,污水生物处理装置才能够长期保持稳定的净化功能。

(2)厌氧处理法(厌氧消化法)　污水厌氧处理法主要有普通厌氧消化法、高速厌氧消化法与厌氧稳定池塘法等。

所谓污水的厌氧处理就是将可溶性或不溶性的有机废物在厌氧条件下进行生物降解。高浓度的有机污水和污泥适于用厌氧分解处理,一般称为消化或厌氧消化;低浓度的污水一般不适用本法处理。

厌氧消化经历酸的形成(液化)和气的形成(气化)两个阶段。在分解初期,不同的微生物群把蛋白质、糖类和类脂质转变为脂肪酸、甲酸、乙酸、丙酸、丁酸、戊酸和乳酸等有机酸,还有醇、酮、CO_2、氨、硫化氢等。此阶段,由于有机酸的大量积聚,故称酸性发酵阶段。在分解后期,由于生成氨的中和作用,pH 逐渐上升,另一群专性厌氧的甲烷细菌分解有机酸和醇,生成甲烷和 CO_2,这一阶段称为碱性发酵阶段和甲烷发酵阶段。

用厌氧法处理的污水,由于产生硫化氢等有异臭的挥发性物质而放出臭气。硫化氢与铁形成硫化铁,故废水呈黑色。这种方法净化污水需要的时间较长(约需停留 1 个月),而且温度低时效果不显著,有机物含量仍较高。目前多在厌氧处理后,再用好氧法进一步处理。

3. 消毒处理

经过生物处理后的污水一般还含有大量的菌类,特别是屠宰污水含有大量的病原菌,需经药物消毒处理方可排出。常用的方法是氯化消毒,将液态氯转变为气体,通入消毒池,可杀死99%以上的有害细菌。

二、常用屠宰污水生物处理系统

1. 活性污泥污水处理系统

活性污泥处理有机污水，效果较好，应用较广，一般生活污水与工业污水经活性污泥法二级处理均能达到国家规定的排放标准。肉类加工中的污水净化处理，也已广泛采用此法(图2-4-1)。

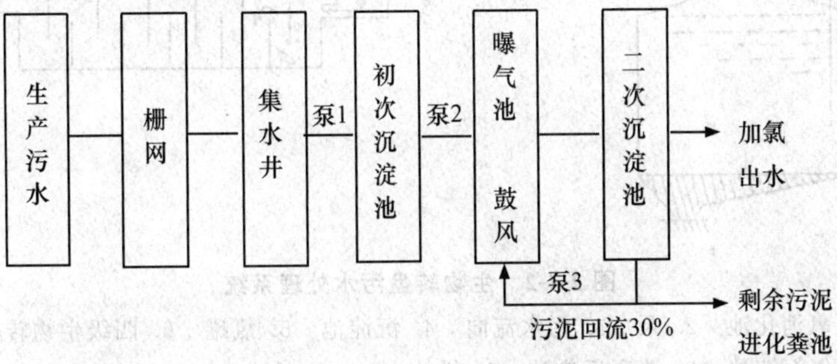

图2-4-1 曝气活性污泥法流程示意图

这种系统采用曝气的方法，使空气和含有大量微生物(细菌、原生动物、藻类等)的絮状活性污泥与污水密切接触，加速微生物的吸附、氧化、分解等作用，达到去除有机物，净化污水的目的。

(1)初次沉淀池　污水在此池内一般停留1～3 h，目的在于除去污水中较多的悬浮物。

(2)曝气池　污水在曝气池内借助搅拌装置(机械搅拌器或加压鼓风机)与回流来的活性污泥充分混合，并通过曝气提供生物氧化过程所需要的氧，从而加速活性污泥和微生物对污水中有机物的吸附、氧化、分解作用。

(3)二次沉淀池　经过曝气处理之后的污水，在此池内停留1.5～2.5 h，使被处理的污水与活性污泥分离。

(4)回流污泥　在二次沉淀池中的沉淀污泥需要回流一部分到再生池或曝气池内，为处理新的污水提供足够的活性污泥。这部分污泥称为回流污泥。二次沉淀池中除回流污泥以外的余留污泥称为剩余污泥。

活性污泥处理法主要优点是净化效率高，产生的臭气轻微，占地面积较小，所得污泥可作肥料。

2. 生物转盘法污水处理系统

生物转盘法污水处理系统是通过盘面转动，交替地与污水和空气相接触，使污水净化的处理方法。此方法运行简便，能根据不同目的调节接触时间，耗电量少，适用于小规模的污水处理。

生物转盘是由许多轻质、耐腐蚀材料做成的圆形盘片，间隔一定距离(1～4 cm)，中心固定于一根可转动的横轴上。每组转盘置于一个半圆形水槽中，约有40%的盘片部分浸于待处理的污水中。水槽两个横向面的上端各有一根多孔或纵向开口的水管，作为进、出水管。污水一般由逆转盘转动的方向流入水槽，这样一组槽称为一级转盘。在实际应用中，可以由三级、四级甚至更多级串联起来使用(图 2-4-2)。

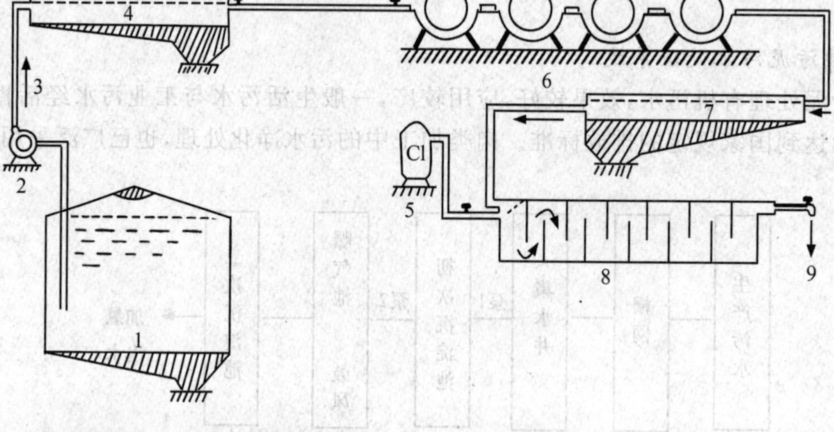

图 2-4-2　生物转盘污水处理系统

1. 厌氧消化池　2. 泵　3. 污水流向　4. 沉淀池　5. 氯罐　6. 四级生物转盘　7. 二级沉淀池　8. 消毒反应池　9. 排放水

污水由生产车间排入厌气消化池,停留 3～10 d 进行厌气发酵。经发酵的血污水,由于厌氧微生物的作用而变为淡灰色、黑灰色,此时已除去了相当一部分污水的耗氧量。发酵污水进入沉淀池,排除沉淀物,然后进入生物转盘。经过一段时间后,转盘表面便滋生一层由细菌、原生动物及一些藻类植物组合而成的生物膜。转盘的旋转,使生物膜交替得到充分的氧气、水分和养料,生物膜即进行旺盛的新陈代谢活动。这些活动对污水产生物理的或生化的吸收、分解、转化、富集作用,使可溶性污质转变为不溶的沉淀物,小粒的污染物质聚合为大粒的沉淀物,加之一些老化死亡的生物体,共同生成黑色沉淀,它们由转盘底部及二级沉淀池底部分离出来。水中的污染质被除去,水体被净化。

3. 厌氧消化法污水处理系统

高浓度的有机污水和污泥适于厌氧处理,一般称为污水厌氧消化,常用来处理屠宰污水(图 2-4-3)。

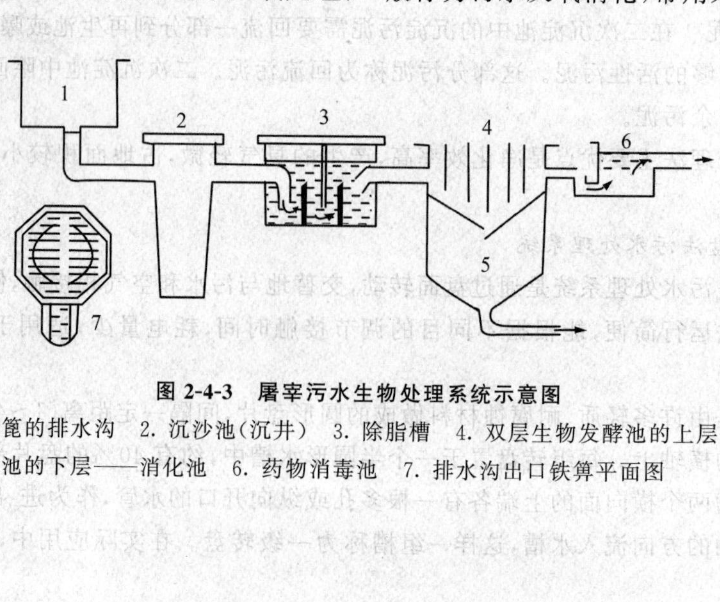

图 2-4-3　屠宰污水生物处理系统示意图

1. 出口处装有铁篦的排水沟　2. 沉沙池(沉井)　3. 除脂槽　4. 双层生物发酵池的上层——沉淀槽　5. 双层生物发酵池的下层——消化池　6. 药物消毒池　7. 排水沟出口铁箅平面图

铁箅、沉沙池与除脂槽等设置是屠宰污水的预处理装置，用于除去污水中的毛、骨、组织碎屑、污沙、油脂及其他有碍生物处理的物质。

双层生物发酵池分上、下两层：上层是沉淀槽；下层为厌氧发酵池，又称“消化池”。经脱脂后的污水进入上层的沉淀槽内，直径大于 0.000 1 cm 的悬浮物和胃肠道虫卵沉淀物通过槽底的斜缝，进入下层的消化池，此时，沉淀物被污水中的厌氧菌分解，一部分变为液体，一部分变为气体，最后只剩下 25%～30%的胶状污泥。

三、屠宰污水的测定指标

我国环保部门于 1992 年正式批准实施了《肉类加工工业水污染物排放标准》(GB 13457—1992)，对排放污水的理化、微生物的各项卫生标准做出了规定。

(1)生化需氧量(BOD)　在一定的时间和温度下有机物受生物氧化时消耗的溶解氧量。以 5 d 的水温保持在 20 ℃时的生化需氧量作为衡量有机物污染的一个指标，用 BOD_5 来表示，单位为 mg/L。生化需氧量的大小，表示水被污染的程度。污水处理的效果，也常用生化需氧量能否有效地降低来评定。

(2)化学耗氧量(COD)　用化学氧化剂氧化废水中的有机污染物质和一些还原物质(有机物、亚硝酸盐、亚铁盐、硫化物等)所消耗的氧量。它表示水中生物可降解和不可降解的有机物及还原性无机盐的总量，单位为 mg/L。当用重铬酸钾作氧化剂时，所测得的 COD 用 COD_{Cr} 表示；当用高锰酸钾作氧化剂时，测得的 COD 用 COD_{Mn} 表示；锰法常用 OC 来表示。因污水中化学物质的含量多，成分复杂，铬法氧化较安全，故更能反映其污染的确切含量。

(3)溶解氧(DO)　溶解于水中的氧称为溶解氧。水中溶解氧的含量与空气在水中的分压、大气压、水位有关。当污水中含有还原性有机物质时，这些物质会和水中的溶解氧起反应，引起水中溶解氧不足。因此，测定水中溶解氧可以反映水的污染程度。

(4)pH　是衡量水是否被污染的重要指标之一。生活污水，一般接近中性，pH 对水中生物及细菌的生长活动有影响，当 pH 升高到 8.5 左右时，水中微生物生长受到抑制，使水体自净能力受到阻碍。

(5)悬浮物　悬浮固体物质是水中含有的不溶性物质，包括淤泥黏土、有机物、微生物等细微的悬浮物质。污水中的悬浮物质能够影响污水的透明度，从而降低水生植物的光合作用。悬浮物还会阻塞土壤的空隙。

(6)混浊度　表示水中悬浮物对光线透过时发生阻碍的程度。当 1 L 水中均匀含有 1 mg 白陶土(二氧化硅)时为 1 个混浊度单位。

(7)硫化物　污水中的蛋白质分解时会产生硫化氢之类的硫化物。硫化物是耗氧物质，能降低水中的溶解氧，妨碍水生生物的生命活动。硫化氢的存在是水发出异臭的重要原因。

(8)细菌　生活污水和一些生产污水，尤其是肉类加工企业的生产污水中含有大量细菌，其中包括危害人体健康的病原菌、病毒、寄生虫卵。如用这些未处理的污水灌溉农田，易使这些病原扩散传播。

任务3

屠宰加工流程及检疫

学习目标

- 掌握宰前、宰后检验的方法及结果处理，了解家畜的屠宰工艺流程。

学习流程

宰前检疫 → 结果处理 → 屠宰加工工艺流程 → 宰后检疫 → 结果处理

任务概述

子任务	依据及资讯
3-1 屠畜的宰前检疫及结果处理	猪的宰前检疫
3-2 屠宰工艺流程	猪的屠宰工艺流程
3-3 屠畜的宰后检疫及结果处理	猪的宰后检疫

子任务 3-1 屠畜的宰前检疫

【任务】

就近屠宰场选 120 头猪，先参观学习后操作，顶岗和工作人员一起完成猪的宰前检疫工作，检疫过程中发现 7 头体温升高，没有其他症状，请你帮忙制定合理的处理方案。

【学习流程】

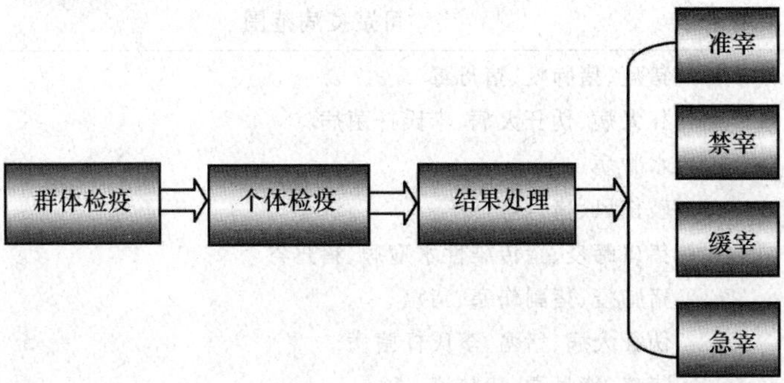

【资讯】

选择一个定点屠宰场或肉类联合加工厂;体温计、听诊器、叩诊器械、口罩、长筒靴(屠宰场提供)、白色工作衣帽等,每位学生一套,实施宰前检疫。

一、群体检疫

(1)静态观察　当猪群安静状态时,检疫人员悄悄地接近猪群,站在能比较清楚地观察到猪外貌精神状态处,注意观察猪群的各种表现。健康猪精神活泼,被毛整齐有光泽,吻突湿润,鼻孔清洁,眼角无分泌物。睡姿多侧卧。四肢舒展,呼吸节奏均匀平稳自如。站立时平稳,蹄底直立,拱寻食物时经常发出吭吭声。患病猪表现精神沉郁,被毛粗乱无光,鼻镜干燥,流涕,眼发红且有眼屎。离群独处,吻部触地,全身颤抖。睡姿蜷缩或伏卧。喜欢钻进草堆。呼吸促迫、喘息,有的呈犬坐姿势。

(2)动态观察　一般检疫人员在装卸猪群,或由圈舍放出运动喂饲时,或有意驱赶其运动时,站在车船或圈舍旁注意观察猪的运动状态。健康猪起立迅速敏捷,步态矫健,行走平稳,叫声洪亮,并摇头摆尾或尾巴上卷。排泄姿势正常,粪便粗圆,尿色澄清透明。患病猪行走迟缓,不愿起立,或立不稳,步态踉跄,低头垂尾,曲背弓腰,走路靠边,跛行掉队。叫声尖细或嘶哑。排粪表现困难或失禁,粪便干硬或附有带血黏液、或拉稀,尿量少色黄、混浊,有时带血。

(3)饮食状态观察　在给猪群按时喂食饮水时,或有意饲喂少量水料,检疫人员在猪圈外侧观察猪的采食饮水情况。健康猪食欲旺盛,喂水饲料时相互争抢,嘴直入槽底,大口吞食,喳喳作响,伴随着鬃毛震动,尾巴自由甩动,采食时间不长后即可腹满离去。如喂饲干料时,低头连续采食,有的边吃边喝,有的吃完后再饮水。患病猪立于槽外,食欲明显降低,表现不食或采食无力,或少食,或只吃稀食,也有的只吃少许青绿多汁饲料,即退槽。

二、个体检疫

猪的个体检疫,主要是对群体检查剔出的患病猪或疑似病猪进行系统的个体检查,特别要把猪瘟、猪丹毒、猪肺疫、口蹄疫、水疱病、传染性萎缩性鼻炎、副伤寒、猪霉形体肺炎、囊虫病、旋毛虫、猪密螺旋体痢疾等疾病作为重点检疫对象。

猪个体检疫的临床表现及可疑疫病范围见表3-1-1。

表 3-1-1　猪个体检查的表现及可疑疫病范围

检查项目	临床表现	可疑疫病范围
精神状态与姿势	精神沉郁	猪瘟、猪肺疫、猪丹毒
	先兴奋后麻痹	狂犬病、伪狂犬病、李氏杆菌病
	站立时用吻部触地	水肿病
	强直	破伤风、猪丹毒
	跛行	猪口蹄疫、猪传染性水疱病、猪丹毒
	步态踉跄	猪肺疫、猪副伤寒、猪瘟
	回旋	伪狂犬病、猪瘟、李氏杆菌病
	卧地不起	猪瘟、猪丹毒、猪肺疫
	犬坐姿势	猪肺疫、猪丹毒、猪流行性感冒
呼吸状态	呼吸困难	猪瘟、猪气喘病、猪肺疫、水肿病、猪炭疽、猪萎缩性鼻炎、仔猪副伤寒
	喘气、腹式呼吸	猪气喘病
	咳嗽	猪气喘病、猪肺疫、伪狂犬病、猪蛔虫病、猪弓形虫病
体温	高温	大部分传染病及部分寄生虫病
可视黏膜	眼结膜发绀	猪气喘病
	眼结膜发炎，眼被分泌物封闭	猪肺疫、猪瘟
	眼流泪，眼下有半月形潮湿	猪萎缩性鼻炎
	鼻盘有水疱或烂斑	猪口蹄疫、猪传染性水疱病
	鼻盘干燥	猪丹毒、猪瘟、猪肺疫
	鼻黏膜充血	猪瘟、猪丹毒
	鼻孔流脓性或黏性分泌物或泡沫	猪瘟、猪气喘病、猪肺疫、猪流行性感冒
	口腔及舌黏膜出现水疱或烂斑	猪口蹄疫、猪流行性水疱病
皮肤及被毛	皮肤出血或充血	猪丹毒、猪瘟、猪肺疫
	皮肤青紫色	猪副伤寒、猪肺疫、猪弓形虫病
	皮肤坏死、关节肿胀	猪丹毒
	蹄部有水疱和烂斑，蹄壳脱落	猪口蹄疫、猪传染性水疱病
	被毛粗乱逆立	各种传染病及一些寄生虫病
	全身脱毛或局部脱毛	寄生虫病、慢性猪瘟、猪肺疫
口腔及饮食	口流血样泡沫	猪炭疽、猪肺疫
	咽炎、咽颈部肿胀、咽下困难	猪炭疽、猪瘟、猪肺疫
	呕吐	猪副伤寒、猪瘟、猪丹毒
	食欲减少	大部分传染病(初期猪喘气病除外)
	渴感	猪副伤寒、猪瘟
	不食	猪肺疫、猪副伤寒、猪瘟
排泄	下痢	猪弓形虫病、猪副伤寒、猪瘟、仔猪红痢、大肠杆菌病、仔猪黄痢
	便秘	猪肺疫、猪丹毒、猪瘟、猪弓形虫病
	血便	猪瘟、仔猪红痢
	尿少而浓	猪丹毒

三、家畜的宰前检疫结果处理

宰前检疫后的屠畜，依据其健康状况及疫病的性质和程度，按有关兽医规程和检验标准做如下处理。

1. 准宰

经宰前检疫认定健康的、符合规格的屠畜，出具准宰通知书后，方可进入屠宰线准予屠宰。

2. 禁宰

宰前检疫后，凡属于危害性大的急性、烈性传染病，或重要的人畜共患病和国外已有而现阶段国内尚无或国内已经消灭的疫病，其处理办法如下：

(1)经宰前检疫，确诊炭疽、鼻疽、牛瘟、恶性水肿、气肿疽、狂犬病、羊快疫、羊肠毒血症、马流行性淋巴管炎、马传染性贫血等恶性传染病的屠畜，一律不准屠宰，采取不放血的方式扑杀处理，尸体销毁或化制。

①牛、羊、马、驴、骡畜群中发现炭疽时，除对患畜禁宰外，其同群家畜应立即逐头测温，体温正常者可作急宰，体温不正常者予以隔离，并注射有效药物观察 3 d 结果。待无高温及临床症状出现的准予屠宰，如不注射有效药物者，则必须隔离观察 14 d 后待无高温及临床症状时方可屠宰。

②猪群中发现炭疽时，同群猪立即进行紧急检测体温，正常者体温急宰；体温不正常者隔离观察，直到确诊为非炭疽时方可屠宰。

③凡经炭疽疫苗免疫的家畜，必须经 14 d 后方可屠宰。对于应用制造炭疽血清的家畜不准屠宰食用。

④屠畜群中发现恶性水肿和气肿疽时，患畜禁宰，其同群屠畜应逐头测温，体温正常者急宰；体温不正常应隔离观察，直到确诊为排除是恶性水肿或气肿疽时方可屠宰。

⑤牛群中发现牛瘟时，除对患畜禁宰外，其同群的牛予以隔离，经注射抗牛瘟血清观察 7 d，而未经注射血清者需观察 14 d，无高温及临床症状时方可屠宰。

⑥被狂犬病或疑似狂犬病患畜咬伤的家畜，应采取不放血的方法扑杀，病畜尸体作销毁或化制处理。

(2)经检疫发现患有口蹄疫、疯牛病、猪传染性水疱病、猪瘟、牛传染性胸膜肺炎、痒病、蓝舌病、非洲猪瘟、非洲马瘟、小反刍兽疫、绵羊痘和山羊痘、羊猝疽、钩端螺旋体病、急性猪丹毒、李氏杆菌病、马鼻腔肺炎、马鼻气管炎、布鲁氏菌病、牛鼻气管炎、猪密螺旋体痢疾、牛肺疫、肉毒梭菌中毒等的屠畜，一律不准屠宰，采取不放血的方法扑杀，尸体销毁或化制，并彻底对用具、器械、场地进行消毒。

3. 急宰

经检疫确诊为无碍肉食卫生要求的普通病患畜和一般性传染病但有死亡危险时，立即可出具急宰证明书，运送至急宰车间进行急宰，并完善现场消毒措施。

4. 缓宰

经宰前检疫，确认为屠畜患一般性疫病或普通病，且有治愈希望者；或患有疑似疫病而未确诊的屠畜应予缓宰。注意必须考虑有无隔离饲养、治疗条件和消毒设置及经济价值等多方因素，并进行成本核算。

5.死畜尸体的处理(冷宰)

凡在运输途中或宰前管理中自行死亡或死因不明家畜，一律销毁。如查明原因，确系为因挤压、斗殴等纯物理性因素导致死亡的家畜尸体，经检验肉品品质良好，并能在死后 2 h 内取出全部内脏器官者，胴体经无害化处理后方可供食用。

检疫人员对宰前检疫的检疫合格证明、家畜耳标和出具准宰通知书及处理情况要做完整记录留档，并保存 12 个月备查。若发现危害严重的疫病，检疫员必须及时联系并向当地和产地的动物防疫监督机构报告疫情，以便及时采取相应的预防控制措施。

四、宰前管理

做好屠畜的宰前管理可有效地获得优质耐贮藏的肉品，宰前管理主要包括休息管理和停饲饮水管理。

(一)休息管理

1.休息管理的意义

(1)可降低宰后肉品的带菌率　屠畜经过长途运输，因过度疲劳或精神紧张，可使机体的抵抗力降低，一些细菌乘机入侵机体，肉中细菌含量就会明显增多，影响肉的品质和保存时间。如果做好宰前休息管理能恢复或增强机体的抵抗力，侵入机体的细菌不能发挥作用，从而极大降低了宰后肉品的带菌率。

(2)可排出体内过多的代谢物　长途运输过程中屠畜的生理代谢功能受到影响，发生代谢紊乱，使体内蓄积过多的代谢产物发生滞留，影响宰后肉的品质。若经适当休息，可使屠畜体内过多的代谢物有效排除，从而保证了肉的品质。

(3)利于肉品的成熟　由于运输途中的饲养管理条件影响，屠畜又伴随着重度紧张、应激恐惧等，肌肉中的糖原大量被消耗，从而影响宰后肉的成熟。屠畜宰前经适当休息能恢复肌肉中糖原的含量，有利于宰后肉的成熟。

2.休息管理的时间

经长途运输的屠畜到场后，一般宰前休息 24～48 h 即可。

(二)停饲饮水管理

1.停饲饮水管理的意义

(1)利于放血　宰前给予屠畜充足的饮水，可以适当冲淡血液浓度，降低血液黏稠度。

(2)节约饲草饲料　屠畜摄入饲料到完全消化吸收的过程需要的时间：牛约 40 h，猪约 24 h，在待宰期内停喂饲料能节约饲草饲料，在保证给予充分饮水的条件下，对屠畜营养并无影响。

(3)利于屠宰解体的操作　轻度饥饿可使屠畜胃肠内容物充分消化，有利于加工的剥皮操作和摘除胃肠、整理胃肠内容物，还可避免划破胃肠，以减少污染肉品的几率。

(4)利于肉的成熟　停食可使屠畜轻度饥饿，促进肝糖原分解，使肌肉中糖原含量恢复和增加，为宰后肉的成熟创造条件，因而可提高肉的品质，并延长肉的贮藏期。

2. 停饲和饮水时间

宰前停饲时间：猪为 12 h，牛、羊为 24 h。但必须保证充足的饮水，直到宰前 3 h 停止供水。

子任务 3-2 屠畜的屠宰加工工艺流程

【任务】

某一个小镇，每天消耗大概 100 头猪，请你设计一个适当的屠宰流程。

【学习流程】

淋浴净体 → 电麻 → 放血 → 烫毛 → 燎毛 → 开膛 →

去头蹄劈半 → 胴体修整 → 皮张和鬃毛的整理 → 检验、盖印、称重、出厂

【资讯】

屠宰加工的卫生状况不但与肉品的卫生质量及其耐存性密切相关，而且与消费者的健康及养殖业的发展也有着密切的关系。因此，对屠宰加工过程实施严格的卫生监督和卫生管理，是提高肉品卫生质量、保障消费者安全的重要保证，是屠宰加工企业兽医卫生检验人员履行其职责的重要内容。

猪的屠宰加工过程一般包括淋浴、致昏、放血、煺毛或剥皮、开膛与净膛、去头蹄与劈半、胴体修整、内脏整理及皮张和鬃毛整理等工序（图 3-2-1）。根据国家标准《生猪屠宰操作规程》（GB/T 17236—2008）规定，从致昏开始，猪的全部屠宰过程不得超过 45 min。从放血到摘取内脏，不得超过 30 min，从编号到复检、加盖检验印章，不得超过 15 min。

一、淋浴

在候宰间的一角装置淋浴设备，将猪只赶至淋浴室内，喷淋猪体，以清除体表的污物，保证屠宰时清洁卫生。

1. 淋浴的卫生意义

(1)清洁皮毛，去掉污物，减少屠宰过程中的肉品污染。

(2)可使猪趋于安静，促进血液循环，保证放血良好。

(3)浸湿猪体表，提高电麻效果。

2. 淋浴净体注意事项

(1)应在不同角度、不同方向设置喷头，以保证体表冲洗完全。

(2)水温在夏季以 20 ℃为宜，冬季以 25 ℃为宜，温度过高或过低会影响肉的质量。

(3)喷水孔孔径以 2 mm 为宜，以喷出的水流呈雾状如毛毛细雨为佳，使猪有舒适的感觉，促使外周毛细血管收缩，便于放血充分。水的压力不宜过大，以免引起畜禽惊恐，导致体内糖原过量消耗，降低肉品质量。

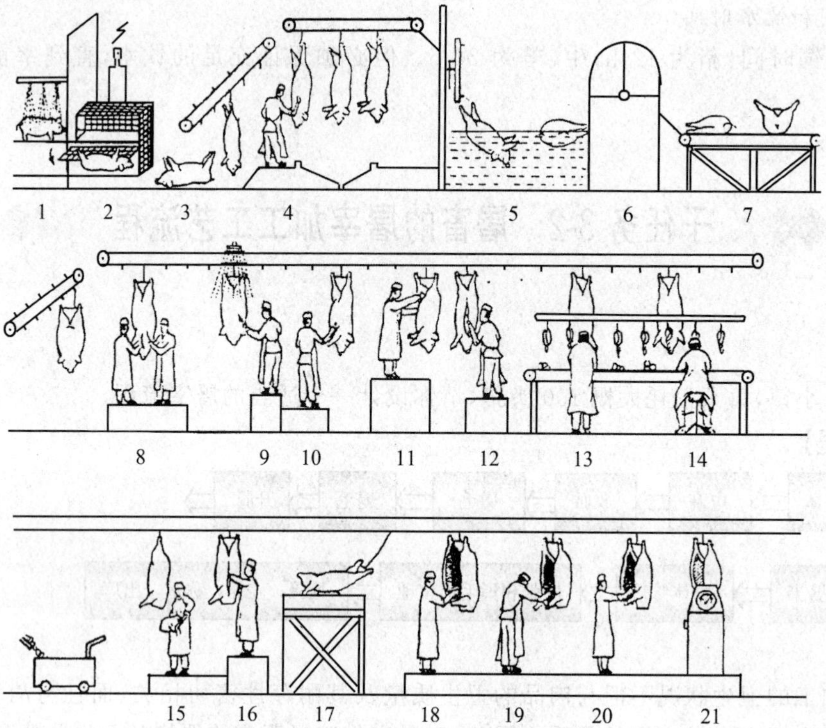

图 3-2-1　猪的屠宰加工流水线示意图

1.淋浴　2.电击致昏　3.上钩　4.放血　5.烫毛　6.煺毛　7.净毛
8.头部检验　9.刷洗　10.修刮　11.皮肤检验　12.开膛　13."白下水"检验
14."红下水"检验　15.去头蹄　16.膈肌采样　17.劈半　18.胴体检验
19.修割　20.复检　21.称重分级

(4)淋浴时间以能使畜体表面污物浸软洗净为宜,一般 2～3 min 即可。

(5)小的屠宰场没有淋浴设施时,可用胶皮管接上喷头进行人工喷洗。

二、致昏

致昏是指应用物理的(如机械的、电击的)或化学的(吸入 CO_2)方法,使猪在宰杀前短时间内处于昏迷状态。在放血前,一般先予以致昏。致昏的目的是使动物失去知觉,减少痛苦,是动物福利提出"人道屠宰"的重要体现;另外可避免动物在宰杀时挣扎而消耗过多的糖原,以保证肉品质量。致昏的方法有许多种,选用时以操作简便、安全,既符合卫生要求,又保证肉品质量为原则。常用的致昏方法有以下几种。

1.电击致昏法(麻电法、电麻法)

电击致昏法是目前广泛使用的一种致昏法,可用于各种屠畜,系指用一定强度的电压和电流强度通过屠畜脑部一定时间,造成屠畜的实验性癫痫状态,从而使其失去防卫运动能力,便于放血操作的致昏方法。电流首先作用于间脑区,肌肉痉挛系电流通过大脑皮层的运动区或脑桥所致。电击致昏可导致肌肉强烈收缩,心跳加剧,故能得到良好的放血效果。

常使用电麻器将屠畜电击致昏。电麻器又可分为人工控制电麻器和自动控制电麻器两种类型。不论哪种电麻器，均应掌握好电流、电压、频率以及作用部位和时间。电麻过深会引起屠畜心脏麻痹，造成死亡或放血不全；电麻不足则达不到麻痹知觉神经的目的，会引起屠畜剧烈挣扎。

常用的电击致昏的电流强度、电压、频率及作用时间见表 3-2-1。

表 3-2-1 家畜屠宰时的电击致昏条件

动物种类	电麻器	电压/V	电流强度/A	麻电时间/s
猪	人工控制电麻器	70～100	0.5～1.0	1～3
	自动控制电麻器	＜90	＜1.5	1～2

2. 二氧化碳麻醉法

此法是使屠畜通过含 65%～85% CO_2（由干冰发生）的密闭室或隧道，经 15～45 s，使屠畜麻醉维持 2～3 min，以完成刺杀放血操作的目的。

本法的优点是操作安全，生产效率高；对屠畜无伤害，屠畜无紧张感、无噪声，不知不觉地进入昏迷，因此肌糖原消耗少，可使屠畜完全失去知觉，致昏程度深而可靠；肌肉处于放松状态，不会发生痉挛，呼吸维持较久、心跳不受影响，放血良好；肉品 pH 低而稳定，利于保存。缺点是工作人员不能进入麻醉室，成本较高，CO_2 浓度过高时能造成屠畜死亡。

三、刺杀放血

将致昏后的猪后腿吊在滑轮的套脚或铁链上经滑车吊至悬空轨道，运至放血处进行放血。放血系指用放血刀割断血管或刺破心脏，使血液流出体外，将屠畜致死的屠宰操作。在致昏后应立即放血，最好不超过 30 s，以免肌肉出血。

1. 放血方式

根据放血时屠畜的体位不同，可将放血方式分为水平放血和倒挂垂直放血两种。从卫生角度看，倒挂垂直放血更佳，放血安全，放血效果良好，利于随后的加工，同时可减轻工人劳动强度。

2. 放血方法

(1)切断颈部血管法　即切断颈动脉和颈静脉放血法，是目前广泛采用的比较理想的一种放血方法，马、牛、羊、猪都可采用。在猪倒立悬挂时，应于颈部和躯干交界处的中线偏右约 1 cm 处或第一肋骨水平线以下 3.5～4.5 cm 处刺入，刺杀时刀尖向上，刀刃与猪体呈 15°～20°角，抽刀向外侧偏转切断血管，不得刺破心脏。刺杀放血刀口长度以 3～4 cm 为宜，不得超过 5 cm。沥血时间一般为 6～10 min，不得少于 5 min。

此法的优点是不伤及心脏，心脏保持收缩功能，有利于放血完全，且操作简便；缺点是杀口较小，血流时间较长，如果空血时间过短，易造成放血不全。因此，使用此法放血时，放血轨道和放血槽应有足够的长度，以保证放血充分。

(2)空心刀放血法（真空刀放血法）　国外已经广泛采用，我国少数肉联厂曾试验应用，目前正在普及推广的放血方法。放血时，将一种具有抽气装置的特制“空心刀”插入事先在颈部沿器官做好的皮肤切口，经过第一肋骨中间的胸前口直接向右心刺入，血液即通过刀刃空隙、刀柄腔道沿橡皮管流入容器中。此法放血由于血液未受到污染,可供食用或医疗用,因而可提高其利用价值,且放血完全,胴体品质好。空心刀放血虽刺伤心脏,但因有真空抽气装置,故放血仍良好。

(3)心脏穿刺法　为我国民间习惯采用的方法。刺杀部位是颈胸交界处凹陷内,沿胸前口刺至心脏。由于此法损伤心脏,影响心脏收缩功能,常造成放血不良,因而应用较少,常在农村应用。

3. 卫生要求

放血必须正确掌握放血部位、操作技术和放血时间,保证血流通畅,放血完全。否则,不是放不出血来,就是血流不畅,造成血液在组织中滞留和浸润,甚至发生呛血现象,给随后的头部检验和加工带来不利影响。因此,放血工作应由熟练的工人来操作,并保持相对的稳定。

放血程度是肉品质量的重要指标。放血良好的胴体,色泽鲜亮,肉质鲜嫩,而且因含水量少,耐贮藏。反之,放血不良的胴体,色泽深暗,肉味不美,而且因含水量高,有利于微生物生长繁殖而易发生腐败变质,不耐贮藏。

四、脱毛或剥皮

1. 脱鬃

猪鬃即猪的颈部和脊背部的刚毛。猪鬃刚韧而富于弹性,具有天然的鳞片状纤维,能吸附油漆,为工业和军需用刷主要的原料。猪鬃能制成各种用刷、化学灭火剂、化学药品(如胱氨酸、酪氨酸)等各种产品。我国所产猪鬃,在数量上和质量上都驰名中外,也是我国主要出口的畜产品之一。如果为了获得猪鬃,可在烫毛前将鬃拔掉,即脱鬃。生拔的鬃弹性强,质量好。

2. 浸烫脱毛

猪的屠宰加工有煺毛和剥皮两种方法,我国大多数采用热水浸烫煺毛加工方法。

(1)浸烫　放血后的猪体经沥血后,由悬空轨道上卸入烫毛池内进行浸烫,使毛根及周围毛囊的蛋白质受热变性,毛根和毛囊易于分离,同时表皮也出现分离达到脱毛的目的。猪体在烫毛池内借助于推挡机前后翻动和向前运送。浸烫水温和时间应根据猪的品种、个体大小、皮肤薄厚、年龄、季节等情况灵活掌握。经杂交改良的瘦肉型猪皮肤较薄,烫池水温应保持在58～60 ℃;农民散养的土种猪皮肤较厚,烫池水温应保持在61～62 ℃。在寒冷的冬季,烫池水温应酌情升高1 ℃。浸烫时间一般为5～7 min。有的材料报道,水温超过63 ℃,浸烫8 min,会引起猪的高温强直,肉质降低。同时,为使屠体各部分受热均匀,可借助于推挡机不断前后翻动和向前运送屠体,每档1头,不可多夹。小型屠宰场若无推挡机时,可用带钩的长杆来翻动屠体向前拨送。烫毛水至少每班更换一次。如果采用连续进水、出水的方式烫毛,更符合卫生要求。

(2)煺毛　煺毛分机械煺毛和手工煺毛。大中型肉联厂普遍应用机械煺毛,多为滚筒式刮毛机,刮毛机与烫毛池相连,猪浸烫完毕即由捞耙或传送带自动送进刮毛机,每台机器每次可放入3～4头,每小时可煺毛200头左右。煺毛应力求干净。机械煺毛时,打毛机内淋浴水温应掌握在30 ℃左右,以不断肋骨、不伤皮下脂肪为原则。煺下的毛及皮屑通过孔道运出车间。

小型肉联厂和屠宰场无刮毛机设备时，可进行人工煺毛，先用卷铁刮去耳和尾部毛，再刮头和四肢的毛，然后刮背部和腹部的毛。各地刮法不尽一致，以方便、刮净为宜。

当前较先进的脱毛方法是吊挂烫毛脱毛。此方从刺杀放血到烫毛都吊挂进行，屠体不脱钩。目前采用的有竖式热水喷淋、蒸汽烫洗和蒸汽热水脱毛处理三种方式，烫毛时使吊挂状态的屠体进入隧道，以 62～63 ℃热水喷淋或蒸汽烫洗达到烫毛的目的。既保证屠体干净，又免除反复脱钩和挂钩操作的麻烦，从而提高了流水线的速度，减轻了劳动强度，提高了工效。在隧道的末端设有打毛机。

(3)净毛(清理残毛)　煺毛后的屠体放入清水池内清洗。为清除屠体上的残毛和绒毛，必须进行净毛处理。净毛的方法有手工修刮、燎毛等。难刮的残毛或断毛，最好不用刀剃或火燎，以免毛根留在皮内，严禁用松香拔毛。

一些中小型肉类联合加工厂主要采用酒精喷灯燎毛，再采用传统的卷铁刮和石头打的手工修刮方式将未刮净的部位如耳根、大腿内侧及其他未刮掉的残毛或茸毛连根除去，这样获得的肉质量很高。然后将后肢跟腱部位用刀穿口(6～8 cm 宽)上挂钩，通过滑轮吊上悬空轨道。而一些大型肉类联合加工厂，尤其国外如丹麦、荷兰等肉联厂和屠宰场，上述处理是通过燎毛炉和刮黑机完成的。燎毛炉内的温度可达 1 200 ℃，屠体在炉内停留 10～15 s，即可将体表残毛烧掉。与此同时，屠体表皮的角质层和透明层也被烧焦。然后进入刮黑机，刮去大部分烧焦的皮屑层，再通过擦净机械和干刮设备，将屠体修刮干净。最后将屠体送入干燥的清洁区作进一步的加工。这套设备效果很好，但工艺要求复杂，费用较高。不论采用何种工艺，都必须达到脱净毛且不损伤皮肤的要求。

猪应先挑腹皮，再剥臀皮、剥腹皮，最后剥脊背皮。剥皮时不得划破皮面，少带肥膘。猪的皮下脂肪层厚，剥皮较为困难，通常应由熟练工人进行手工剥。

五、开膛与净膛

所谓开膛指剖开屠体胸腹腔的操作过程。在清理残毛后应立即进行开膛，屠体放血后至开膛不得超过 30 min。延缓开膛不仅会造成内脏器官的自溶分解，并有利于胃肠道内微生物向其他脏器和肌肉转移，而降低肉品的质量和耐贮存性；而且会影响脏器和内分泌腺体的利用价值，如肠管发黑、内分泌腺的激素降解等。

开膛宜采取机械倒挂垂直方式，这样既减轻劳动强度，又减少胴体被胃肠内容物污染的机会。猪的开膛沿腹部正中白线切开皮肤，接着划开腹膜，使胃肠等自动滑出体外，便于检验。然后沿肛门周围用刀将直肠与肛门连接部剥离开(俗称雕圈)，再将直肠掏出打结或用橡皮箍套住直肠头，以免流出粪便污染胴体。开膛时应小心，切勿划破胃肠、膀胱和胆囊，若万一划破后被胃肠内容物、尿液和胆汁所污染，应立即冲洗干净，并根据污染的程度作不同处理。胃肠内容物污染往往是胴体带染沙门氏菌、粪链球菌及其他肠道致病菌的主要来源，应引起生产人员高度重视。开膛后，严禁用抹布擦洗胴体。

净膛又称为去内脏，操作时应从前向后直至肛门，先沿肋软骨与胸骨连接处切开胸腔并剥离喉头、气管、食道，再用刀划破横膈膜，将心、肝、肺和胆囊一起摘除，然后用刀将肠系丛膜处割断，随之取出胃肠、脾，最后摘除膀胱、肾脏和腹壁脂肪(板油)。去内脏要求做到摘除的内脏不落地。摘除的内脏又分为“红下水”(心、肝、肺、肾)和“白下水”(胃、肠、脾、胰)，应分别挂在排钩上或放在传送盘上，接受检验。

取出内脏后，应及时用足够压力的净水冲洗胸、腹腔，洗净腔内瘀血、浮毛、污物。

六、去头蹄与劈半

1. 去头蹄

屠宰猪时，一般在净膛后再去头、蹄。去头是指分别从枕寰关节处卸下头，大多数肉联厂用去头机将头卸下，中小型屠宰场用刀将头砍下；去蹄是指从腕关节去掉前蹄，从跗关节处去掉后蹄。操作时要求切口整齐，避免出现骨屑。

2. 劈半

劈半是指沿脊椎正中将胴体劈成对称的两半。劈半后，既便于检验和运输，又便于冷冻加工和冷藏堆垛。猪由于皮下脂肪较厚，在实行人工劈半时，事先需先沿脊柱切开皮肤和皮下软组织，俗称为“引脊”，再用砍刀将脊柱对称地劈为两半。但肉联厂和屠宰场目前广泛使用手提式电锯或桥式电锯进行劈半。用手持式电锯劈半时，应注意“描脊”，并将锯掌握好，使脊柱劈开，劈半均匀。采用桥式电锯劈半时，应使轨道、锯片、引进槽成直线，不得锯偏。劈半时要求劈面平整、正直，以劈开脊髓管暴露出脊髓为佳，避免左右弯曲或劈断、劈碎脊椎，以防藏污纳垢和降低商品价值。劈半后应及时用净水冲去锯肉末。

七、胴体修整

胴体修整是指清除胴体表面的各种污物、修割掉胴体上的病变组织、损伤组织及游离组织，摘除有碍肉品卫生的组织器官，并对胴体进行修削整形，使胴体具有完好商品形象的操作过程。胴体修整分干修和湿修两种。

1. 干修

干修时，先除去胴体表面的残余水分和碎屑，再用修割刀修整颈部和腹壁的游离缘，割除伤痕、化脓灶、斑点、瘀血部以及残留的膈肌、游离的脂肪，摘除甲状腺、肾上腺和病变的淋巴结。根据不同的加工规格，有时还需剥除肾周围的脂肪(即板油)和摘除肾脏。修整好的胴体应达到无血污、无粪污、无残毛、无污物，具有良好的商品外观。修割下来的组织和废弃物，应分开放置(于容器中)，加以利用或处理。

2. 湿修

湿修时，用一定温度和压力的热水冲洗，将附着在胴体表面的毛、血、粪等污物冲洗干净。特别应注意颈端部和已劈开的脊柱。但值得注意的是，因为牛、羊皮下脂肪少，肌肉易吸水而影响屠体表面“干膜”的形成，使肉品容易变质，不利于保藏，所以其湿修只能冲洗胸腹腔内表面，不宜冲洗外表面。

无论采用何种修整方式，修整过程中严禁用抹布擦洗胴体，因为它是许多胴体被同类污染物污染的来源，尤其是易被微生物污染而使胴体的卫生质量下降。

八、内脏整理

摘除后的内脏经检验后应立即送内脏整理车间进行整理加工，不得积压。

内脏整理包括胃的割取、肠管的分离、翻肠和倒胃、摘除淋巴结和病变部位、分离心肺、除去肾包囊等工序。

(1)割取胃时,食管和十二指肠应留有一定的长度,以免胃内容物流出;

(2)分离肠管时,应小心摘除附着的脂肪和胰脏,除去肠系膜淋巴结、病变部位及寄生虫等,切忌将肠管撕裂、拉断;

(3)翻肠和倒胃应于固定的工作台上进行,翻出的胃肠内容物洗净后应集中于一定的容器,迅速冷却,不得长时间堆放,以免变质;

(4)分离心脏时应除去心包膜;

(5)除去肾包囊时不应破坏肾的完整性。

内脏整理车间应有充足的温水和冷水供应。

九、皮张和鬃毛的整理

1. 皮张的整理

猪、牛、羊生皮是重要的副产品,经鞣制加工后,可以制成各种日用品和工业品。为了给制革工业提供优质的制革原料,除去猪、牛、羊生前注意饲养管理,保护皮肤不受损伤外,对刚刚剥下以后的生皮需要进行初步整理。皮张整理时,应先抽取尾皮(牛),除去皮张上的泥土、粪污、残留的肉屑、脂肪、耳软骨、蹄、嘴唇等,然后采用干燥法、盐腌法或冷冻法进行防腐,再然后送皮革加工车间(厂)进一步加工,不得堆积和暴晒,以免变质或老化。

2. 毛类的整理

猪鬃毛整理时,按色分类,用铁质梳除去绒毛、皮屑、灰渣和杂质后,按其长度进行分级、扎捆成束。泡烫后刮下的湿鬃毛,为了除去毛根上的表皮组织上,可将其堆 2～3 d,通过发热分解促其表皮组织腐败脱落,然后加水梳洗,除去绒毛和碎皮屑,再摊开晒干后送往加工。也可采用弱苛性钠溶液蒸煮浸泡法,使表皮组织溶解,效果也较好。好的猪鬃一般是色泽光亮,毛根粗壮,无杂毛、绒毛、霉毛、表皮等。

从畜体上剪下的毛,应注意检疫和消毒,以免疫病的传染。同时也应注意毛的清洁和分级。在肉联厂所获得的毛,多是从宰后屠体煺下的毛。这种毛经过很好的加工、清洗和消毒,也可以作为良好的轻工业原料。

十、检验、盖印、称重、出厂

屠宰后要进行宰后兽医检验。合格者,盖以“兽医验讫”的印章。然后经过自动吊称称重后,入库冷藏或出厂。

【资讯链接】

家禽的宰前检疫

选择一个定点肉鸡屠宰场或肉类联合加工厂；口罩、长筒靴（屠宰场提供）白色工作衣帽等，每位学生一套。

一、入场验收

当家禽运到屠宰厂（场）后，检疫人员应先向押运人员索取家禽由产地动物防疫监督机构签发的检疫证明，了解产地有无疫情和途中家禽的情况，有无发病和死亡的现象，并细致观察禽群，同时核对家禽的种类和数量。如果遇到无检疫证明或检疫证明超过有效期，以及证物不符或发现有病死家禽时，检疫人员必须要认真查明疑点，找出原因后按有关规定处理。经入场验收认为合格的家禽准予卸载，并进入宰前饲养管理。在饲养管理时，检疫员还应经常观察家禽的状况，发现有病禽要及时处理。

二、送宰检查

在送宰之前，为有效地防止病禽混入屠宰间，经宰前管理的家禽需再进行详细的临床检查，检查合格出具准宰证明，即送往屠宰间宰杀。

1. 群体检查

群体检查应逐舍逐笼地进行，或者在喂饲时观察家禽的采食和运动，检查时依次由大群到小群对禽群进行静态、动态、饮食状态和生长发育状况的观察，以判定家禽的健康状况。

（1）静态检查　检疫人员在不惊扰禽群的前提下，观察家禽的自然安静状态，如精神状况，站立、栖息的姿态，呼吸状态，羽毛、天然孔、冠和肉髯等的状况，对外界的反应性，还应注意其叫声，是否发出“咯咯”声或“咕咕”声，有无喘息、咳嗽等。

健康家禽，全身羽毛丰满清洁而有光泽，泄殖孔周围与腹下部绒毛干燥整洁，眼有神，冠、髯鲜红发亮，常常抖动羽毛、撩起两翅，对周围事物敏感，反应迅速。

检查时如发现有精神委顿，缩颈闭目，尾、翅下垂，呼吸急迫或困难，反应迟钝，冠苍白或青紫色，天然孔流有黏液或泡沫液体，肛门周围沾有粪便，发出特殊叫声以及咳嗽等症状的可疑禽只，应剔出作进一步的个体检查。

（2）动态检查　将禽群人为哄起，观察禽的反应性和运动姿态。健禽活泼，反应敏捷，行走呈探头缩尾，两翅紧收。病禽则精神委顿，翅尾下垂，步态踉跄僵硬，弯颈拱背，行动迟缓，离禽独处。发现病态的禽只应挑出作进一步检查。

（3）采食、饮水及粪便状态检查　发现采食、饮水或粪便异常的禽只应剔出作个体检查。

对大批的商品家禽筛选时可采用飞沟筛选法：驱赶鸡群，使其飞过事先用健禽经反复测试而设定的飞沟，检查能轻易飞过沟者可认为是假定健康鸡，再经静态和采食饮水的群体检查；不能过沟者，可认为是疑似病鸡，应逐只作个体检查。

2. 个体检查

在群体检查的基础上应用“看、听、摸、检”的方法对剔出的病禽和可疑病禽逐只进行认真细致地检查，得到初步诊断，确定疾病性质。根据疫病对整个禽群的影响并采取相应的措施，进行及时处理。

检验人员左手握住家禽两翅根部，注意听叫声有无异常，挣扎时是否用力；再将家禽举起，观察头部变化，主要注意冠、肉髯和无毛处有无苍白、发绀或痘疹，眼、鼻和口腔有无异常分泌物等变化。再用另一手的中指抵住禽喉部，并以拇指和食指夹压两颊，迫使禽口张开露出缝隙来观察口腔与喉头有无黏液、充血、出血、溃疡及伪膜或异物等其他病变。禽体高举检查呼吸道，使其颈部贴近检验者的耳部来听诊有无异常呼吸音，并触压喉头及气管，诱发咳嗽。手先触摸嗉囊，检查充实度和内容物的性质。再摸检胸腹部及腿部肌肉、关节，以确定有无关节肿大、骨折。注意禽整体羽毛的清洁度、紧密度与光泽，有无创伤及肿物等；尤其肛门附近粪便污染程度与潮湿度等情况。

鹅体重较大可按压地上检查，按照头部、食管膨大部、皮肤、肛门的顺序依次检查，必要时测体温。对鸭进行个体检查时，常以右手抓住鸭的上颈部，提起后夹于左臂下，同时以左手托住锁骨部，然后进行个体检查。检查顺序与鹅相同。

家禽个体检疫的临床表现及可疑疫病范围见表3-2-2。禽宰前检疫的主要疫病有高致病性禽流感、鸡新城疫、鸭瘟、白血病和鸡支原体病等。

表3-2-2 家禽个体检疫的表现及可疑疫病范围

检查项目	临床表现	可疑疫病范围
精神状态与姿势	瘫痪，一脚向前一脚向后	马立克氏病
	1月龄内雏鸡瘫痪	传染性脑脊髓炎、鸡新城疫
	扭颈、抬头望天、前冲后退、转圈运动	鸡新城疫、维生素E和硒缺乏症、维生素B1缺乏 肉毒梭菌毒素中毒
	颈麻痹、平铺地面上	维生素B_2缺乏
	颈麻痹、趾蜷曲	维生素D缺乏、钙磷缺乏、病毒性关节炎、滑膜霉形体病、葡
	腿骨弯曲、运动障碍、关节肿大	萄球菌病、锰缺乏病、胆碱缺乏
	瘫痪	笼养鸡疲劳症、维生素E和硒缺乏症、鸡新城疫
	高度兴奋、不断奔走鸣叫	痢特灵中毒、其他中毒病初期
呼吸状态	呼吸困难、啰音	鸡新城疫、传染性支气管炎、传染性喉气管炎、慢性呼吸道疾病
	张口伸颈、有怪叫声	鸡新城疫、禽流感、传染性喉气管炎
可视黏膜	眼充血	中暑、传染性喉气管炎等
	虹膜褪色，瞳孔缩小	马立克氏病
	角膜晶状体混浊	传染性脑脊髓炎等
	眼结膜肿胀，眼睑下有干酪样物	大肠杆菌病、慢性呼吸道病、传染性喉气管炎、沙门氏杆菌病、曲霉菌病、维生素A缺乏症等
	流泪、有虫体	嗜眼吸虫病、眼线虫病
	冠、肉髯结痂、痘斑	禽痘
	冠蓝紫色	败血症、中毒病
	冠和肉垂发绀且头和颜面部水肿	禽流感
饮水	饮水量剧增	长期缺水，热应激、球虫病早期、饲料中食盐过多、其他热性病
	饮水量明显减少	温度太低、濒死期、药物异味
粪便	红色	球虫病
	白色黏性	白痢病、痛风、尿酸盐代谢障碍
	硫黄样	组织滴虫病
	黄绿色带黏液	鸡新城疫、鸭瘟、禽出败、卡氏白细胞病等
	排黄、白、绿色稀粪	禽流感
	水样粪便	饮水过多、饲料中镁离子过多、轮状病毒感染、传染性法氏囊病等

子任务3-3　屠畜的宰后检疫(以猪为例)

【任务】

请制定一个猪的宰后检疫的程序,并且找出猪宰后的被检淋巴结;同时依据检疫结果制定合理的处理方案。

【学习流程】

编号→头部检验→皮肤检验→内脏检验→胴体检查→旋毛虫检验→复检

【资讯】

一、宰后检验的方法

常用的宰后检验方法是以感官检验为主,即检验人员运用感觉器官进行"视检"、"触检"、"嗅检"和"剖检"等方法对胴体和脏器进行病理学诊断与处理,必要时才辅以病理组织学检查和实验室的其他检查方法。

1. 感官检验

(1)视检　运用视觉观察胴体的皮肤、肌肉、胸腹膜、脂肪、骨骼、关节、天然孔及各脏器的外部色泽、形态大小、组织状态等是否正常。根据观察可为进一步检验(包括剖检)提供线索。如牛、羊上下颌骨膨大时,应注意检查是否感染放线菌病;喉颈部肿胀,应注意检查炭疽和巴氏杆菌病。若屠畜的结膜、皮肤和脂肪发黄,可怀疑黄疸,应注意检查肝脏或造血器官是否正常,有必要可剖检关节的滑液囊及韧带等组织,观察其色泽的变化。

(2)剖检　借助检验器械切开并观察胴体和脏器的深层组织部分的变化,检查其病变的性质或应检部位有无异常病变。这对淋巴结、肌肉、脂肪、脏器深部位的病变的确诊是非常重要的检查方法,如按规定检查咬肌、腰肌处有无囊尾蚴寄生。

(3)触检　用手直接触摸或借助检验刀具通过触压,来判断组织器官的弹性和硬度的变化。这对于深部组织或器官内的硬结性病变的发现具有重要意义。如在肺叶内的病灶只有通过触摸才能发现。

(4)嗅检　对于那些无明显病变的疾病或肉品开始腐败变质必须依靠嗅闻气味来判断。如屠宰动物发生药物中毒时,肉品则往往带有特殊的药味气味;或者已经腐败了的肉品,会散发出令人不愉快的腐臭味。

2. 实验室检验

通过感官检验,对某些疫病发生怀疑或已判定为腐败变质的肉品,不能准确判断利用价值,必须用实验室检验的方法确定性检验以作出综合性判断。

(1)病原检验　采取有病变的血液、器官或组织直接涂片进行镜检,必要时再进行细菌分离、培养、生化反应及动物接种来加以判定病原菌的分类。

(2)理化检验　肉的腐败程度完全依靠细菌学方法检验是不准确的,还须进行理化性检验。应用总挥发性盐基氮的测定、pH的测定、硫化氢试验和球蛋白沉淀试验等综合判定其新鲜度。

(3)血清学检验　针对某种疫病的特殊检验要求，采取沉淀反应、补体结合反应、凝集试验、免疫扩散和血液检查等方法鉴定该疫病病原体的性质。

二、宰后检验的要求

由于宰后检验是在屠宰加工过程中进行并完成的，要求检验人员除了正确运用上述检验方法外，尚须注意以下几项要求：

(1)检验环节的要求　检验环节要与屠宰加工工艺流程密切配合，不能与生产的流水作业相冲突，所以宰后检验常被分作若干个检验点安插在屠宰加工过程中完成。

(2)检验内容的要求　宰后检验的按规定应检内容必须检查，并严格按国家标准规定的检疫内容、部位实施，不能人为地减少项目或漏检。检验之前先要对每一头动物的胴体、内脏、头、皮张统一编号，方便查对。

(3)剖检的要求　为保证肉品的卫生质量和商品价值，剖检只能在规定的部位，按一定的方向剖检，要求下刀准而快，切口小而齐，深浅适度。肌肉检查顺肌纤维走向切开，不准横切。剖开受检组织器官时，不能乱切或拉锯式的切割，避免造成切口过大或切面模糊不清的人为因素的干扰，给检验工作造成不便。

(4)保护环境的要求　为了防止肉品污染和环境污染，切开病变的脏器或组织应及时采取措施，并做到不污染周围胴体、不落地污染地面。尤其发现恶性传染病和一类动物检疫对象时，立即停宰，封锁现场，采取严格的防疫消毒措施。

(5)检验人员的要求　检疫人员每人应备有两套检验工具(检验刀和检验钩)，以便在受到污染时能及时更换。被污染的工具立即置于消毒液中彻底消毒。同时，检疫人员上岗工作要做好个人防护。

三、操作方法

选择一个定点屠宰场或肉类联合加工厂；检验刀具，每生一套；防水围裙、袖套及长筒靴白色工作衣帽、口罩、乳胶手套和线手套等，每生一套。

1. 编号

实施宰后检验之前，首先将分割开的胴体、内脏、头蹄和皮张统一编上相同的号码，以便于各检疫点发现异常及疫病备查。编号的方法多采用有色铅笔书写标号，或贴号牌放置在该胴体的前面，方便对照检查。大型的屠宰场(厂)或肉类联合加工厂多采用同步检验方法，进行头、蹄、内脏和胴体的现场检验。

2. 头部检验

(1)剖检颌下淋巴结　颌下淋巴结位于下颌间隙的后部，颌下腺的前端(如倒挂时，在颌下腺下方)，其表面被耳下腺口侧所覆盖。剖检术式：一般由两人操作，助者右手握屠猪的右前蹄，左手持长柄钩固定颈部切口右壁的中部，向右牵拉做一扩张切口。检验者左手持钩，钩住切口右壁的中间部位，向左方牵开切口，右手握刀起于切口向其深部纵向切到喉头软骨处，接着以喉头为中心，朝下颌骨的内侧，分别左右各作一个弧形切口，就在下颌骨内侧左右方处，找到两个卵圆形的颌下淋巴结进行剖检(图 3-3-1)。主要观察其是否肿大，切面色泽是否为砖红色，有无坏死灶及周边有无水肿或胶样浸润的异常变化。

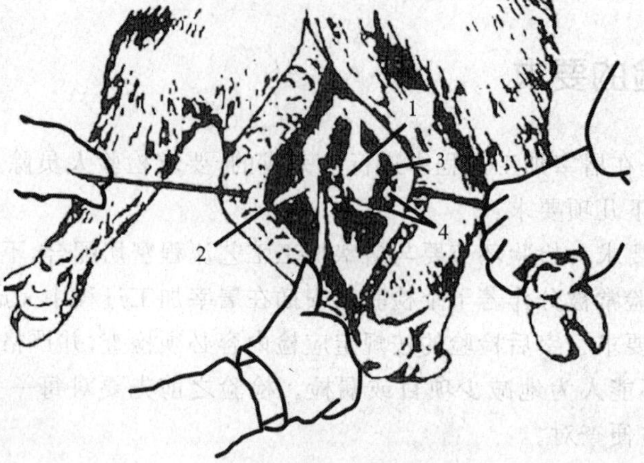

图 3-3-1　猪头部检验

1.咽喉隆起　2.下颌骨　3.颌下腺　4.下颌淋巴结

(2)剖检咬肌　检查猪囊虫时，若头部连在肉尸上，可以检验钩钩着颈部断面咽喉部的提头，在左右侧咬肌处分别与下颌骨平行切口，切开两侧咬肌，检查有无囊尾蚴寄生。如果已割头，则在检验台上剖检两侧咬肌(图 3-3-2)。

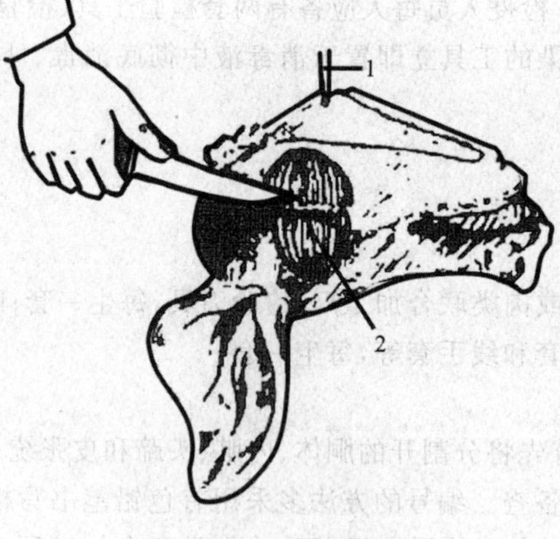

图 3-3-2　猪咬肌检验

1.提起猪头的铁钩　2.被切开的咬肌

头部检验注意检查口蹄疫、猪传染性水疱病等疫病。必要时可增加剖检扁桃体和颈部淋巴结，观察其局部有无出血性炎、溃疡、坏死，切面有无楔形的灰红或砖红色的小病灶，尤其注意有无针尖大的坏死点。

3. 皮肤检验

一般带皮猪应在烫毛后编号时进行，而剥皮猪是在头检后清洁猪体时初检，然后待剥离皮张复检时，结合皮下脂肪等的病变进行综合诊断。主要检查皮肤的完整性和色泽，尤其在耳根、胸腹部、背部和四肢的内外侧有无充血、出血、疹块、痘疮和黄染等病变。如疾病原因发生的特征性变化：全身皮肤广泛性的出现不均匀红色或紫红色的针尖大小的出血点，且指压不褪色的主要见于猪瘟；出现凸于皮肤表面的呈圆形或方形（紫）红色的疹块且指压褪色的为猪丹毒；仅在耳颈部、胸部及四肢内侧有界限不明显的红斑，结合其他症状，可判断为猪肺疫（俗称大红脖）；颈背、腰、躯体下部多处有紫斑，耳壳发乌且耳尖干坏死，常见于猪弓形虫病；腹下、四肢下端和耳尖等末梢部位出现紫红色出血点则为猪性败血型链球菌病；慢性仔猪副伤寒皮肤还会出现痂样湿疹。检验员将上述皮肤的病变与其他病因进行鉴别诊断，要及时剔出疑似病猪，保留猪肉尸和组织脏器，便于复检时再作最后整体判断并同步处理。

4. 内脏检验

(1)“白下水”检验　即胃、肠和脾检验，分为非离体检查和离体检查两种方式。重点注意有无猪瘟、猪丹毒、败血型炭疽和副伤寒等疫病。

非离体检查法多在开膛之后，脏器未摘离肉尸之前进行检查。按照内脏器官原活体时自然位置，由后向前检查。开膛后，先在胃左侧找到脾脏，视检其大小、形态、颜色，并触检质地弹性。必要时切开脾脏检查。接着提起空肠观察肠系膜淋巴结，主要检查肠炭疽。肠系膜淋巴结检查主要剖检前肠系膜淋巴结。在回盲瓣处一手抓住肠管，暴露链状的前肠系膜淋巴结，持刀做“八”字形切口，观察其大小、色泽、质地，检查有无充血、出血、坏死及增生性炎症和胶冻样渗出物等变化（图 3-3-3）。最后视检胃肠浆膜面整体情况，有无出血、坏死、溃疡、梗死、结节和寄生虫性变化。注意猪蛔虫、猪棘头虫、结节虫、鞭虫等如在胃肠道大量寄生，猪蛔虫数量较多时可从肠管外直接发现虫体。

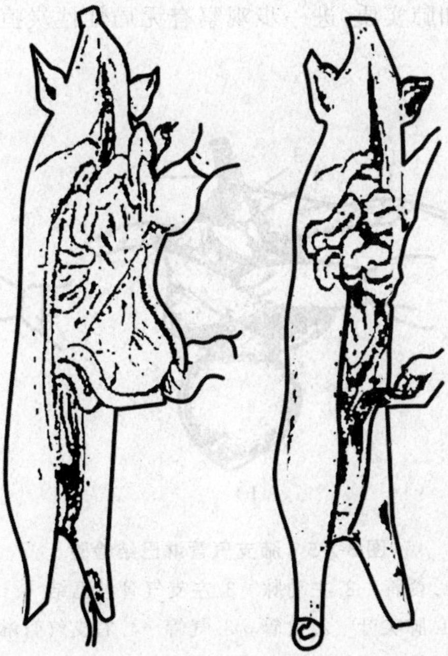

图 3-3-3　猪的脾脏和肠系膜淋巴结检验

离体检查在胃、肠、脾摘除后，放置在内脏检验台上进行“白下水”检验。首先编号，接着视检脾、胃肠浆膜面（视检的内容同上），必要时切开脾脏；然后检查肠系膜淋巴结。一般要求胃放置在检查者的左前方，把大肠圆盘摆在检查者面前，再用手将此两者间肠管较细、弯曲较多的空肠部分提起，肠系膜在大肠圆盘上铺开，可见一长串珠状隆起的肠系膜淋巴结群。剖检肠系膜淋巴结进行检查（图 3-3-4）。

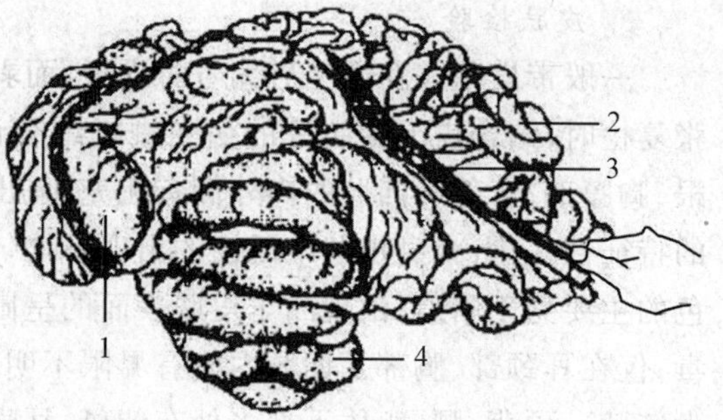

图 3-3-4　胃肠放置法

1. 胃　2. 小肠　3. 肠系膜淋巴结　4. 大肠圆盘

（2）“红下水”检验　即肺、心和肝的检查，亦是包括非离体和离体检查两种方式。

非离体检查。当屠宰加工摘除“白下水”后，割开胸腔，把肺、心、肝一并拉出胸腹腔，使其自然悬垂于肉体下面，从肺到心、肝依次检查。

离体检查。离体检查的方式分为悬挂式和平案式两种。首先要求编号；悬挂式是把脏器挂钩在同步运行的检验轨道上受检，此方式基本上同于非离体检查；平案式是即将脏器置于检验台受检，脏器的纵隔面（两肺的内侧）向上，检验者站在左肺叶的右侧，近脏器的后端（膈叶端）处检查。

“红下水”检查按肺、心、肝的顺序，采用视检、触检和剖检的方法，全面检查各脏器进行综合性判断，尤其注意观察咽喉黏膜与心耳、胆囊等器官的状况，避免出现漏检现象。

①肺脏的检验。主要察看肺表面的色泽、形状，有无充血、气肿、水肿、出血、化脓、瘀血、坏死、肺寄生虫等病变，并触摸其弹性。注意与物理性刺激的肺出血和呛血相区别。必要时可剖检支气管淋巴结（图 3-3-5）和肺实质，进一步观察有无局灶性炭疽、肿瘤或小叶性及纤维素性肺炎等变化。

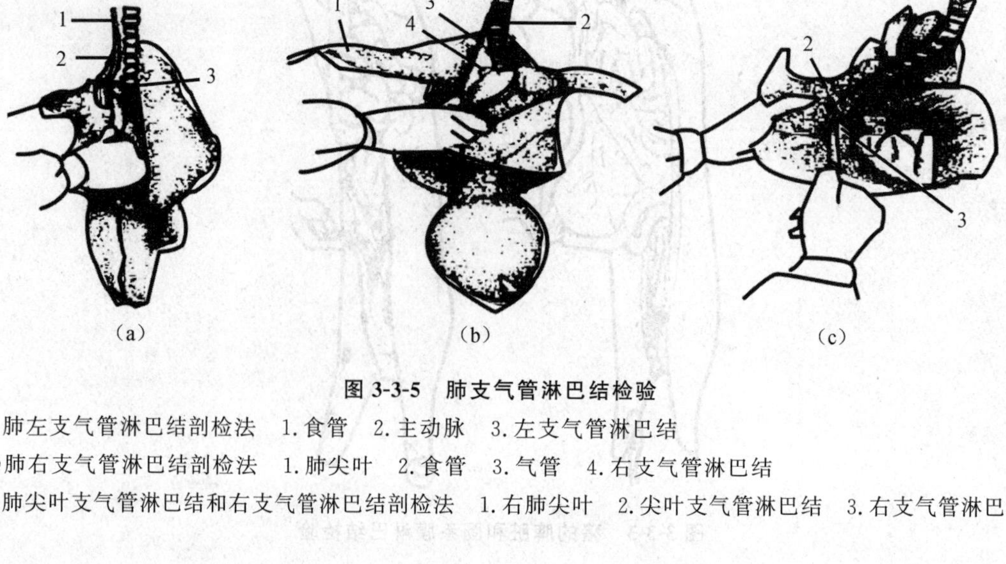

图 3-3-5　肺支气管淋巴结检验

（a）肺左支气管淋巴结剖检法　1. 食管　2. 主动脉　3. 左支气管淋巴结

（b）肺右支气管淋巴结剖检法　1. 肺尖叶　2. 食管　3. 气管　4. 右支气管淋巴结

（c）肺尖叶支气管淋巴结和右支气管淋巴结剖检法　1. 右肺尖叶　2. 尖叶支气管淋巴结　3. 右支气管淋巴结

②心脏的检验。在检验肺的同时视察心脏外表色泽、大小、硬度，有无炎症、变性、出血、囊虫等病变，触摸心肌僵硬度有无异常。必要时剖切左心，注意二尖瓣有无花菜样疣状物（慢性猪丹毒）。猪心脏切开术式见图 3-3-6。

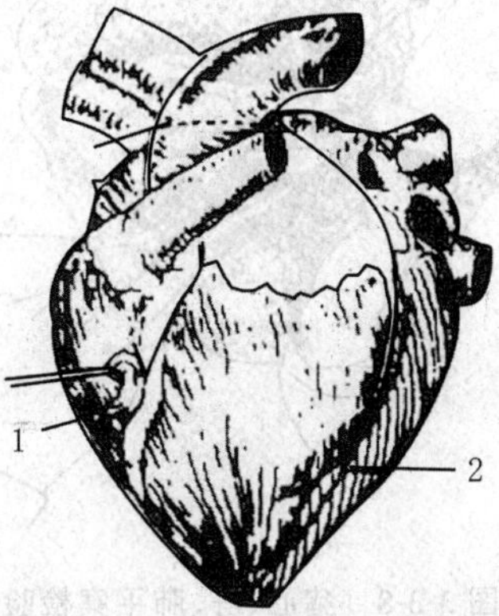

图 3-3-6　猪心脏切开术式

1.左纵沟　2.纵剖心脏切开线

③肝脏的检验。先观察肝的形状、大小、色泽有无异常，触检其弹性；最后剖检肝门淋巴结（图 3-3-7）及左外叶肝胆管和肝实质，有无脂肪变性或颗粒变性、瘀血、出血、纤维素性炎、肝硬变或肿瘤等，注意有无肝片吸虫、华支睾吸虫等寄生虫。

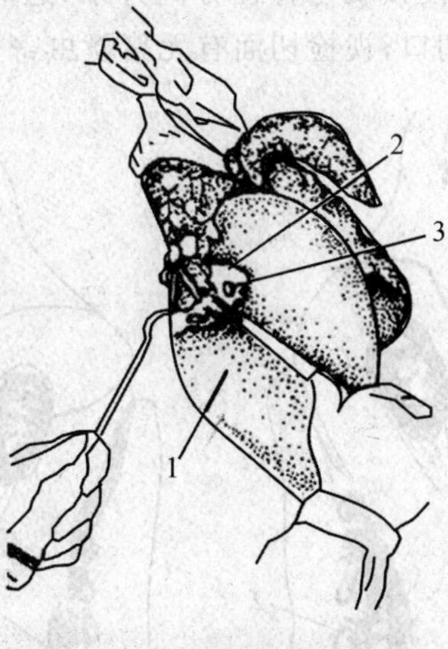

图 3-3-7　肝门淋巴结剖检

1.肝的膈面　2.肝门淋巴结周围的结缔组织　3.被切开的肝门淋巴结

猪心、肝、肺平案检验法见图 3-3-8。

5. 胴体检查

屠宰加工过程中，胴体多采用在架空轨道上倒挂，依次编号检查。

(1)判定放血程度　放血不良的肌肉颜色发暗，剖检时切面上可见暗红色区域，皮下静脉血液滞留，挤压可有少量血滴流出。依据肉尸放血不良程度，检疫人员可初诊该肉尸是来自疫

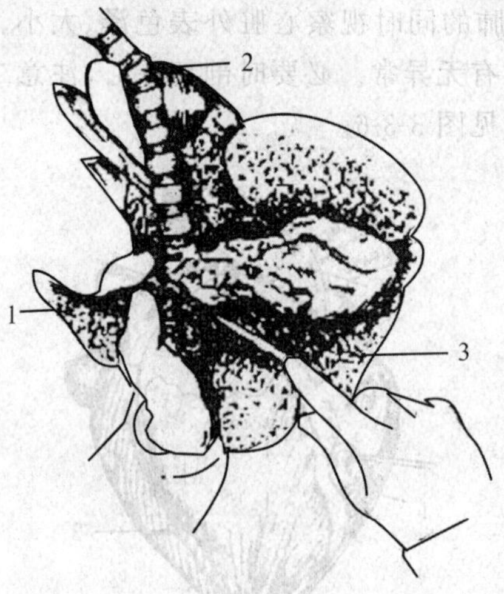

图 3-3-8　猪心、肝、肺平案检验

1.右肺尖叶　2.气管　3.右肺膈叶

病还是宰前衰弱或疲劳等因素引起，再综合判断。

(2)胴体检查　整体视检胴体皮肤的皮肤、皮下组织、肌肉、脂肪胸腹膜、关节及筋腱等处有无异常。若感染猪瘟、猪肺疫、猪丹毒等疫病时，皮肤上常有特殊的出血点或出血斑等病变。

(3)腰肌的检验　检验人员用检验钩先固定胴体后，再用刀于荐椎与腰椎结合部做一深切口，沿此切口向下紧贴脊椎切开，使腰肌与脊柱分离开来；这时再移动检验钩，拉伸腰肌展开，顺肌纤维走向做 3～5 条平行的切口，视检切面有无猪囊虫寄生(图 3-3-9)。

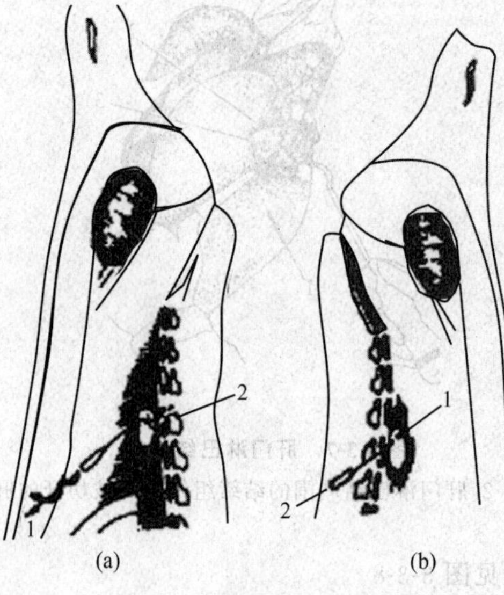

图 3-3-9　腰肌和肾脏的检验

(a)左侧肾脏剥离肾包膜术式　1.肉钩牵引及转动的方式　2.刀尖挑拨肾包膜切口的方向

(b)右侧肾脏剥离肾包膜术式　1.刀尖挑拨肾包膜切口方向　2.钩子着钩部位和剥离时牵引方向

(4)剖检淋巴结　胴体检验中必检的淋巴结有腹股沟浅淋巴结、腹股沟深淋巴结、股前淋巴结、颈浅背侧淋巴结，必要时再剖检颈深后侧淋巴结和腘淋巴结。剖检时应沿其长轴切开。

腹股沟浅淋巴结（即乳房淋巴结），胴体倒挂时，位于最后一个乳头平位或稍后上方皮下脂肪内。剖检时，检验员用钩钩住最后乳头稍上方的皮下组织向外牵拉，检验刀从脂肪层正中部位切开，即可发现被切开的腹股沟浅淋巴结（图 3-3-10）。

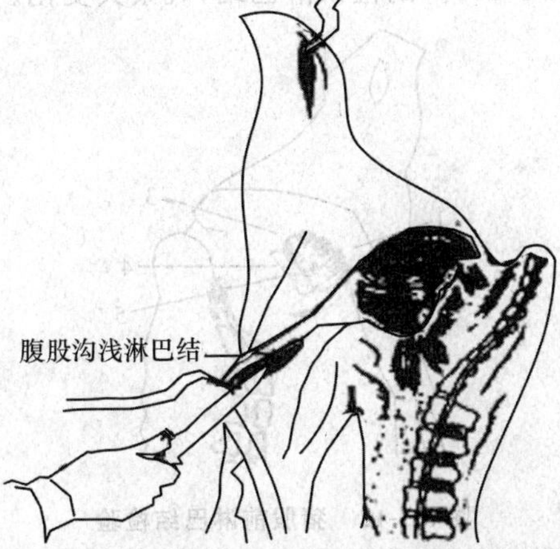

图 3-3-10　猪腹股沟浅淋巴结检验

腹股沟深淋巴结剖检时，先沿腰椎假设一垂线 AB（图 3-3-11），再从第 5、6 腰椎结合处斜向上方虚引一直线 CD，使其与线 AB 相交为 35°～45°角。然后沿 CD 线切开脂肪层，可见到髂外动脉，沿此动脉在旋髂深动脉分叉上方处可找到腹股沟深淋巴结。同时在髂外动脉和腹主动脉分叉附近可找到髂内淋巴结。注意腹股沟深淋巴结分布靠近在髂外动脉分出旋髂深动脉旁，甚至有时与髂内淋巴结连在一起。

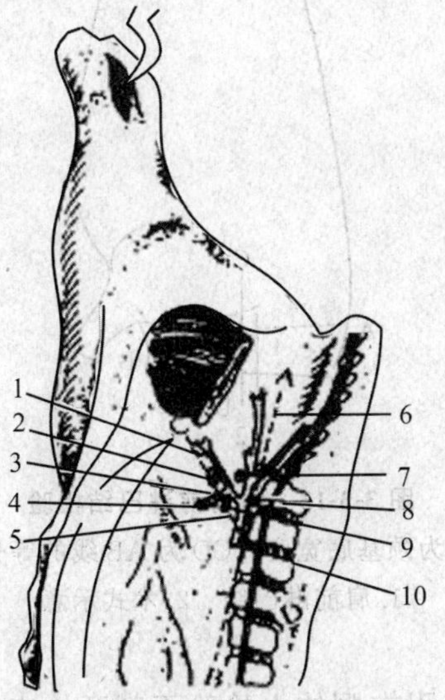

图 3-3-11　猪腹股沟淋巴结检验

1. 髂外动脉　2. 腹股沟深淋巴结　3. 旋髂深动脉　4. 髂外淋巴结　5. 检查腹股沟淋巴结的切口线
6. 沿腰椎假设 AB 线　7. 腹下淋巴结　8. 髂内动脉　9. 髂内淋巴结　10. 腹主动脉

股前淋巴结(图 3-3-12)、颈浅背侧淋巴结(即肩前淋巴结),位于肩关节的前上方,肩胛横突肌和斜方肌的下面。可采用切开皮肤的剖检法,检查时在被检胴体的颈基部虚设一横线AB,再虚设纵线CD垂直且平分AB线,然后在两线交点处向背脊方向移动2~4 cm处以刀垂直刺入颈部组织,并向下垂直切开2~3 cm长的肌肉组织,检验钩牵拉开切口,即可找到被少量脂肪包围的该淋巴结(图 3-3-13)。剖检该淋巴结,观察其变化。

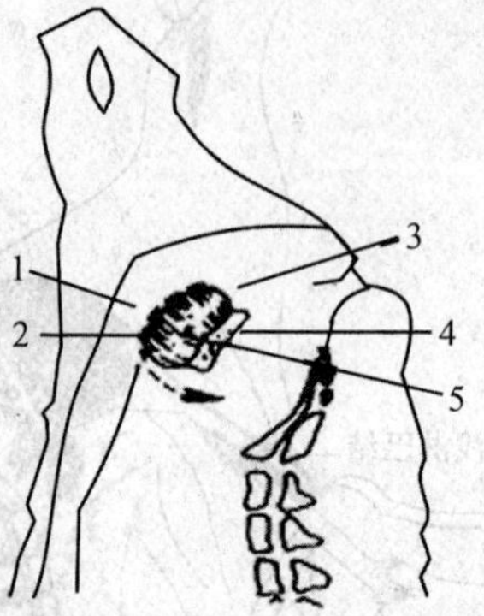

图 3-3-12 猪股前淋巴结检验

1.腰 2.切口线 3.剖检下刀处 4.耻骨断面 5.半圆形红色肌肉处

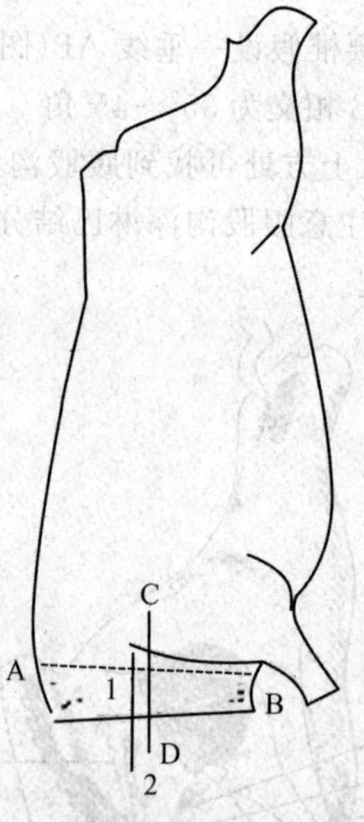

图 3-3-13 猪肩前淋巴结检验

(AB为颈基底宽度 CD为AB线的等分线)

1.肩前淋巴结 2.术式示意

(5)肾脏的检验 一般肾脏附在胴体上检验不剖开检查。先用刀剥离肾包膜,用钩钩住肾盂,并用刀沿肾脏中间纵向轻轻划下,然后刀外倾用刀背将肾包膜挑起,用钩拉开暴露肾脏,观察肾的形状、大小、弹性、色泽及有无出血、化脓、坏死灶病变。必要时再沿肾脏边缘纵切开肾实质,对皮质、髓质、肾盂进行观察,注意区别猪瘟的“麻肾卵肾”变和猪丹毒的“大红肾”变。

摘除肾上腺。

(6)旋毛虫检验 见子任务7-1。

(7)复检 检疫人员认定是健康无染疫的合格胴体,应在胴体上加盖肉检验讫印章,内脏加封检疫标志,同时出具动物产品检疫合格证明。

对不合格的胴体,在胴体上加盖无害化处理验讫印章,并在动物防疫监督机构监督下,进行相应的无害化处理。

四、宰后检验结果处理

(一)宰后检验结果登记

宰后检验必须准确统计被检屠畜的数量,并将检验中发现的各种传染病、寄生虫病和病变由专人进行详细登记。登记的项目包括:屠宰日期、胴体编号、屠畜种类、性别、产地名称、畜主姓名、屠畜标识、疾病或病变名称、病变组织器官及病理变化、检验人员结论及处理意见等。当发现某种严重的畜禽疫病时,及时进行疫情通报制度并采取有效措施。并凭标识编码追溯疫源。屠宰加工企业要坚持经常性做好登记工作,各项检疫记录应填写完整,可以积累大量资料,方便查阅,以供综合性研究之需要,同时可提高动物性食品卫生检验技能和公共卫生管理机制,对畜禽、畜禽产品追溯制度都具有重要意义。

(二)宰后检验结果处理

胴体和内脏器官经宰后检验后,检疫人员可做到综合性判定结果,并提出处理意见。由我国现行肉品检验规定,决定了检验后常用的处理方法有以下几种:

(1)适于食用 健康无病、品质良好的肉品及内脏符合国家卫生标准,盖以兽医验讫印章,可不受限制新鲜出厂(场)。经检疫合格的,检疫员在其胴体上加盖统一的检疫验讫印章,签发《动物产品检疫合格证明》。

(2)有条件食用 对于肉质良好,患有一般传染病或轻度感染寄生虫病及普通疾病的胴体和内脏,根据病变性质和危害程度,经高温处理,有效地达到无害处理的目的,同时病原因素消失,消费者可以有条件地食用。高温处理即应用高压蒸煮法和一般煮沸法将胴体等进行无害处理。主要根据国家标准 GB 16548—1996《畜禽病害胴体及其产品无害化处理规程》中规定。

(3)不可食用 凡是患严重的传染病、寄生虫病或中毒性疾病及有害化学物质残留的病猪及其产品应全部或严重病变部分和其他有碍肉品卫生部分,作化制或销毁处理。

(三)检验后的盖印

宰后检验的肉品按照国家有关规定需加盖检验印章和肉品品质检验印章。检疫员对作无害处理的胴体及产品上加盖统一专用的处理印章,并监督屠宰厂(场)方做好处理工作,同时认真填写处理记录存档。

宰后检验的盖检印,一般分为4类(图3-3-14):

第一类,认为肉品质良好、适于食用的胴体和脏器,应盖以兽医验讫印戳;

第二类,认为经无害化处理后可供食用的胴体和内脏,盖以高温的印戳;

第三类，病变比较严重，已不适于食用的胴体及脏器，盖以非食用的印戳；

第四类，鉴定评价为应销毁的胴体和脏器，应盖以销毁的印戳。

加施盖印的部位，国有肉联厂屠宰检验后第一类一般在胴体左右臀部各盖以一检验合格印戳，二、三、四类应在胴体多处盖以相应戳；而定点屠宰场宰后检验的盖印要求，第一类为沿胴体中线两侧的皮肤 10 cm 处加盖动物防疫监督机构统一使用的滚动长条形的"兽医验讫"印戳，第二类盖以高温印，第三、四类应盖以销毁印戳，且应在胴体多处加盖印戳。

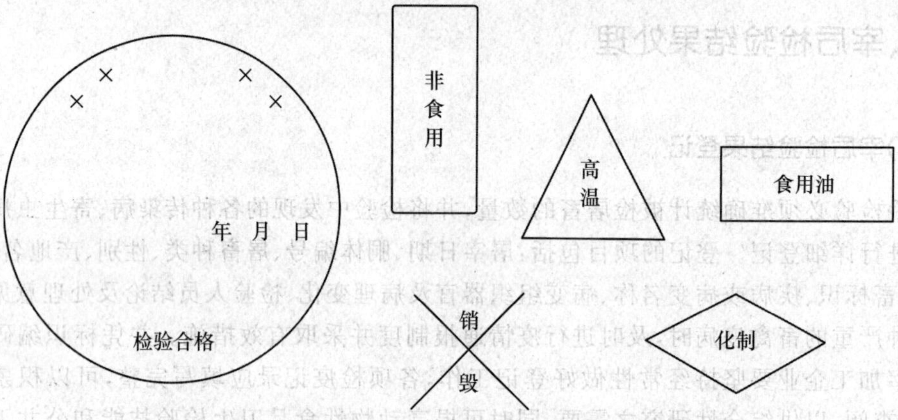

图 3-3-14　宰后检验处理章印模(GB/T 17996—1999)

(四)宰后检验合格的动物产品书面证明

我国规定对于经屠宰检疫合格的产品，除应在胴体加盖验讫印章标志外，运输或销售前，尚需由动物检疫机构出具动物产品检疫合格证明，包括县境内销售和出县境销售证明。前者要求一畜一证，后者要求一般以运输工具为单位可出具一份证明。

(五)疫情报告

在屠宰检疫中，检疫人员发现动物疫情时，按有关规定向畜牧兽医行政管理部门及时报告。

(1)宰后发现炭疽等恶性严重传染病或其疑似的病猪，应立即停止屠宰工作，严格封锁现场，采取相应的防疫措施，将可能被污染的场地、工具以及用品等进行彻底的消毒。在保证消灭一切疾病的传染源后，方可恢复屠宰。对患猪的污物等经消毒后方可移出场外。

(2)若宰后发现各种恶性传染病时，其同群的屠猪处理办法同宰前。

(3)发现疑似炭疽等严重恶性传染病屠体和组织器官时，应密封病变部分，立即送至化验室进行实验检查。

(4)若宰后发现人畜共患传染病时，立即采取防范措施隔离观察与病猪接触过的人员，并做出相应的处理。

(5)检验人员详细记录宰后检验结果及处理情况，填写完整存档保存 5 年以上，以备统计和查阅。

【资讯链接】

家禽的宰后检验

在宰后检验中，鸡没有淋巴结，只有淋巴小结，鹅和鸭也仅在颈胸和腰部有两群简单的淋巴结，且很小，不方便剖检。所以，对家禽进行宰后检验时，与家畜的宰后检验不同，只检查胴体和内脏本身的状况，即分为胴体检验和内脏检验两个环节。

一、胴体检验

(1)检查屠宰加工质量和卫生状况　先检查有无未拔尽的细毛、毛桩及皮肤破损，然后观察头、放血口等处附着的污物是否清除，整个体表是否清洁、完整。

(2)判定放血程度　观察体表的颜色和皮下血管的充盈度，判定放血是否良好。家禽的正常皮肤淡黄略呈红色，具有光泽，皮下血管不暴露，肌肉切面无血滴渗出。若皮下血管充盈，皮肤色暗红，胴体宰杀口有残留血迹或凝血块，则判定为放血不良；皮肤紫红色，皮下血管为充盈状态，是濒死期屠宰的病禽；禽的尾、翅尖部呈鲜红色，常常是未死透的活禽被浸烫致死所致。

(3)检查禽的头部　仔细观察头、冠、髯及各天然孔有无异常变化，如有无出血、水肿、结节、溃疡、嗉囊积食或积液的变化，眼、口腔、鼻腔有无过多分泌物，口腔内有无假膜等病变。必要时，可切开检查。

(4)检查体表、体腔　观察体表的完整性和清洁度，有无异常变化外伤、水肿、瘀血斑、坏死、化脓及关节肿大等。检查肛门有无充血、出血、下痢、是否紧缩和清洁情况。检查有无充血、出血、化脓、结节、纤维素性炎等病变。半净膛家禽体腔可用开张器撑开泄殖腔用电筒的光线进行检查。必要时剪开体腔；全净膛家禽体腔需检查内部有无赘生物、寄生虫及传染病病变，注意是否有粪便和胆汁的污染。

二、内脏检验

1.全净膛家禽内脏的检验

加工的家禽，取出内脏后依次进行检验。

(1)肝脏　检查外表、色泽、大小、形态及硬度、胆囊有无变化、充盈度、出血点。如发生肿大且有黄白色斑纹和结节的肝脏可疑为鸡马立克氏病、鸡白痢或禽结核；肝脏外表有坏死斑点则可疑为禽霍乱感染。

(2)心脏　心包膜是否粗糙，有无炎变化；心包腔是否积液，心脏是否有出血，心冠脂肪、心外膜有无出血点、心脏的肥厚程度及有无形态变化及结节、赘生物等。

(3)脾脏　是否有充血、瘀血、肿大、变色，有无灰白色和灰黄色结节等。

(4)胃　腺胃和肌胃有无异常，必要时应剖检。剥去肌胃角质层(俗称“鸡内金”)后，观察有无出血，溃疡，剪开腺胃，除去内容物，注意腺胃乳头是否肿大，腺胃与肌胃交界处有无充血、出血点或溃疡的变化。

(5)肠道　视检整个肠管浆膜及肠系膜有无充血、出血、结节，特别注意小肠和盲肠，盲肠扁桃体的变化，必要时剪开肠管检查肠黏膜，有无出血、瘀血、肿胀、坏死、溃疡和内容物异常变化。

(6)卵巢　母禽应注意检查卵巢是否完整，有无变形、变色、变硬等，如发生卵黄性腹膜炎。

(7)必要时可检查肺、肾有无变化　检查肺有无炎症、瘀血、结节等变化。检查肾有无肿大、充血、出血、尿酸盐沉积等。

2. 半净膛家禽内脏的检验

采取半净膛加工的家禽，肠管拉出后，按全净膛的方法仔细检验。

3. 不净膛家禽内脏的检验

不净膛的家禽一般不检查内脏，但在体表检查怀疑为病禽时，可单独放置，最后剖开胸腹腔，仔细检查体腔和内脏。

三、复检

对在生产线上检出的可疑家禽，一律连同脏器送复检台逐步复核检查并综合判断。对于检验后判定为劣质的家禽不可食用，一般作工业用或销毁。为查明病变性质，可做必要的实验室检查。登记被检家禽种类、数量、检验时间、检验后结果及处理的详细情况等。

任务4

肉的新鲜度检验

学习目标

- 了解猪宰后肉品的变化，能掌握动物性食品新鲜度的检验方法。

学习流程

宰后肉的变化 → 肉新鲜度的感官检验 → 肉新鲜度的理化检验

任务概述

子任务	依据及资讯
4-1 宰后肉的变化	宰后肉的变化及卫生评价
4-2 肉新鲜度的感官检验	肉新鲜度的感官检验
4-3 肉新鲜度的理化检验	肉新鲜度的理化检验及卫生评价
4-4 肉新鲜度的微生物学检验	肉新鲜度的微生物学检验
4-5 食用油脂的卫生检验	食用油脂的卫生检验

子任务 4-1　宰后肉的变化

【任务】

3 批鸭子，分别是刚宰完的、0～4 ℃保存 7 d、10～15 ℃保存 7 d，如果选取其中一批制作烤鸭，请问选哪批，说明原因。

【学习流程】

肉的僵直 → 肉的成熟 → 肉的自溶 → 肉的腐败

【资讯】

动物被屠宰后，随着血液和氧气供应停止，肌肉组织已不能维持正常代谢，在体内酶系或污染的微生物作用下，会发生一系列化学变化，从而使其感官性状和食用价值也发生相应地改变。它包括：在正常情况下宰后肉的僵直和成熟的自然变化，以及随着时间推移与传染日益加重条件下发生自溶、酸性发酵和腐败的不良变化。其中僵直和成熟两个阶段是必然发生的，而自溶、酸性发酵和腐败并非肉品在保藏中必然变化，如能加强卫生管理和监督，防止污染，完全可以为人地控制避免其发生。

一、肉的僵直

动物死后，体内经过一系列的复杂变化使肌动蛋白和肌球蛋白结合成肌动球蛋白，致使肌肉产生永久性收缩，肌肉的伸展性消失并发生硬化，这一现象称为肉的僵直。可见肌肉僵直现象是由肌纤维的永久性收缩造成的。刚屠宰的动物肌肉，肌动蛋白与 Mg^{2+} 及三磷酸腺苷(ATP)以复合体形式存在，从而阻断了肌动蛋白与肌球蛋白的结合，形成收缩状态的肌动球蛋白，故肌肉具有弹性。

1. 肉僵直的机理

动物屠宰后的肌肉由于供氧作用的消失，使肌肉中糖原发生无氧酵解，产生乳酸，使肉中的 pH 下降，同时肌肉中 ATP 的合成和其他能源供应也就停止。随着肌肉中糖原的减少，肌肉中的 ATP 含量也急剧降低，肌肉在无能源的情况下，使肌动蛋白-Mg-ATP 复合体解离或不能形成，逐渐导致肌球蛋白与肌动蛋白结合，形成收缩状态没有伸展性的肌动球蛋白，最终使肌纤维收缩变短。

2. 影响肌肉僵直的因素

一般肉类在 pH 为 5.4～6.7 时逐渐失去原有的弹性及较好的保水性而变僵直。肌肉僵直出现的早晚和持续时间的长短与动物种类、年龄、环境温度、生前状态和屠宰方法有关。不同种类动物从死后到开始僵直的速度也不同，一般来说，鱼类最快，其次以禽类、马、猪、牛的顺序依次减慢。一般动物于死后 1～6 h 开始僵直，到 10～20 h 达最高峰，死后 24～48 h 僵直过程结束，肉开始缓解变软进入成熟阶段。

僵直时间的长短与环境温度有关，环境温度高，肉中酶的活性强，僵直出现的早且持续的时间短；反之，环境温度越低，出现僵直的时间越晚而且持续的时间也越长。因此，要延长肉的保存期，最好是推迟和延长僵直期，如生产上将屠宰的肉和捕捞的水产品迅速冷却和冷冻，就可以较长时间保持其新鲜度。

3. 僵直肉的感官特征

肉在僵直期的主要特征是肉质坚硬、干燥、缺乏弹性；加热炖煮时，不易转化为明胶，使肉保持较高的硬度，食之粗糙硬实、不易咀嚼，尤以牛肉更明显。肉汤较浑浊，缺乏肉的香味和滋味。

二、肉的成熟

肉继僵直之后，肌肉组织内发生的一系列生物化学变化，使其食用性质变得柔嫩、多汁而味美，肉汤澄清透明而清香，这种食用性质改善的肉称为成熟肉。而其质量改善的过程，称为肉的成熟。

1. 肉的成熟的机理

肉的成熟是伴随着肉的解僵过程而逐渐发生的。多数人认为肉的成熟主要是自体组织中的酶对组织的糖原、蛋白质等成分自体分解的结果。糖原在糖原酵解酶的作用下发生无氧酵解，产生乳酸；肌酸磷酸在肌酸磷酸酶作用下分解为磷酸和肌酸；ATP 被 ATP 酶分解为磷酸和肌苷。这样，以乳酸为主的酸性物质逐渐蓄积增多，使得肉的内环境变酸，pH 达 5.6～6.0。在酸性物质的影响下使结缔组织松散，肌纤维解离，肌肉软化，嫩度得到改善；同时，酸性环境增强了组织蛋白酶的释出和活性，使肌肉蛋白质分解产生游离的氨基酸和钠盐，某些游离氨基酸及肌苷水解生成的次黄嘌呤等挥发性物质使肉具有特殊的香味和鲜味。此外，释出的 Ca^{2+} 使肌凝蛋白凝结成不溶于水的状态，肌浆的液体成分（肉汁）部分析出，因此，成熟肉的断面湿润多汁，肉汤透明。

2. 成熟肉的感官特征

成熟肉特征有以下几点：①肉表面形成一层很薄的“干膜”，这层干膜具有减少干耗和防止微生物侵入的作用；②肉质柔软、嫩化，且富有弹性；③肌肉断面湿润多汁；④烹饪时容易煮烂、肉的风味佳良，肉汤澄清透明，具有浓郁的肉香味，脂肪油珠团聚于表面；⑤肉的内环境呈酸性。

3. 肉成熟与温度的关系

肉中糖原含量与肉成熟过程有密切关系。肉的成熟速度和状态也受环境因素的影响，温度对肉成熟影响最大。一般来讲，肉成熟过程在一定温度范围内随温度的升高而加快。在 120 ℃时需要 5 d 达到成熟的最佳状态；在 180 ℃时需要 2 d；在 290 ℃时只需要几个小时就可以完成成熟过程。但是，用提高温度的方法促进肉的成熟是危险的。因为温度也能促进肉的自溶和加快微生物的繁殖，容易引起肉的腐败。故一般采用低温成熟的方法，温度 0～20 ℃，相对湿度 86%～92%，空气流速 0.1～0.5 m/s，完成时间约 3 周。在生产中进行肉的“冷却”，就是使肉在 0～40 ℃条件下，经过一定时间，使其适当的成熟且不过早结束成熟的过程，使肉在流通过程中保持一定的鲜度。如果在肉的成熟过程中，储存的胴体相互堆叠又无散热条件，使肉长时间保持较高温度，此时即使组织深部没有细菌存在，也会引起组织发生自体分解而自溶。

综上所述，肉在成熟过程中所发生的各种变化都是在肉呈酸性反应的基础上进行的。而肉的变酸主要取决于肉中糖原的酵解作用。可见屠宰动物在临宰前机体内糖原的储量将直接影响到肉的成熟过程。在冷却的条件不，使其进入适当成熟过程，既提高了肉的质量，也能延长肉的保鲜时间。

三、肉的自溶

肉的自溶是肌肉组织中某些蛋白酶在酸性环境及较高温度的条件下活性增强，引起蛋白质发生自家分解的过程。这一过程中微生物未参与作用。

1.肉的自溶发生

热鲜肉或屠宰后未经充分冷却的肉保藏在通风不良，且室温过高的环境中，或因胴体悬挂过密或重叠堆放，使肉体温放散不良，肉长时间保持高温，致使肉中组织蛋白酶的活性增强而导致蛋白质发生强烈的自体分解过程。

在自溶过程中，肌肉中的 ATP 也发生分解。ATP 经 ADP 分解成 AMP，AMP 继续分解。

放出磷酸而生成肌苷,再由肌苷水解为次黄嘌呤。其中肌苷(IMP)是最典型的呈鲜味物质,这一变化过程增加了肉的风味。另外,部分蛋白质分解产生的肽和游离氨基酸也大大改善了肉的风味。自溶可以改善肉的风味和滋味,但其分解产物也为微生物的侵入、生长繁殖创造了良好的条件。

由于肉的自溶除产生多种氨基酸外,还有硫化氢与硫醇等有不良气味的挥发性物质,但一般没有氨或含量极微。当放出的硫化氢等含硫物与血红蛋白或肌红蛋白结合,形成硫化血红蛋白或硫化肌红蛋白时,能使肌肉和肥膘出现不同程度的暗绿、灰绿或灰红色,故肉的自溶亦称变黑。动物脏器尤其是肝脏比肌肉更易自溶,这是因为脏器含酶更丰富。

2. 自溶肉的特征

肌肉松软、弹性减退或缺乏;肉或脏器表面暗淡无光泽,呈不同程度的灰红色或灰绿色,禽肉常显红铜色;用手指触摸轻度黏滑粘手;带有不同程度的酸味。化学检查:呈酸性反应,硫化氢反应阳性,氨反应阴性。

3. 自溶的卫生处理

(1)自溶现象严重,肉质软化,有明显的异味,并显著变色者,不易消除,不宜食用。

(2)自溶现象轻微,可将肉切成小块,置于通风处,使不良气味消失,修割变色部分后可供食用。必要时经高温处理。

自溶和腐败不同,自溶过程只将蛋白质分解成可溶性氮及氨基酸为止,即分解至某种程度,达到平衡状态就不再分解了。但自溶和腐败之间也无绝对界限。自溶过程的分解产物氨基酸等为腐败微生物的生长繁殖提供了良好营养物质,因此,自溶过程的后期便逐渐开始了肉的腐败过程。可以说,肉的腐败是肉的自溶深化的结果。

四、肉的腐败

肉的腐败是指肉在致腐微生物的作用下,引起蛋白质和其他含氮物质的分解,并形成有毒和不良气味等多种分解产物的化学变化过程,其实引起腐败的还有组织酶等与其他因素,同时伴随分解的也还有脂肪和糖类及肉的其他成分。肉的腐败是紧随着自溶而发生的变化,与自溶过程没有明显的界线。

(一)肉腐败变质的基本条件

肉的腐败变质与肉的自身性质、污染的微生物种类和当时所处的环境因素等有着密切关系,致腐微生物包括细菌、真菌和酵母,其中主要是腐生细菌。这类细菌广泛存在于自然界,且大多数是非致病菌。分解蛋白质的细菌主要有需氧芽孢杆菌、假单胞菌属细菌、变形杆菌属细菌、微球菌属细菌、厌氧梭菌属细菌等;分解脂肪的微生物主要有霉菌和分解蛋白质能力强的需氧性细菌中大多数菌种;分解淀粉的微生物主要有芽孢杆菌属的细菌和大多数霉菌。在肉的腐败早期,主要是微球菌属、需氧芽孢杆菌属和假单胞杆菌属,但以球菌为主;在腐败中期,杆菌逐渐增多;腐败后期主要是杆菌,如变形杆菌属等增多,在肉深部出现的是厌氧的腐败梭状芽孢杆菌。

致腐微生物可以通过内源性和外源性两种途径污染肉类。内源性污染主要来自患病,特别是败血症的病畜肉和极度疲劳的畜禽肉,在其生前已有各种微生物包括腐生菌,通过肠道侵入动物机体。外源性污染主要来自屠畜皮、毛、蹄上污染的土壤、粪便，以及卫生条件不良的屠宰、加工、流通等环节，腐败微生物先在肉的表面生长繁殖，进而侵入内部沿结缔组织间隙、血管周围的疏松组织到达骨膜，再沿结构疏松的骨膜扩散到周围肌肉组织，引起蛋白质及其他成分的分解。

（二）肉腐败变质的化学变化

蛋白质在致腐菌产生的蛋白分解酶等作用下，首先分解为胨、多肽，进一步分解形成氨基酸，氨基酸经过脱氨基、脱羧基、氧化还原等作用，形成含氮的各种有机胺类，如甲胺、尸胺、酪胺、组胺、腐胺等；有机酸类，如酮酸、羧酸等；无机物质，如氨、CO_2、H_2S 等；其他有机分解产物，如甲烷、吲哚、粪臭素、硫醇等。此时肉即表现腐败特征。

（三）肉腐败的原因

肉腐败主要是微生物作用造成的。只有被微生物污染，并且有微生物繁殖的条件，腐败过程才能发展。微生物污染一般有两种形式：外源性污染和内源性污染。

1. 外源性污染

健康动物屠宰后，胴体本应是无菌的，尤其是深部组织。但从解体到销售，要经过很多环节，接触相当广泛，即使设备非常完善，卫生制度相当严格的屠宰场也不能保证胴体表面绝对无菌。而加工、运输、保藏以至供销的卫生条件越差，细菌污染就越严重，耐藏性就越差。肉被微生物污染后，由于蛋白质是微生物极好的营养物质，如果温度和湿度适宜，微生物会大量的生长、繁殖，并沿着结缔组织、血管周围或骨膜与肌肉间隙等疏松部位向深部扩散，生长繁殖，导致腐败现象更加严重。由于条件不同，分解仅限于表面，而深层不被污染的情形也是有的，这与宰前健康状况、充分休息与否，以及宰后冷却、成熟过程有一定的关系。

2. 内源性污染

动物宰前就已经患病，病原微生物可能在生前即已蔓延至肌肉和内脏，或抵抗力十分低下，肠道寄生菌乘虚而入，或者由于疲劳过度使肉成熟过程进行得很慢，肉中的 pH 没有能达到抑制微生物生长的程度，所以腐败进行得很快。

引起肉腐败的细菌主要是假单细胞菌属、小球菌属、梭菌属、变形菌属、芽孢杆菌属等，也可能伴随沙门氏菌和条件致病菌的大量繁殖。

（四）腐败肉的特征

(1)胴体表面非常干燥或腻滑发黏。
(2)表面呈灰绿色、污灰色、甚至黑色，新切面发黏、发湿，呈暗红色、暗绿色或灰色。
(3)肉质松弛或软糜，指压后凹陷不能恢复。
(4)肉的表面和深层都有显著的腐败气味。
(5)呈碱性反应。
(6)氨反应呈阳性。

（五）腐败肉的卫生评价

肉在任何腐败阶段对人体都是有害的。不论是参与腐败的某些细菌及其毒素，还是腐败形成的有毒分解产物，都能危害消费者的健康。因此，腐败肉一律禁止食用，应化制或销毁。

子任务 4-2 肉新鲜度的感官检验

【任务】

选 4 块肉，分别放到 −20 ℃、0～4 ℃、15 ℃、37 ℃内保存 2 d，然后进行感官检验。

【学习流程】

猪肉的感官检验 → 牛、羊肉的感官检验 → 禽肉的感官检验

【资讯】

肉新鲜度的感官检验，主要借助人的嗅觉、视觉、触觉、味觉，通过检验肉的色泽、组织状态、黏度、气味、眼球（禽类）、煮沸后肉汤等来鉴定肉的卫生质量。肉在腐败变质过程中，由于组织成分的分解，使肉的感官性状发生改变，如强烈的酸味、臭味、异常的色泽、黏液的形成、组织结构的崩解等，这些变化通过人的感觉器官进行鉴定，在理论上是有依据的，而且简便易行，具有一定的实用意义。

我国食品卫生标准中已规定了各种畜禽肉的感官指标。根据 GB 2707—2005 标准规定，鲜（冻）畜肉感官指标为：无异味、无酸败味。

（1）本教材提供 GB 2707—1994、GB 2708—1994 标准规定，鲜（冻）畜肉感官指标，见表 4-2-1、表 4-2-2，仅供参考。

表 4-2-1　猪肉感官指标（GB 2707—2005）

项目	鲜猪肉	冻猪肉
色泽	肌肉有光泽，红色均匀，脂乳白色	肌肉有光泽，红色或稍暗，脂肪白色
组织状态	纤维清晰，有坚韧性，指压后凹陷立即恢复	肉质紧密，有坚韧性，解冻后指压凹陷立即恢复
黏度	外表湿润，不粘手	外表湿润，有渗出液
气味	具有鲜猪肉固有的气味，无异味	解冻后具有鲜猪肉固有的气味，无异味
煮沸后肉汤	澄清透明，脂肪团聚于表面	澄清透明或稍有浑浊，脂肪团聚于表面

表 4-2-2　牛、羊、兔肉感官指标（GB 2707—2005）

项目	鲜牛肉、羊肉、兔肉	冻牛肉、羊肉、兔肉
色泽	肌肉有光泽，红色均匀、脂肪洁白或淡黄色	肌肉有光泽，红色或稍暗，脂肪洁白或微黄色
组织状态	纤维清晰，有坚韧性	肉质紧密，坚实
黏度	外表微干或湿润，不粘手，切面湿润	解冻后指压凹陷恢复较慢
气味	具有鲜牛肉、羊肉、兔肉固有的气味，无异味	解冻后具有牛肉、羊肉、兔肉固有的气味，无臭味
煮沸后肉汤	澄清透明，脂肪团聚于表面，具特有香味	澄清透明或稍有混浊，脂肪团聚于表面，具特有香味

(2)鲜、冻禽产品感官指标,见表4-2-3。

表4-2-3 鲜、冻禽产品感官指标(GB 16869—2005)

项目	鲜禽产品	冻禽产品(解冻后)
组织状态	肌肉富有弹性,指压后凹陷部位立即恢复原状	肌肉指压后凹陷部位恢复较慢,不易完全恢复原状
色泽	表皮和肌肉切面有光泽,具有禽类品种应有的色泽	
气味	具有禽类品种应有的气味,无异味	
加热后肉汤	澄清透明,脂肪团聚于液面,具有禽类品种应有的滋味	
瘀血[以瘀血面积(S)计]/ cm^2		
$S>1$	不得检出	
$0.5<S\leqslant1$	片数不得超过抽样量的2%	
$S\leqslant0.5$	忽略不计	
硬杆毛(长度超过12 mm的羽毛,或直径超过2 mm的羽毛的根)/(根/10 kg)	$\leqslant1$	
异物	不得检出	

注:瘀血面积指单一整禽,或单一分割禽的一片瘀血面积。

子任务4-3 肉新鲜度的理化检验

【任务】

在感官检验的基础上,对不同品质的肉进行实验室检验,对其品质进行综合判断。

【学习流程】

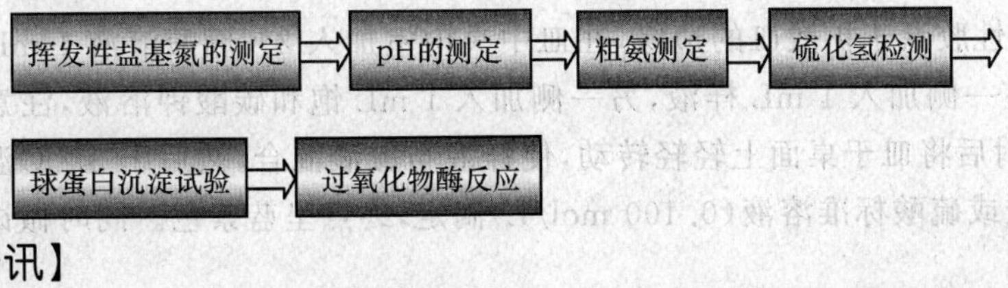

【资讯】

理化检验是根据肉中蛋白质等物质的分解产物,用物理学检验和化学检验方法对肉的新鲜程度进行检验。物理学检验是根据蛋白质分解,低分子物质增多,导电率、黏度、保水量的变化来衡量肉的品质;化学检验是用定性或定量方法测定分解产物,如氨、胺类、挥发性盐基氮、三甲胺、吲哚等来评定肉的新鲜度。

肉类腐败变质的分解产物极其繁杂。其检测方法很多,但测定肉中挥发性盐基氮,能有规律的反映肉品质量,是评定肉新鲜度的客观指标,是国家现行食品卫生标准中唯一的理化指标。其他方法,如 pH 的测定、氨的检测、球蛋白沉淀试验、硫化氢试验和过氧化物酶反应等只能作为参考指标。

一、挥发性盐基氮的测定(微量扩散法)

原理

挥发性盐基氮物质可在碱性溶液中释放出来,利用饱和碳酸钾溶液,使样品中含氮物质在 37 ℃恒温条件下游离并扩散至康维皿密闭空间中,并被硼酸溶液吸收。然后用标准酸溶液滴定,计算求得含量。

仪器与器材

(1)扩散皿(标准型):玻璃质,内外室总直径 61 mm,内室直径 35 mm;外室深度 10 mm,内室深度 5 mm;外室壁厚 3 mm,内室壁厚 2.5 mm,加磨砂厚玻璃盖。

(2)微量滴定管:最小分度 0.01 mL。

(3)恒温培养箱。

(4)绞肉机。

(5)研钵。

试剂

(1)水溶性胶:取 10 g 阿拉伯胶,加 10 mL 水、5 mL 甘油、5 g 无水碳酸钾(或无水碳酸钠),摇匀。

(2)饱和碳酸钾溶液:称取 50 g 碳酸钾,加 50 mL 无氨蒸馏水,微加热助溶。使用时取上清液。

(3)吸收液:2%硼酸溶液。

(4)甲基红—次甲基蓝混合指示液:0.2%甲基红乙醇溶液与 0.1%次甲基蓝溶液,临用时将两液等量混合,即为混合指示液。

(5)盐酸[$c(HCl)=0.01$ mol/L]或硫酸[$c(1/2H_2SO_4)=0.01$ mol/L]的标准滴定溶液。

(6)无氨蒸馏水。

操作方法

(1)样品处理　同半微量定氮法。

(2)样品测定　将水溶性胶涂于扩散皿的边缘,在皿中央内室加入 2%硼酸溶液 1 mL 及 1 滴混合指示液。在皿外室一侧加入 1 mL 样液,另一侧加入 1 mL 饱和碳酸钾溶液,注意勿使两液接触,立即盖好;密封后将皿于桌面上轻轻转动,使样液与碱液混合,然后于 37 ℃温箱内放置 2 h,揭去盖,用盐酸或硫酸标准溶液(0.100 mol/L)滴定,终点呈蓝紫色。同时做试剂空白试验。

计算

$$X_1=\frac{(V_1-V_2)\times c_1\times 14}{m_1\times 1/100}\times 100$$

式中,X_1、V_1、V_2、c_1、14、m_1,同半微量定氮法。

判定标准

(1)鲜(冻)畜肉的挥发性盐基氮国家标准(GB 2707—2005)和鲜(冻)禽肉(GB 16869—2005)均为:挥发性盐基氮(mg/100 g)≤15。

(2)本教材提供 GB 2707—2005 标准规定,鲜(冻)畜肉挥发性盐基氮国家标准见表 4-3-1。

表 4-3-1 各类新鲜肉的挥发性盐基氮国家标准

	猪肉(GB 2707—2005)	牛肉、羊肉、兔肉(GB 2707—2005)
挥发性盐基氮/(mg/100 g)	≤20	≤20

二、pH 的测定[电位法(酸度计法]

原理

电位法是利用电极在不同溶液中所产生电位变化来检测溶液 pH,并符合能斯特方程式。当将一个指示电极(玻璃电极)和一个参比电极(甘汞电极)同浸于一个溶液中组成一个电池时,玻璃电极所显示的电位可因溶液中氢离子浓度不同而变化。这样两电极间便产生电位差(即电池的电动势)。电动势的大小与溶液的氢离子浓度有关。此电位差经直流放大器放大后,在仪器上直接显示溶液的 pH。

仪器与器材

(1)酸度计:25 型酸度计、PHS-2A 型酸度计、29A 型酸度计等。

(2)玻璃电极、甘汞电极或复合 pH 玻璃电极。

(3)绞肉机。

试剂

(1)0.05 mol/L 邻苯二甲酸氢钾缓冲液。

(2)0.025 mol/L 磷酸盐缓冲液。

(3)0.01 mol/L 饱和硼砂溶液。

操作方法

(1)肉浸液制备 除去肉样中脂肪、筋腱,绞碎,称取 10 g,置 250 mL 锥形瓶中,加100 mL 中性蒸馏水,不时振摇,浸渍 15 min 后过滤,滤液待测。

(2)样品测定

①接通电源,打开电源开关,预热 5 min。

②调节温度补偿开关,使之与溶液温度一致。

③调节“零点”,将量程开关指向 pH 处。

④安装电极。

⑤定位,按仪器说明进行。

⑥将电极插入被检溶液中,按下“读数”键,记录所得 pH。

⑦检毕,水洗电极,将电极卸下保存。

⑧关闭电源。

说明及注意事项

(1)所用的水均为中性去离子水，煮沸 20 min，冷却备用。

(2)新玻璃电极在使用前必须用去离子水浸泡 24 h，以稳定其不对称电位，这个过程称作玻璃电极的活化。

(3)玻璃电极不得沾有油污，玻璃膜易破损，使用时应小心。

(4)甘汞电极中应加入饱和氯化钾溶液，管内不应有气泡，否则将使溶液断层。

据报道，笔尖形锑电极、美国生产的 BEC-DMAN61 型 pH 计在各种组织的新鲜切面上，可以直接测出 pH。

判定标准

(1)新鲜肉，pH 5.8～6.2；

(2)次鲜肉，pH 6.3～6.6；

(3)变质肉，pH 6.7 以上。

三、粗氨测定(纳氏试剂法)

原理

肉中的蛋白质分解产生的氨及胺盐等能与纳斯勒氏(Nesslers)试剂作用生成黄棕色的碘化二亚汞胺沉淀，其颜色的深浅和沉淀物的多少能反映肉中氨的含量。

试剂

纳氏试剂：称取碘化钾 10 g 于 10 mL 蒸馏水中，再加入热的升汞饱和溶液至出现红色沉淀。过滤，向溶液中加入碱溶液(30 g KOH 溶于 80 mL 水中)，并加入 1.5 mL 上述升汞饱和溶液。待溶液冷却后，加蒸馏水至 200 mL，贮存于棕色玻璃瓶内，置暗处密闭保存。使用时取上清液部分。

操作方法

取试管 2 支，1 支加入 1 mL 肉浸液，另 1 支加入 1 mL 无氨蒸馏水作对照。向 2 支试管中各加纳斯勒氏试剂 1～10 滴，每加 1 滴后振荡试管，并观察溶液颜色的变化、有无浑浊或沉淀等。

判定标准

纳氏试剂反应结果判定标准见表 4-3-2。

表 4-3-2　纳氏试剂反应结果判定

试剂滴数	颜色和沉淀	反应	氨含量/(mg/100 g)	肉的鲜度
10	淡黄色、透明	−	≤16	新鲜
10	色黄、透明	±	16～20	新鲜
10	色黄、轻度混浊 稍有沉淀	±	21～30	次鲜 次鲜
6～9	明显的黄色、有沉淀	+	31～45	变质
1～5	明显的黄色或橘黄、有沉淀	++	45 以上	变质

四、硫化氢检测(醋酸铅试纸法)

原理

肉在腐败过程中,含硫氨基酸进一步分解,释放出硫化氢。硫化氢在碱性条件下与可溶性铅盐反应,生成黑色的硫化铅,据此判断肉的新鲜度。反应式为:

$$H_2S + Pb(CH_3COO)_2 \longrightarrow PbS\downarrow + 2CH_3COOH$$

试剂

(1)碱性醋酸铅溶液:于10%醋酸铅溶液中加入10%氢氧化钠溶液至白色沉淀溶解,溶液透明。

(2)醋酸铅试纸:将滤纸条(8 cm×1.2 cm)浸入碱性醋酸铅溶液中,数分钟后取出阴干,保存备用。

操作方法

将待检肉样剪成米粒大小,置于100 mL锥形瓶内,使之达容积的1/3。取一醋酸铅试纸条,或取一剪好的定性滤纸条,用碱性醋酸铅溶液浸湿,稍干后插入锥形瓶中,使其下端接近但不触及肉粒表面,一般在肉样上方1~2 cm处悬挂,立即将滤纸条的另一端以瓶塞固定于瓶口,室温下静置15 min后观察滤纸条的颜色变化。

判定标准

(1)滤纸条无变化,新鲜肉;

(2)滤纸条边缘呈淡褐色,次鲜肉;

(3)滤纸条下部呈褐色或黑褐色,变质肉。

五、球蛋白沉淀试验(硫酸铜沉淀法)

原理

利用蛋白质在碱性溶液中能和重金属离子结合,形成不溶性盐类沉淀的性质。以10%硫酸铜作试剂,使Cu^{2+}与样液中呈溶解状态的球蛋白结合形成稳定的蛋白质盐。

试剂

10%硫酸铜溶液。

操作方法

取试管2支,编号后,向1支管中加2 mL被检肉浸液,另1支加2 mL水作对照。向上述试管中分别滴加10%硫酸铜溶液3~5滴,充分振摇后观察。

判定标准

其判定标准

(1)溶液呈淡蓝色,完全透明,新鲜肉,以"－"表示;

(2)溶液轻度混浊,有时有少量絮状物,次鲜肉,以"＋"表示;

(3)溶液混浊并有白色沉淀,变质肉,以"＋＋"表示。

六、过氧化物酶反应

原理

新鲜健康的畜禽肉中，含有过氧化物酶。不新鲜肉、严重病理状态的肉，或濒死期急宰的畜禽肉，过氧化物酶显著减少，甚至完全缺乏。利用过氧化氢在过氧化物酶的作用下，分解释放出新生态氧，使联苯胺指示剂氧化为二酰亚胺代对苯醌。后者与尚未氧化的联苯胺形成淡蓝色或青绿色化合物，经过一定时间后变为褐色。

试剂

(1)1%过氧化氢溶液：取1份30%过氧化氢溶液与2份水混合即成(临用时配制)。

(2)0.2%联苯胺乙醇溶液：称取0.2 g联苯胺溶于95%乙醇100 mL中，置棕色瓶内保存，有效期不超过1个月。

操作方法

取2 mL肉浸液(1∶10)于试管中，滴加4～5滴0.2%联苯胺乙醇溶液，充分振荡后加新配制的1%过氧化氢溶液3滴，稍振荡，观察结果。同时做空白对照试验。

判定标准

(1)健康动物的新鲜肉，肉浸液立即或在数秒内呈蓝色或蓝绿色；

(2)次鲜肉、过度疲劳、衰弱、患病、濒死期或病死动物肉，肉浸液无颜色变化，或在稍长时间后呈淡青色并迅速转变为褐色；

(3)变质肉，肉浸液无变化，或呈浅蓝色、褐色。

子任务4-4　肉新鲜度的微生物学检验

【任务】

对肉品实施微生物学检验，判定其是否安全，并制定出处理方案。

【学习流程】

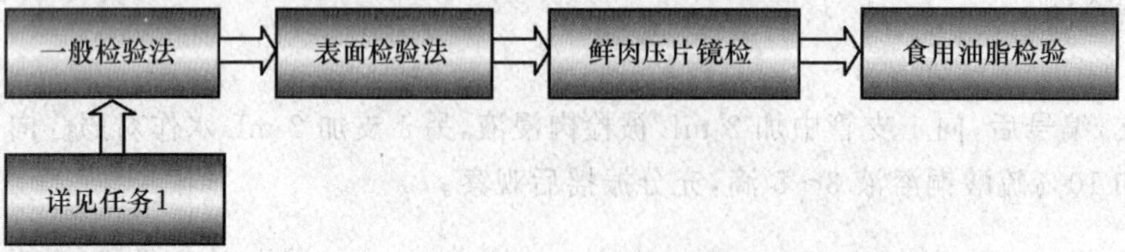

【资讯】

肉的腐败是由于细菌大量繁殖，导致蛋白质分解的结果。故检验肉的细菌污染情况，不仅是判断肉新鲜度的依据之一，也能反映肉在生产、运输、贮藏、销售过程中的卫生状况。常用的检验方法有细菌菌落总数测定、大肠菌群最近似数(MPN)、致病菌检验及触片镜检法。

一、一般检验法

(1)检样的采取和送检　按我国《食品卫生微生物检验方法　肉与肉制品检验》(GB 4789.17—1994)规定：如系屠宰场屠宰后的畜肉，可于开膛后，用无菌刀采取两腿内侧肌肉50 g(或劈半后采取背最长肌50 g)；如系冷藏或售卖之生肉，可用无菌刀取腿肉或其他部位的肌肉100 g。检样采取后，放入灭菌容器内，立即送检，最好不超过3 h，送检时应注意冷藏，不得加入任何防腐剂。检样送往化验室应立即检验或放置冰箱内暂存。

(2)检样的处理　先将样品放入沸水中烫3～5 s(或烧灼消毒)进行表面灭菌，再用无菌剪刀取检样深层肌肉25 g，放入灭菌乳钵内用灭菌剪刀剪碎后，加入灭菌海砂或玻璃砂少许研磨，磨碎后加入灭菌水225 mL，混匀后为1∶10稀释液。

(3)检验方法　菌落总数按GB/T 4789.2—2003、大肠菌群按GB/T 4789.3—2003、沙门氏菌按GB/T 4789.4—2003规定的方法进行检验。

二、表面检验法

(1)检样的采取　检验畜禽肉及其制品受污染的程度，一般可用板孔5 cm^2的金属制规板压在受检物上，将灭菌棉拭稍沾湿，在板孔5 cm^2的范围内揩抹多次，然后将板孔规板移压另一点，用另一棉拭揩抹，如此共移揩抹10次。总面积为50 cm^2，共用10支棉拭，每支棉拭在揩抹后立即剪断或烧断，均投入盛有50 mL灭菌水的锥形瓶或大试管中，立即送检。检验致病菌时，不必用模板，可疑部位用棉拭揩抹即可。

(2)检样的处理　检验时先充分振摇，吸取瓶(管)中的液体作为原液，再按要求作10倍递增稀释。

(3)检验方法　按上述一般检验方法中国家标准检验方法进行检验。

三、鲜肉压印片镜检

1. 采样

(1)如为半片或1/4胴体，可从胴体前后覆盖有筋膜的肌肉中割取不小于8 cm×6 cm×6 cm的瘦肉。

(2)取颈浅背侧或髂下淋巴结及其周围组织。

(3)病变淋巴结、浮肿组织、可疑脏器(肝、脾、肾)的一部分。

(4)大块肉则从瘦肉深部采样300 g。

2. 触片制备

从样品中切取3 cm^3左右的肉块，浸入酒精中并立即取出点燃烧灼，如此处理2～3次，从表层下0.1 cm处及深层各剪取0.5 cm^3大小的肉块，分别进行触片和抹片。

3. 染色镜检

将干燥的触片用甲醇固定1 min，进行革兰氏染色后用油镜观察5个视野，同时分别计出每个视野的球菌和杆菌数，然后求出一个视野中细菌的平均数。

四、卫生评价与处理

(1)我国现行的食品卫生标准中尚没有制定鲜畜肉的细菌指标。根据某些实验数据分析,初步提出以下标准作为参考。细菌总数,新鲜肉为1万/g以下;次鲜肉为1万～100万/g;变质肉为100万/g以上。

(2)新鲜肉看不到细菌,或一个视野中只有几个细菌;变质肉一个视野中的细菌数在30个以上,且以杆菌占多数。

(3)在胴体或淋巴结中,如果发现鼠伤寒或肠炎沙门氏菌,全部胴体和内脏化制或销毁;仅在内脏发现此类细菌时,废弃全部内脏,胴体切块后进行高温处理;胴体或淋巴结中发现沙门氏菌属的其他细菌,内脏化制或销毁,胴体高温处理。

【资讯链接】

肉的概述

肉一般是指动物体的肌肉及与其相连各种软组织。从广义上说,凡是适合作为人类食用的动物机体的所有构成部分都可称为肉。在肉品工业和商品学中所说的肉,即专指去毛或皮、头、蹄、尾和内脏的家畜胴体或白条肉,包括肌肉组织、脂肪组织、结缔组织、骨组织以及神经脉管、淋巴结等;而把头、尾、蹄爪和内脏统称为副产品或下水。

一、肉的形态结构

肉是由肌肉组织、脂肪组织、骨骼组织和结缔组织组成,其比例依家畜的种类、品种、年龄、性别、营养状况、育肥程度而有所差异,其中肌肉组织占50%～60%,脂肪组织占20%～30%,结缔组织占9%～14%,骨骼组织占15%～22%。肉的形态结构决定了肉的食用价值、营养价值以及商品价值。

1. 肌肉组织

肌肉组织是指在生物学中称为横纹肌或骨骼肌的部分,是肉的最重要组成部分,比例大,食用价值高。各种畜禽的肌肉平均占活体重的27%～44%,或胴体重的50%～60%。通常家畜的臀部、颈部和腰部的肌肉组织比胸部、肋部和四肢下部丰满,但禽类则以胸肌和腿肌最发达。肌肉的组成单位是肌细胞(即肌纤维),许多平行纵向排列的肌纤维由结缔组织包裹成束称为初级肌束,许多初级肌束再由结缔组织包被成为次级肌束。包被初级肌束和次级肌束的结缔组织膜称为肌束膜,肌束有大有小。许多肌束由肌外膜包围,形成肌块。许多肌块与血管、淋巴管、神经组织以及脂肪组织共同组成肌肉。我们肉眼能够看到肌肉横断面上的大理石样外观,就是由肌束和位于肌束间的结缔组织与脂肪组织构成的。

2. 脂肪组织

由大量的脂肪细胞和疏松结缔组织组成。一定数量的脂肪细胞聚集在一起,被疏松结缔组织分隔成小叶。不同动物的脂肪具有不同颜色和气味,脂肪的颜色不仅取决于动物的种类,还与动物的品种、年龄、饲料有关。气味主要取决于脂肪中所含脂肪酸及其他脂溶性成分。不同动物脂肪的硬度、熔点也不相同,通常反刍动物脂肪的硬度和熔点较高。

脂肪组织在不同动物体内的含量差异极大.少的仅占胴体的2%,多的可达40%。主要分布在皮下、肠系膜、网膜、肾周围和肌束间。肌间脂肪的储积,使肉的断面呈大理石样外观,并能改善肉的滋味和品质。

3. 结缔组织

结缔组织构成肌腱、筋鞘、韧带及肌肉内外膜，主要起支持和连接作用，并赋予肉韧性和伸缩性。结缔组织除了细胞成分和基质外，主要是胶原纤维、弹性纤维和网状纤维；胶原纤维在肌腱、软骨和皮肤等组织中分布较多；弹性纤维在血管、韧带等组织中较多；网状纤维主要分布于内脏的结缔组织中。基质主要是黏多糖、黏蛋白、无机盐和水。胶原纤维有较强的韧性，不能溶解和消化，在特定温度下，便发生收缩，70～100 ℃湿热处理能被水解，形成明胶。弹性纤维不受煮沸、稀酸和碱的破坏，通常水煮不能产生明胶。富含结缔组织的肉，不仅适口性差，营养价值也不高。使役、老龄和瘦弱的动物肉中结缔组织含量较多，在同一个体中，运动和负重的部位含量也较多。一般说动物的前躯多于后躯，肢体下部多于肢体上部。

4. 骨组织

骨组织包括骨和软骨，也是肉的组成部分。动物体内骨与净肉的重量比可决定肉的食用价值，而该价值与骨重量成反比。随着动物年龄增长和脂肪增加，骨组织所占比例相对减少。典型的动物胴体中骨骼所占百分比：牛肉为 15%～20%；犊牛肉为 25%～50%；猪肉为 12%～20%；羊羔肉为 17%～35%；鸡肉为 8%～17%；兔肉为 12%～15%。

骨骼中一般含 5%～27%的脂肪和 10%～32%的骨胶原，其他成分为矿物质和水。故煮熬骨骼时能产生大量的骨油和骨胶，可增加汤的滋味，并使之有凝固性。

骨骼是由骨密质和骨松质构成。骨组织中有较大食用价值的是骨髓，骨髓中含有脂肪、骨胶原和矿物质等。骨骼内腔和骨松质充满骨髓，骨松质越多，食用价值越高。

二、肉的化学组成

肉的化学组成包括水分、蛋白质、脂肪、矿物质和少量的碳水化合物等。这些物质的含量，因动物种类、品种、性别、年龄、个体、机体部位以及营养状况而异。

1. 蛋白质

肌肉的蛋白质，含量在 18%左右。根据存在的位置和在盐溶液中的溶解程度不同，蛋白质分为 3 种。

(1)肌浆蛋白质(myogen protein) 肌浆是指肌纤维细胞中环绕并渗透到肌原纤维的液体，其中悬浮各种有机物、无机物以及亚细胞结构的细胞器、肌粒体、微粒体等。通常把由新鲜肌肉磨碎压榨出的含有可溶性蛋白质的液体称为肌浆。其中蛋白主要包括肌红蛋白、肌浆酶和肌精蛋白，占肌肉中蛋白质总量的 20%～30%。肌浆类似血浆，能凝固析出的液体部分称肌清。

肌浆蛋白中的肌红蛋白(myoglobin)与血红蛋白相似，是由珠蛋白及辅基血红素所组成的一种含铁的结合蛋白质，它是肌肉呈红色的主要成分。肌肉中的肌红蛋白量因动物种类而异，且公畜比母畜含量高，成年动物比幼年动物含量高，经常运动的肌肉比不经常运动的肌肉含量高。肌红蛋白在加热时遭破坏，导致肉制品变成灰色。

(2)肌原纤维蛋白质 肌原纤维是肌肉收缩的单位，是一些平行排列的肌纤维丝，参与肌肉的收缩过程，负责将化学能转变成机械能。肌原纤维蛋白质主要包括肌球蛋白、肌动蛋白、肌动球蛋白、原肌球蛋白、肌钙蛋白以及 α-辅基肌动蛋白、β-辅基肌动蛋白和 M-蛋白等。

(3)基质蛋白质(stroma protein) 也称间质蛋白质。在肌肉中约占 2%。将新鲜的肌肉加以压榨，挤出汁液后残余的少量固形物质即为肉基质，由肌膜、结缔组织、血管壁等组成。肌细胞中基质内的蛋白质是一种不溶性蛋白质，其主要成分为胶原蛋白、弹性蛋白和网状蛋白。

胶原蛋白(collagen)：在结缔组织中含量特别多，它不溶于一般的蛋白质溶剂，在碱或盐的作用下，即吸水膨胀。与水共煮(70～100 ℃)可变成明胶。胶原可被胃蛋白酶水解。

弹性蛋白(elastin)：与水共煮时不能变为明胶，不易被胃蛋白酶或胰蛋白酶水解，只能在加热至160 ℃时才开始水解。

网状蛋白(reticulin)：在湿热时也不能变为明胶。

2. 脂类

脂类是脂肪与类脂的总称。脂肪是各种脂肪酸的甘油三酯(如硬脂、软脂等)、少量磷脂、胆固醇，游离脂脂肪酸及脂溶性色素组成的混合物。广义的脂肪包括中性脂肪和类脂，狭义的脂肪仅指中性脂肪。日常食用的动植物的油脂都为中性脂肪。类脂包括磷脂、糖脂、固醇(动物为胆固醇)、游离脂肪酸、脂溶性维生素和脂蛋白等。食物中的脂类95%是甘油三酯，5%是其他脂类。中性脂肪是脂类的主要成分。肌肉组织中的脂肪含量和品质因动物种类、肥度、性别、年龄、使役和饲养的不同而有所不同，阉割的动物和幼小动物脂肪均匀地分布在各个肌群之间，使肉柔软而有香味。磷脂则对神经细胞的发育起重要作用；糖脂、脂蛋白等则起着特定的生理学功能。游离脂肪酸的生理功能很多，如鱼脑髓中就含有丰富的对大脑有营养的、被称为脑黄金的DHA(二十二碳六烯酸)和EPA(二十碳五烯酸)。

脂肪的性质主要受各种脂肪酸含量的影响。动物脂肪的熔点接近体温，但经常接触寒冷部位的脂肪熔点较低。脂肪熔点越接近人体温，其消化率越高，熔点在50 ℃以上者则不易被人体消化。动物脂肪以饱和脂肪酸为主。当脂肪中含有大量高级饱和脂肪酸(如硬脂酸)时，脂肪熔点较高，常温时多呈凝固挺硬状态(如牛脂、羊脂)；当脂肪中含有大量的油酸(不饱和脂肪酸)或低级脂肪酸时，脂肪则呈软膏状(如禽类脂肪)或流动状态(如乳脂)。动物脂肪组织中中性脂肪占90%左右，水分占7%～8%，蛋白质占3%～4%。肌肉组织内的脂肪含量取决于动物种类、品种、解剖部位和肥度等因素，一般在1%～20%之间。

3. 碳水化合物

肌肉组织中的碳水化合物是以糖原形式存在的。动物肉中糖原一般不足1%，只有马肉可达2%以上。同种动物的肌肉组织中糖含量与其肥瘦及疲劳程度有关。动物宰前休息越充分，肌肉中糖原含量就越多，就越有利于宰后肉的成熟。正常的畜肉也含有少量的葡萄糖及麦芽糖，两者在马肉和兔肉中含量较多。

4. 矿物质

畜禽肉品种的矿物质含量恒定，约占鲜肉重的1%，主要有钾、钠、钙、镁、硫、磷、氯、铁、锌、铜、锰等，肉中这些常量或微量矿物质的存在，与肌肉宰前功能和宰后品质的变化都有关系。

5. 含氮浸出物和无氮浸出物

肌肉的组成成分中，除上述蛋白质等成分外，还有一些能用沸水从磨碎肌肉中提取的物质，包括很多种有机物和无机物，这些统称为浸出物。其中游离氨基酸、肌酸、磷酸肌酸，核苷酸类物质、肌肽、鹅肌肽、组胺等在肌肉中约占1.5%。这些含氮的物质不是蛋白质，而是含氮物组成的复合物，故称为含氮浸出物，又称非蛋白含氮物。肉中含氮浸出物越多，味道越浓。

在浸出物中，除含氮浸出物外，尚有动物淀粉、糊精、麦芽糖、葡萄糖、琥珀酸、乳酸等不含氮的浸出物，称为无氮浸出物。无氮浸出物约占0.5%。

6. 水分

水分是肌肉中含量最多的组成成分，约占70%。水在肌肉中以结合水和自由水的形式存在，结合水不能被微生物利用。结合水越多，肌肉的保水性越大。肉品中的水分含量及其持水性能直接关系到肉及肉制品的组织状态、品质和风味。

7. 肉的营养价值

肉类含人体所需要的蛋白质、脂肪、碳水化合物、各种无机盐和维生素等全部营养物质。肉类，尤其是瘦肉，对各种年龄的人都有很高的食用价值。

肉类蛋白质含有丰富的人体所必需的而又不能在体内合成且必须由食物蛋白质来供给的8种氨基酸。它们在肉类蛋白质中的含量不仅高，而且利用率也高，几乎与全鸡蛋的蛋白质接近。动物蛋白质与谷、豆类等植物性蛋白质适当搭配食用，可以互相补充，提高营养价值。蛋白质是构成机体所有组织细胞的重要成分，是构成体内各种酶、抗体及激素的原料。它也是一种能源物质，人体每天所需热能有10%～15%来自蛋白质。人体只有每天摄入适量的蛋白质，才能保证机体的正常生命活动。

肉中脂肪的主要成分是饱和脂肪酸，含少量卵磷脂和胆固醇。胆固醇多存在于内脏。但除羊脂消化率较低(88.0%)外，猪脂、牛脂的消化率分别为97%与93%。

脂肪作为一种高热能营养物而被机体利用，但它的营养价值和生理功能却远远超过这一范围：①为机体提供热能和必要的热能储备；②改善食物的色、香、味、形等感官性状，达到美食和促进食欲，使人有饱腹感；③能促进脂溶性维生素A、维生素D、维生素E、维生素K的吸收和利用，促进肠道中某些有益微生物生长繁殖；④提供人体必需的脂肪酸，如亚油酸是人体组织细胞的重要构成物质，在动物脂肪中其含量仅次于植物油。其中猪脂中亚油酸高于牛、羊脂，而禽类脂肪中亚油酸又远远高于猪脂。

动物性食品中以猪、羊、牛肉脂肪含量较高，禽类、乳类及动物水产品的脂肪含量稍低，且水产品的脂肪含有丰富的人体不可缺少的DHA、EPA等多不饱和脂肪酸。

但脂肪摄入过多可导致肥胖、心血管疾病、高血压和某些癌症的发病率升高。因此，限制和降低膳食中脂肪的摄入量，已成为预防此类疾病的重要措施。有人指出，摄入过多的不饱和脂肪酸，也能致体内产生有害的自由基。最好食用油脂的构成是饱和脂肪酸、多饱和脂肪酸、单不饱和脂肪酸各占1/3。世界卫生组织推荐植物油与动物油按1∶(0.5～1)比例调配食用更好。

肉中含有较丰富的矿物质，如骨及软骨中含有较多的磷和钙，血液中含有较丰富的铁。更为重要的是，肉类食品中无机盐的利用率优于植物性食品。无机盐可以作为机体的基本构成成分，如Ca、P、Fe、Mg参与骨骼和牙齿的构成；另外无机盐对于保持机体内环境的稳定、调节机体功能和维持神经肌肉组织的刺激传导等也具有重要作用。

肉和内脏中含B族维生素较多，尤其是硫胺素。特别是肝中含有丰富维生素A、维生素D、维生素B_6、维生素B_{12}。脂肪中有维生素D、维生素E和维生素K等。

子任务 4-5 食用油脂的卫生检验

【任务】

对生猪、牛、羊的板油进行感官检验,并给出处理意见。

【学习流程】

样品采取 → 感官检验 → 理化检验

【资讯】

一、食用动物油脂的卫生检验

(一)样品的采取

(1)液体油脂　将油脂搅拌均匀,用干燥的特制金属取样器(或玻璃管)斜角插入容器底部取样。

(2)固体油脂　用干净刀削去表层,将采样器插入,从不同的油层采样后混合放入干净容器中送检。

(二)感官检验

(1)检验方法　按 GB/T 5009.44 规定的方法检验。

(2)感官指标(GB 10146—2005)　无异味、无酸败味。

本标准适用于经兽医卫生检验认可的生猪、牛、羊的板油、肉膘、网膜或附着于内脏器官的纯脂肪组织,单一或多种混合炼制成的食用猪油、牛油、羊油。

(三)理化检验

(1)酸价的测定　酸价是指中和 1 g 油脂中游离脂肪酸所需氢氧化钾的毫克数,是表示油脂分解和发生酸败的重要指标。按 GB/T 5009.37 中规定的方法测定。

评定标准(GB 10146—2005):猪油,KOH(mg/g)≤1.5;牛油、羊油,KOH(mg/g)≤2.5。

(2)过氧化值测定　过氧化值是指 100 g 油脂中所含过氧化物从氢碘酸中析出碘的克数。按 GB/T 5009.37 中规定的方法测定。

评定标准(GB 10146—2005):过氧化值(g/100 g)≤0.20。

(3)丙二醛测定　丙二醛是油脂氧化酸败的重要指标。用比色法测定。由于油脂中不饱和脂肪酸氧化分解产生丙二醛($CHO—CH_2—CHO$),在水溶液中以烯醇型(CHOH=CHCHO)存在,在酸性实验条件下,随水蒸气蒸发、冷凝收集后与 TBA 试剂反应生成红色化合物,在波长 538 nm 处有吸收高峰,利用此性质即能测出丙二醛含量,从而推导出油脂酸败的程度。按 GB/T 5009.181 中规定的方法测定。

评定标准(GB 10146—2005):丙二醛(mg/100 g)≤0.25。

二、食用油脂的变质

动物性油脂在生产加工与保存中,由于受到光、热、氧气、水、金属、塑料以及微生物等因素的影响,会发生一系列的化学变化。这些变化的速度又取决于油脂原料的特性、加工和保藏条件,以及炼制油脂的保存和运输条件等。

(1)脂肪水解　水解是生脂肪在保存加工中较易发生的一种变化。因其本身含有大量的水分、脂肪酶和其他含氮物质,如果屠宰后动物生脂肪不及时熔炼,其中的不饱和脂肪酸的甘油酯最易发生水解,产生游离脂肪酸及甘油。游离脂肪酸可使油脂的酸值和熔点增高,气味和滋味不良,甘油溶于水中而流失,使脂肪的重量减轻。

(2)油脂氧化　油脂的自动氧化以炼制后的油脂较易发生。一般多发生于不饱和脂肪酸的甘油酯,尤其是油脂酸。油脂氧化产生对人体有害的各种酮类、醛类等化合物。

①生成过氧化物。过氧化物是油脂中不饱和脂肪酸的双键处被氧化生成的中间产物,其性质不稳定,进一步可生成各种醛类、酮类和羟酸等化合物。油脂中过氧化物的含量表示油脂的新鲜程度,对监测油脂的早期酸败有实际意义。

②生成醛酸。此种现象是不饱和脂肪酸所生成的过氧化物进一步分解的结果。

③生成酮和酮酸。可发生于油脂中的饱和脂肪酸与不饱和脂肪酸,而以饱和脂肪酸易被氧化。

油脂氧化生成的醛、酮类物质和某些低级脂肪酸,能使酸败的油脂带有特殊刺鼻的油哈喇气味和酸涩味,这些都是油脂酸败鉴定中较为敏感和实用的指标。

④生成羟酸(称为酯化硬酯化)。油脂在光的催化作用下,发生氧化形成羟酸,并引起油脂熔点和凝固点增高,颜色发白、质地硬实,有陈腐气味和滋味。

综上所述,油脂在加工和保存过程中,受各种不利因素的作用,发生水解和氧化,产生游离脂肪酸、过氧化物、醛类、酮类、低级脂肪酸以及羟酸等现象总称为油脂酸败。油脂酸败的化学过程主要是水解和自动氧化的连锁反应过程。在油脂酸败过程中,将脂肪的分解称为水解;生脂肪、油脂氧化产生醛类、酮类及低级酸等物质,称为氧化酸败;而油脂氧化的另一种形式生成羟酸,则称为酯化或硬酯化。要防止油脂变质,关键是提高油脂的纯度。为此,在原料选择、加工和保存中,应做卫生监督工作。

【资讯链接】

生脂肪的理化特性

生脂肪是指屠宰畜禽体内所有脂肪组织。根据脂肪组织蓄积的部位不同而分别称为板油(肾周围脂肪)、花油(网膜、肠系膜脂肪)、肥膘(皮下脂肪)和杂碎油(其他内脏脂肪的总称)。生脂肪通过炼制除去结缔组织及水分后所得的纯甘油酯叫油脂。在动物油脂储存或加工过程中,脂肪可同时或单独发生水解与氧化。炼制的油脂因脂肪酶被破坏,一般不易发生水解,如果存在空气、日光、水分等条件,水解与氧化能同步进行。

动物脂肪具有各种不同的性质,这不仅取决于动物的种类,而且也取决于动物的年龄、性别、饲料、生活条件、育肥程度以及脂肪在体内蓄积的部位。

按化学成分讲，动物脂肪可视为各种饱和脂肪酸和不饱和脂肪酸的甘油酯混合物。在饱和脂肪酸甘油酯中以硬脂酸和软脂酸甘油酯为最多。在不饱和脂肪酸甘油酯中以油酸和十八碳二烯酸甘油酯为最多。牛、羊脂肪中一般含有较多的饱和脂肪酸甘油酯，而猪、马脂肪中则含有较多的不饱和脂肪酸甘油酯。

脂肪的性质主要决定于所含脂肪酸的性质。饱和脂肪酸具有较高的熔点：硬脂酸为71.5 ℃，软脂酸为63 ℃，豆蔻酸为53.8 ℃。不饱和脂肪酸具有较低的熔点：油酸为14 ℃，十八碳二烯酸为8 ℃。由于羊脂肪中只含30％～40％的油酸，故其熔点较高(44～50 ℃)；猪脂肪中含50％的油酸，故其熔点较低(36～46 ℃)。此外，动物脂肪在体内的分布不同，其熔点也不同：一般肾周围脂肪的熔点较高；皮下脂肪的熔点较低；掌骨、腕跗前骨、系骨和蹄骨骨髓脂肪的熔点则更低。

脂肪中除甘油酯外，尚有胆固醇、卵磷脂、脂色素及维生素A、维生素D、维生素E(不固定)等。生脂肪中由于含有水分，因而能在高温、光线、无机催化剂(铁、铜、镍、锌)、脂肪酶、霉菌、细菌等的作用下发生水解。水解时形成甘油和脂肪酸，从而增加了脂肪的滴定酸度。除水解外，脂肪还可以被空气氧化，尤以不饱和脂肪酸甘油酯最为明显。所以猪、马脂肪一般比牛、羊脂肪容易氧化变质。

任务5

不同肉制品的卫生检验

学习目标

● 能识别不同类型的肉制品，并且能完成对肉制品的卫生检验工作，能给出正确的处理意见。

学习流程

冷冻肉的卫生检验 ⇒ 熟肉制品的卫生检验 ⇒ 肉类罐头的卫生检验

任务概述

子任务	依据及资讯
5-1 冷冻肉的卫生检验	冷冻肉的检验及卫生评价
5-2 熟肉制品的卫生检验	熟肉制品的检验及卫生评价
5-3 肉类罐头的卫生检验	肉类罐头食品的检验及卫生评价

子任务5-1 冷冻肉的卫生检验

【任务】

做个市场调查，肉品市场中冷鲜肉所占的比例，并对其进行卫生检验评价。

【学习流程】

肉冷冻的卫生要求 ⇒ 冻肉的卫生检验 ⇒ 冷库的卫生管理

【资讯】

畜禽肉变质的原因主要为微生物在肉上生长繁殖的结果，微生物的生长繁殖需要有一定的温度、水分和营养物质。肉品的冷冻能切断水分的供应，造成不适于微生物生长的温度，从而阻止微生物在肉上繁殖。低温保藏方法不仅能长时间的保持肉制品的新鲜度，而且不会引起肉的组织结构和性质发生明显的变化，能够基本保持肉品原有的风味及组织结构。因而肉的低温保藏被世界各国广泛采用，是较完善的方法之一。

一、肉冷冻的卫生要求

(一)肉的冷却

冷却是指对严格执行检疫制度屠宰后的畜胴体迅速进行降温处理，使胴体温度(以后腿内部为测量点)在 24 d 内降为 0～4 ℃的过程。降温处理后的肉称为冷却肉。冷却肉达到的具体温度，因肉的种类和冷藏目的的不同而有变化，冷却处理的其他条件也有差异。但为了延长保存期，产品深层温度降至－1 ℃左右。冷却肉可在短期内有效地保持新鲜度，香味、外观和营养价值都很少变化，同时也是肉的成熟过程。所以，冷却常作为短期贮存畜禽肉的有效方法，同时也是采用两步冷冻的第一步。由于空气冷却时环境与肉表面温差较大，肉表面水分蒸汽压高而蒸发的水分又仅限于表层，结果冷却肉表面常形成干膜，既阻止了外表微生物的生长与侵入，又减少了肉内水分的干耗。

1. 肉冷却的卫生要求

肉的冷却是在冷却库内进行的。其卫生要求是：冷却库应保持清洁并定期进行消毒；胴体和胴体之间应保持 3～5 cm 的间距；不同肥度、不同种类的肉类要分别冷却，以确保在相近的时间内冷却完毕。同一等级而体重差异十分显著的肉，应将大的吊挂在靠近风口处，以加速冷却；在整个冷却过程中，应减少库门的开关与人员的出入，以维持稳定的冷却条件和减少微生物污染；在冷却室内安装紫外线灯，每昼夜开 5 h 左右，以减少库内微生物的数量；根据不同的产品及冷却方法，选择适宜的温度、空气流速和湿度。

2. 肉冷却的方法

目前国内外对冷却肉的加工方法主要采用一段冷却法、两段冷却法、超高速冷却法和液体冷却法。

(1)一段冷却法　在冷却过程空气温度在 0 ℃或略低。国内的冷却方法是，先将肉温度先降到－3～1 ℃再入冷却库，肉进库后开动冷风机，使库温保持在 0～3 ℃，10 h 后稳定在 0 ℃左右，开始时相对湿度为 95%～98%，随着肉温下降和肉中水分蒸发强度的减弱. 相对湿度降至 90%～92%，空气流速为 0.5～1.5 m/s。猪胴体和四分体牛胴体约经 20 h，羊胴体约 12 h，大腿最厚部中心温度即可达到 0～4 ℃。

(2)两段冷却法　第一阶段，冷却库的温度多在－15～－10 ℃，空气流速为 1.5～3 m/s，经 2～4 h 后，肉表面温度降至－2～0 ℃。第二阶段库温为－2～0 ℃，空气流速为 0.5 m/s，10～16 h后，胴体内外温度达到平衡，为 2～4 ℃。两段冷却法的优点是干耗小，周转快，质量好，切割时肉流汁少。缺点是易引起冷缩，影响肉的嫩度，但猪肉脂肪较多，冷缩现象不如牛、羊肉严重。

(3)超高速冷却法　库温－30 ℃，空气流速为 1 m/s，或库温－25～－20 ℃，空气流速 5～8 m/s，约 4 h 即可完成冷却。此法能缩短冷却时间，减少干耗，缩减吊轨的长度和冷却库的面积。

(4)液体冷却方法 多用于禽类产品的冷却。以冷水或冷盐水(氯化钠、氯化钙溶液)为介质采用浸泡或喷洒的方法进行冷却。该法冷却速度快,要求对产品进行包装,否则会造成肉中可溶性营养物质的流失,因而应用受到限制。

3. 冷却肉的保存期

冷却肉不能及时销售时,应移入冷藏间进行冷藏。根据国际制冷学会推荐,冷却肉和肉制品的保藏温度和贮存期限见表 5-1-1。

表 5-1-1 冷却肉的保存时间

品种	温度/℃	相对湿度/%	预计贮藏期/d
牛肉	−1.5~0	90	28~35
羊肉	−1~0	85~90	7~14
猪肉	−1.5~0	85~90	7~14
腊肉	−3~−1	80~90	30
腌猪肉	−1~0	80~90	120~180
去内脏鸡	0	85~90	7~11

(二)肉的冻结

肉中所含的水分部分或全部变成冰,肉深层温度降至−15 ℃以下的过程,称为冻结,冻结后的肉称为冷冻肉。冷冻作用是减少了肉中的游离水,并造成不适宜微生物生长的温度,因而该法可有效抑止微生物的生长繁殖。冻结后的肉,虽然其色泽、香味都不如鲜肉或冷却肉,但能较长期贮藏,也能作较远距离的运输,因而仍被世界各国广泛采用。

肉的冻结方法有一次冻结法、两步冻结法和超低温一次冻结法。

(1)一次冻结法 肉在冻结时先经过 4 h 风冷,使肉内热量略有散发,沥去肉表面的水分,即可直接将肉放进冻结间,保持在−23 ℃下,冻结 24 h 即成。这种方法可以减少水分的蒸发和升华,减少干耗 1.45%,冻结时间缩短 40%,但牛肉和羊肉会产生冷收缩现象,该法所需制冷量比两步冻结法约高 25%。

(2)两步冻结法 鲜肉先行冷却,而后冻结。冻结时,肉吊挂在库温保持−23 ℃的冷冻库,如果按照规定容量装肉,24 h 内便可能使肉深部的温度降到−15 ℃。这种方法能保证肉的冷冻质量,但所需冷库空间较大,结冻时间较长。

(3)超低温一次冻结法 将肉放在 40 ℃冻结间中,只需数小时至 10 h,肉的中心温度达到−18 ℃即成。冻结后的肉色泽好,冰晶小。解冻后的肉与鲜肉相似。

(三)冻肉的冷藏

1. 冻肉冷藏的卫生要求

冻结好的冻肉应及时转移至冻藏间冷藏。冻藏时,一般采用“品”字形的堆垛方式,以节省冷库容积,要求垛与垛、垛与墙、垛与顶排管均应留有一定距离。冻藏间的温度应保持在−18 ℃,相对湿度为 95%~100%,空气流动速度应以自然循环为宜。在冻藏过程中,冻藏间的温度不得有较大的波动。在正常情况下,一昼夜内温度升降的幅度不要超过 1 ℃,在大批进货、出货过程中一昼夜不得超过 4 ℃，因大的温度波动会引起重结晶等现象，不利于冻肉的长期冷藏。外地调运来的冻结肉，肉温偏高，如经测定肉的中心温度低于－8 ℃，可以直接入冻藏库；当高于－8 ℃时，需经过复冻结后，再入冻藏库。经过复冻的肉，在色泽和质量方面都有变化，不宜久存，应尽快销售。

2. 冷冻肉的保存期

冻肉的保存期取决于保藏温度、入库前的质量、种类、肥度等因素，其中主要取决于温度。在同一条件下，各类肉保存期的长短，依次为牛肉、羊肉、猪肉、禽肉。

国际制冷学会规定的冻结肉类的保藏期见表 5-1-2。

表 5-1-2　冻结肉类的保藏期

品种	保藏温度/℃	保藏期/月	品种	保藏温度/℃	保藏期/月
牛肉	－12	5～8	猪肉	－23	8～10
牛肉	－15	8～12	猪肉	－29	12～14
牛肉	－24	18	猪肉片(烤肉片)	－18	6～8
包装肉片	－18	12	碎猪肉	－18	3～4
小牛肉	－18	8～10	猪大腿肉(生)	－23～－18	4～6
羊肉	－12	3～6	内脏(包装)	－18	3～4
羊肉	－12～－18	6～10	猪腹肉(生)	－23～－18	4～6
羊肉	－23～－18	8～10	猪油	－18	4～12
羊肉片	－18	12	兔肉	－23～－20	<6
猪肉	－12	2	禽肉(去内脏)	－12	3
猪肉	－18	5～6	禽肉(去内脏)	－18	3～8

3. 冻结肉冷藏中的变化

(1)干缩　肉类在冻结过程中也会因水分蒸发或升华而使肉重量减轻，这是冻藏中的主要变化。

(2)变色　冻肉的颜色在保藏过程中逐渐变暗，主要是由于血红素的氧化以及表面水分的蒸发而使色素物质浓度增加所致。冻结冷藏的温度愈低，则颜色的变化愈小。在－80～－50 ℃变色几乎不再发生。

(3)脂肪的变化　在低温下，虽然氧分子的活化能力已大大削弱，但仍然存在。因此，脂肪也依然受到氧化，特别是含不饱和脂肪酸较多的脂肪。在各种肉类中，以畜肉脂肪最稳定，禽肉脂肪次之，鱼肉脂肪最差。猪脂膘在－8 ℃下贮藏 6 个月以后，脂肪变黄而有油腻气味；经过 12 个月，这些变化扩散到深 25～40 mm 处；但在－18 ℃下贮藏 12 个月后，肥膘中未发现任何不良现象。

(4)微生物和酶　在很低的冷藏温度下，微生物不易生长和繁殖。但是如果冻结肉在冷藏前已被细菌或霉菌污染，或者在冷藏条件不好的情况下冷藏时，冻结肉的表面也会出现细菌和霉菌的菌落，特别是溶化的地方易发现。关于组织蛋白酶经冻结后的活性，有报告认为经冻结后增大，若反复冻结和解冻时，其活性更大。

二、冻肉的卫生检验

为了保证冻肉的卫生质量，无论在冷却、冻结、冻藏过程中，还是解冻及解冻后，都应该进行卫生监督与管理，因此，不论是生产性冷库或周转性冷库，都必须有相应的卫生检验人员。健全检验制度，做好各种检验记录，并对冷库进行卫生管理。

(一)生产性冷库肉的接收与检验

生产性冷库是肉类联合加工企业的一个组成部分，畜禽经屠宰加工后，除了当日上市鲜销外，其余部分都要经过生产性冷库进行冷冻加工。由于鲜肉的质量直接关系到冷冻加工后冻肉的质量，故生产性冷库的肉类的卫生检验是非常重要的环节。

1. 鲜肉入库前对冷库的卫生要求

鲜肉入库前，卫生检验人员要检查冷却间、冻结间的温度和湿度，查看库内挂钩、冷藏盘、吊轨滑轮和库内小车等工具的卫生情况，防止有尘污、铁锈和油滴等现象，并清理库壁和管道上的结霜，冷却间内不能有霉菌生长。

2. 鲜肉入库时的卫生要求

入库的鲜肉必须盖有清晰的检验印章。只有适于食用的鲜肉，才能作为冷冻加工的原料，否则不能进入冷库。胴体在冷却间和冻结间要吊挂，并保持一定的距离，不能相互接触。加工不良和需要修整的胴体和分割肉，要退回屠宰加工和分割肉车间返工，符合卫生和质量要求后才能进行冷冻加工。要禁止有气味的商品和肉混在一起冷冻和冷藏，以防冻肉吸附上异味。冷库内的温度要保持相对的恒定，冷加工的时间也应根据不同的肉类按规定进行。

(二)冻肉调出和接收时的卫生监督与检验

1. 冻肉出库时的卫生监督和检验

从冷库调出冻肉时，卫生检验人员要进行监督、检查冻肉的冷冻质量和卫生状况，检查运输车辆的清洁卫生情况，等将冻肉装上车辆后，要关好车门，加以铅封，而后开具检验证明书后放行。

2. 接收冻肉时的卫生监督和检验

周转性冷库的卫生检验人员在冻肉到达时，要检查运肉车辆的铅封和兽医检验证明书，并对运输来的冻肉进行质量检验。在敲击试验中发音清脆，肉温低于－8 ℃的为冷冻良好；发音低哑钝浊，肉温高于－8 ℃的为冷冻不良。卫生检验人员要检查印章是否清晰，冻肉中有无干枯、氧化、异物、异味污染、加工不良、腐败变质和病肉漏检等情况。并按检验结果填写入库检验原始记录表和商品处理通知单。入库原始记录表应记明车船号、到埠时间、发货单位、品名、级别、数量、吨位、肉温、质量情况及存放冷库的库号和货位号。冻肉堆码完毕后应填写货位卡，注明品名、等级、数量、产地、生产日期等，挂在货位上。对于冷冻不良的冻肉要立即进行复冻，并填写进库商品供冷通知单，通知机房供冷。复冻后的肉品要尽快出库销售或使用，不得久存。对于卫生不符合要求的冻肉要提出处理意见，并做好记录，发出处理通知单，不准进入冷库。

(三)冻肉在冻藏期间的卫生监督与检验

冻肉在冻藏期间,卫生检验人员要定期检查库内温度、湿度、卫生情况和冻肉质量情况。发现库内温度和湿度有变化时,要记录好库号和温度、湿度,同时抽检肉温,查看有无软化、变形等现象。已经存有冻肉的冻藏间,不应加装软化肉或鲜肉,以免原有冻肉发生软化或结霜,同时也会对冷库建筑结构产生不良影响。冻藏间要严格执行先进先出的制度,以免贮藏过久而发生干枯和氧化。实践证明,靠近库门的冻肉易氧化变质,要注意经常更换。卫检人员要注意冻肉的安全期,对于临近安全期的冻肉要采样化验,做好产品质量分析和预报工作,防止冻肉干枯、氧化及腐败变质,根据我国商业系统的冷库管理办法,各种肉的冷藏安全期见表5-1-3。

表 5-1-3　各种产品的冷藏安全期

品名	库房温度/℃	安全期/月
冻猪肉	−18～−15	7～10
冻牛、羊肉	−18～−15	8～11
冻禽、冻兔肉	−18～−15	6～8
冻鱼肉	−18～−15	6～9

卫检人员在检查后,要按月填报冻肉质量情况月报表,反应冻肉质量情况。表内应包括库号、货位号、品名、生产日期、入库日期、数量、吨数、产地、质量情况等项内容。

(四)冷冻肉的解冻和检验

肉的解冻方法根据解冻媒介不同可分为空气解冻、流水解冻、真空解冻、微波解冻等。

(1)空气解冻　是利用空气和水蒸气的流动使冻肉解冻。合理的解冻方法是缓慢解冻。开始时,解冻间空气的温度为 0 ℃左右,相对湿度为 90%～92%,随后逐渐升温,18 h 后,空气温度升至 6～8 ℃。并降低其相对湿度,使肉表面很快干燥。肉的内部温度达到 2～3 ℃,需 3～5 d,解冻即完成。解冻后的肉,再吸收水分,能基本恢复鲜肉的性状,但需要较多的场地、设备和较长的时间。通常情况下,空气解冻在室温下进行,如在 20 ℃下采用风机送风使空气循环,一般 1 d 即可完成解冻。过快的解冻,会使冰晶融化形成的水分不能完全再吸收而流失,影响解冻肉的品质。

(2)流水解冻　是利用流水浸泡的方法使冻肉解冻。这种方法会造成肉中可溶性营养物的流失及微生物的污染,使肉的色泽和质量都受到影响。这种方法有许多弊病,但由于条件所限,仍有许多单位采用。

(3)真空解冻　是利用低温蒸汽的冷凝潜热进行解冻的方法,将冻肉挂在密封的钢板箱中,用真空泵抽气,当箱内真空度达到 705 mmHg 时,密封箱内 40 ℃的温水,就产生大量低温水蒸气,使冻肉解冻,一般−7 ℃的冻肉在 2 h 内即可完成解冻,而且营养成分流失少,解冻肉色泽鲜艳,没有过热部位。真空解冻是一种较好的解冻方法,但需要大量的设备和能量,用于大批量解冻还有一定难度。

(4)微波解冻　利用微波射向被解冻的肉品,造成肉分子震动或转动,而产生热量使肉解冻。一般频率 915 MHz 的微波穿透力较理想，解冻速度也快。但微波解冻耗电量大，费用高，并且易出现局部过热现象。

解冻肉的检验可分为感官检查、微生物检验和理化检验三个方面，其检验方法、感官指标和理化标准均同肉的新鲜度的检验。

(五)冻肉常见的异常现象及其处理

(1)发黏　发黏多见于冷却肉。原因是在冷却过程中胴体相互接触，降温较慢，通风不好，导致明串珠菌、微球菌、无色杆菌及假单胞菌等在接触处繁殖，并在肉表面形成黏液样物质，手触之有黏滑感，甚至起黏丝，同时还发出一种陈腐气味。这主要是入库时肉表面污染细菌数量较大，若该种肉如发现较早，尚无腐败现象时，在洗净、风吹散味后，或者修割后可供食用。

(2)干枯　冻肉存放过久，特别是反复冻融，肉中水分丧失，则发生干枯。轻者应尽快食用；严重者味同嚼蜡，形如木渣，营养价值低，不得食用。

(3)脂肪氧化　冻肉存放过久或日光照射影响，脂肪变为淡黄色，有哈喇味者称为脂肪氧化。轻者氧化仅限于表层，可将表层削去作工业用，深层经煮沸试验无酸败味者，可供加工后食用，否则做工业用。

(4)发光　在冷库中常见冷藏的肉上有磷光，这是由一些发光杆菌引起的。肉上有发光现象(一般是假单胞杆菌、产碱杆菌、黄色杆菌等产生的混合荧光)时，一般没有腐败菌生长。若有腐败菌生长时，磷光便消失。发光的冻肉应尽快经卫生处理后供食用。

(5)变色　冻肉色泽的变化，除自身由于氧化作用外，常常是某些细菌(如假单胞杆菌、产碱杆菌、明串珠菌、微球菌、变形杆菌等)所分泌的水溶性或脂溶性的黄、红、紫、绿、蓝、褐、黑等色素的结果。变色的肉如无腐败现象，可进行卫生清除和修割后加工食用，否则禁止食用。

(6)发霉　霉菌在肉的表面生长时，常形成白点或黑点。小白点是由肉色分枝孢霉所引起，直径 2～6 mm，很像石灰水点。这种白点多在肉表面，抹去后不留痕迹，肉可供食用。小黑点是由蜡叶芽枝霉引起，直径 6～13 mm。一般不易抹去，有时侵入深部。如黑点不多，可修去黑点部分后供食用。其他如青霉、曲霉等霉菌也可在肉表面生长形成不色泽的霉斑。

三、冷库的卫生管理

冻肉的卫生检验与冷库的卫生管理是相辅相成、缺一不可的两部分工作，而冷库卫生管理具有更为广泛的意义。冷库卫生管理好，不仅能保证冷冻肉品的卫生质量、降低干耗、减少霉变和鼠害，同时能延长冷库的使用期。冷库的卫生管理包括冷库建筑设备的卫生、冷冻加工和冷藏的卫生及冷库的消毒、除霉和灭鼠等工作。至于冷库工作人员的卫生和环境卫生.可参照屠宰加工厂的一般卫生要求进行卫生管理。

1. 冷库建筑设备的卫生

冷库是进行冷冻肉品加工和冻肉贮存的场所，其建筑设备的卫生状况与肉品卫生质量关系较为密切。冷库选择的地址应远离污染源。防霉、防鼠设备卫生及安全问题是修建冷库者首先考虑的问题。冷库建筑时地基要打深，用石头和混凝土铸成，库内墙里应有 1 m 高的护墙铁丝网,每个冷冻间的门口设置挡板防鼠。冷却肉冷藏库的内墙最好用防霉涂料涂布。库内照明应加保护罩。吊轨要防止生锈落屑,滑轮加油要适量,以免油污滴在肉上。冷库内的架子、钩子、冷冻盘、小车等用具和设备应用不锈钢制成或镀锌防锈。库内垫板要清洁,定期更换洗刷,晾晒灭菌。冷库的安全措施要齐全,应有防走电、防火、防跑氨和报警等设施。

2. 冷藏的卫生管理

除鲜肉冷冻加工和冷藏时的卫生要求外,还应注意冷库生产管理人员必须做好个人防护。在操作过程中要防止胴体落地,如果落地要进行卫生处理。堆码与进出库搬动时不得用鞋踩踏冻肉,要坚持先进先出,以防肉品变质。冷库每次出完肉后要彻底打扫卫生,清除冰霜,工具、车辆用热碱水清洗消毒,冷库每年应消毒 1～2 次,走道要经常清扫。冷库内有霉菌生长或有鼠害时,应立即采取措施,除霉、灭鼠。不符合卫生要求的肉,一律禁止入库或出库。

子任务 5-2　熟肉制品的卫生检验

【任务】

做个市场调查,肉品市场中冷鲜肉所占的比例,并对其进行卫生检验评价。

【学习流程】

熟肉制品的感官检验 ⇒ 熟肉制品实验室检验

【资讯】

熟肉制品是直接进食的肉制品,其卫生质量直接关系到广大消费者的身体健康。因此,对这类产品必须进行严格的卫生检查。其卫生检验,主要以感官为主,并定期或必要时进行化学检验和细菌学检验。

1. 感官检验

主要检查肉制品外表和切面的色泽、组织状态、气味、有无黏液、霉斑等,以判定有无变质、发霉等。夏秋季节,还应注意有无苍蝇停留的痕迹及蝇蛆,这对于整只鸡、鸭非常重要,因为苍蝇常产卵于它们的肛门、口、腿、耳等部位,蝇卵孵化后进入体腔,此时气味和色泽往往正常,但内部已污染,故要特别注意检查。

2. 实验室检验

应定期进行理化检验和微生物检验。理化检验主要检测亚硝酸盐的残留量和水分含量。微生物检验的项目则主要包括细菌菌落总数的测定、大肠菌群的测定和致病菌的检验。

3. 熟肉制品国家卫生标准(GB 2726—2005)

(1)感官指标:无异味、无酸败味、无异物,熟肉干制品无焦斑和霉斑。

(2)理化指标见表 5-2-1。

表 5-2-1 熟肉制品理化指标

项 目	指 标
水分/(g/100 g)	
肉干、肉松、其他熟肉干制品	≤20.0
肉脯、肉糜脯	≤16.0
油酥肉松、肉粉松	≤4.0
复合磷酸盐[a](以 PO_4^{3-} 计)/(g/kg)	
熏煮火腿	≤8.0
其他熟肉制品	≤5.0
铅(Pb)/(mg/kg)	≤0.5
无机砷/(mg/kg)	≤0.05
镉(Cd)/(mg/kg)	≤0.1
总汞(以 Hg 计)/(mg/kg)	≤0.05
苯并(a)芘[b]/(μg/kg)	≤5.0
亚硝酸盐/(g/kg),按 GB 2760 执行	
肉制品	≤0.03
肉类罐头	≤0.05

a 复合磷酸盐残留量包括肉类本身所含磷及加入的磷酸盐,不包括干制品。

b 限于烧烤和烟熏肉制品。

(3)微生物指标见表 5-2-2。

表 5-2-2 熟肉制品微生物指标

项 目	指 标
菌落总数/(CFU/g)	
烧烤肉、肴肉、肉灌肠	≤50 000
酱卤肉	≤80 000
熏煮火腿、其他熟肉制品	≤30 000
肉松、油酥肉松、肉粉松	≤30 000
肉干、肉脯、肉糜脯、其他熟肉干制品	≤10 000
大肠菌群/(MPN/100 g)	
肉灌肠	≤30
烧烤肉、熏煮火腿、其他熟肉制品	≤90
肴肉、酱卤肉	≤150
肉松、油酥肉松、肉粉松	≤40
肉干、肉脯、肉糜脯、其他熟肉干制品	≤30
致病菌(沙门氏菌、金黄色葡萄球菌、志贺氏菌)	不得检出

注:进行微生物学检查时熟肉制品样品的采取和送检。

【资讯链接】

熟肉制品是指以猪、牛、羊、鸡、兔、犬等畜、禽肉为主要原料，经酱、卤、熏、烤、腌、蒸、煮等任何一种或多种加工方法而制成的直接可食的肉类加工制品。熟肉制品在我国各地都有生产，形成了一些具有独特风味的产品，如苏州酱汁肉、北京酱牛肉、北京烤鸭、道口烧鸡、德州扒鸡、灌肠等。熟肉制品既是一种加工方法，又是一种用加热处理来防止肉品腐败变质以延长保存期的手段。熟肉制品具有直接进食的特点，能使无法保存而又不适宜鲜销的原料肉作合理的应用，所以对其加工的卫生监督和卫生管理要求更为严格，否则，将成为食物中毒的原因。

1. 原料的卫生要求

加工熟肉制品的原料肉必须来自健康的畜禽，并经兽医卫生检验合格。加工熟肉制品的作料，必须符合我国《食品添加剂使用卫生标准》(GB 2760—2011)。凡有霉变或质量达不到卫生要求的辅料，都不能用来生产熟肉制品。熟肉制品加工厂或肉联厂中的熟制品加工车间的生产用水，必须符合我国生活饮用水卫生标准。

2. 加工过程的卫生要求

熟肉制品加工车间的地面和墙壁，都应以不渗水的材料建成，并且要有良好的防鼠、防蝇、防虫措施。原料整理与熟制过程的设备和用具必须严格分开，并有专用冷藏间。原料肉整理间应有热水消毒池，水温保持在 82 ℃以上，并有冷、热水洗手装置。一切生产用具均应用不生锈的合金制成，台板用不生锈的合金板包面。所有生产用具要求清洁卫生。生产过程中原料肉和作料要求用清洁的容器盛放，不得堆放在地板上。若加工过程中落地的原料肉须经彻底清洗后才能继续加工，在整理原料肉时如发现不适合加工的肉，应及时报告卫检人员，以便按规定处理。在熟制过程中。应严格遵守操作规程，按产品规格要求，必须做到烧熟煮透。

3. 工作人员的卫生要求

所有加工熟制品的操作人员，按卫生制度保持个人卫生，定期进行健康检查，凡肠道传染病患者及带菌者都不得参加熟肉制品的生产与销售工作。

4. 产品保存、发送和接收时的卫生要求

熟肉制品在发送或提取时，要求有专人对车辆、容器及包装用具等进行检查，运输过程中要防止污染。熟肉制品的运输工具必须是专用。较长距离的运输就采用带有制冷设备的专用车辆。销售单位在接收就严格检验，对不符合卫生质量的熟肉制品应拒绝接收。销售时注意用具及销售人员的卫生，减少熟肉制品受到污染。除肉干等脱水熟肉制品外，要以销定产，随产随销，做到当天生产当天销售。除真空包装的产品胶熏制品外，其他熟制品隔夜回锅加热，夏季存放不超过 12 h。若生产量大者必须贮藏者，应在 0 ℃左右存放，销售前尽进行卫生指标检验。

子任务 5-3　肉类罐头的卫生检验

【任务】

去超市买几个不同包装、不同品种、不同生产日期的肉类罐头进行卫生检验，并做出检验报告。

【学习流程】

感官检验 → 理化检验 → 微生物检验

【资讯】

罐藏是指各种符合标准要求的原料经预处理、分选、加热、装罐、密封、杀菌冷却而制成具有一定真空度的食品。它一种特殊形式的肉品加工方法和保藏方法。

肉类罐头的检验项目主要有感官检验、理化检验和微生物检验。

(一)感官检验

1. 外观检验

首先仔细检查商标纸和罐盖硬印是否符合规定,商标应该与内容物相一致。确认罐头的生产日期,以判断该罐头是否在保质期内。罐盖硬印为生产日期直接打印法,将便于检验者和消费者迅速判断该罐头在保质期内或已过期。然后检查接缝和卷边是否正常,焊锡是否完整均匀;卷边处有无漏水透气、汤汁流出以及罐体有无锈斑及凹陷变形等。如有锈斑,应先刮去锈层,仔细观察有无穿孔;必要时可借助放大镜查看,并用控针探测。然后将罐头放置于桌面上,用木槌敲打盖面,良好的罐头,盖面凹陷,发出清脆的实音,不良罐头表面膨胀且发音不清脆,有鼓音或浊音,则可能为膨听;膨听的形成原因不同,可分为生物性膨听、化学性膨听和物理性膨听。其发生原因与评价处理方法见表 5-3-1。

表 5-3-1 罐头几种膨听的鉴别处理

膨听类别	膨听的原因	鉴别					处理
		敲打检查	按压试验	臌胀试验	真空度检查	穿孔检查	
生物性膨听	由于罐内的细菌发育,产生气体而引起	有内容物空虚的感觉,发出鼓音	用手指强压罐盖不能压下或除压力后立即恢复	置 37 ℃温箱内经 5～7 昼夜,臌胀更显著	真空度为 1～3 大气压	逸出气体,并有腐败气味	工业用或销毁
化学性膨听	由于罐头酸性内容物与金属容器作用产生氢气而引起	同上	同上	置 37 ℃温箱内经 5～7 昼夜,无显著变化	同上	有气体逸出,无腐败气味,但常有酸味或不快的金属气味	工业用或销毁
物理性膨听	1. 由于食品在装罐时温度过低,装入食品过多而引起	有内容物充实的感觉,发实音	用手指强压往往形成不能恢复原状的凹陷	置 37 ℃温箱内经 5～7 昼夜,无显著变化	真空度不到 1 个大气压	无气体逸出	如内容物无变化,允许食用,但宜在食用关煮沸 30 min
	2. 由于内容物冻结时罐内水分膨胀的结果	同上	同上	同上	同上	同上	同上
	3. 在高气压地区制造制度头运到低气压地区,由于罐内压力相对的升高而引起的膨胀	有空虚的感觉,发鼓音	用手指强压罐盖,一般能被压下去,但去压力后,又见恢复膨胀状态	同上	同上	无气体逸出	如果罐头出产地与检验地区的地势高低在很大差异,且确证无其他原因者准于食用,这种膨胀往往是成批出现

2. 密闭性检查

主要检查卷合槽及接缝处有无漏气的孔眼。一般肉眼看不见，应将商标除去，洗净擦干，然后将把罐头浸没入水中，水量应是罐头体积的倍，水面高于罐头 5 cm。放置 5～7 min，如此期间，有一连串气泡在罐体上出现，则证明该罐头密封性不良；若仅有 2～3 个气泡出现在卷边或接缝处，则可能是卷边处或折缝处原来含有空气，而不是漏气。

3. 真空度测定

罐头内的真空度是指罐内气压与罐外气压的差数。罐头在贮藏的销售过程中，若内部食品被细菌分解产生气体或罐内铁被酸腐蚀产生气体，则真空度降低，有时甚至出现膨听现象。因此，真空度的测定能够鉴定罐头的优劣，同时也能判断排气和密封工序的技术操作是否符合规定要求。

真空度测定常用真空表测定。方法是右手拇指和食指夹持真空表，使其下端对罐盖中央，用力下压空心针刺穿罐盖，按表盘指针读取真空度。注意针尖周围的橡胶垫一定紧贴罐盖，以杜绝空气进行罐内。正常情况下罐在室温下的真空度应为 24～50.66 kPa。

4. 内容物检查

(1)组织形态和色泽检查　先把罐头放在 80～90 ℃的热水中，加热至汤汁融化后打开罐盖，将内容物倒入清洁的搪瓷盘中，观察其形态结构，并用玻璃棒轻轻拨动，检查其组织是否完整、块形大小和数量。同时鉴定内容物中的固形物的色泽是否合乎标准要求。收集刚做完组织形态鉴定的罐头的汤汁，注入 500 mL 量筒中，静置 3 min 后，观察其色泽和澄清程度，并称其重量。

(2)风味检查　用勺盛取罐内容物，先闻其气味，然后品尝滋味. 鉴定其是否具有应有的风味。

(3)杂质检查　仔细观察罐内容物中有无小毛、碎骨、血管、血块、淋巴结、草木、砂石及其他杂质等存在。

5. 罐头常规卫生检验结果的评价与处理

良质罐头的标签应完整，硬印正确、清楚；检验时在保质期内，罐形正常，结构良好，无锈蚀，密闭性良好，真空度应符合规定标准；顶隙不得超过罐高的 1/10，否则认为是“假罐”；罐头滋味及气味应正常，且有该品种应有之良好风味，不得有其他异味；罐头在加温状态下，汤汁应透明，黄色或琥珀色或深褐色，不混浊；罐头肉块应完整，不得含有明显的筋腱、血管及组织膜；罐内不得有夹杂物，如毛发、木屑、草秆、砂石、金属及其他异物；上述现象有一项不符合要求者按次品处理。

罐头内容物净重应符合商标规定重量，允许个别罐头有±5%的净重公差，但平均净重不符合商标规定者，应作不合格处理；罐头的固体物重(肉和油)与净重的比例要符合规定的要求；上述现象一项不符合要求者作不合格处理。

有膨听现象的罐头，一般不准食用。如能确证膨听原因为物理性因素时，可允许食用，否则一律作工业用或销毁。

(二)理化检验

罐头食品加工过程之中，通过与各种金属加工机械、管道、容器和工具的接触，可能会被锡、铜、铅等金属污染。肉类罐头在生产过程中会添加各种食品添加剂，但在卫生方面需要控制其含量的主要有亚硝酸盐和复合磷酸盐类。因而肉类罐头可能的各类物质的残留也不相同，所以理化检验项目也不尽相同，一般包括净重、氯化钠含量、重金属含量、亚硝酸钠等检测项目。

(三)微生物检验

罐头食品的微生物检验按 GB 4789.26—2013《食品安全国家标准　食品微生物学检验　商业无菌检验》进行操作。主要检验沙门氏菌属、志贺氏菌属、葡萄球菌及链球菌属、肉毒梭菌、魏氏梭菌等能引起食物中毒的病原菌。

(四)罐头的食品卫生标准

1. 肉类罐头国家卫生标准(GB 13100—2005)

(1)感官指标　容器密封完好，无泄漏、膨听现象存在。容器内外表面无锈蚀、内壁涂料完整。无杂质。

(2)理化指标　理化指标见表 5-3-2。

表 5-3-2　理化指标

项　目	指　标
无机砷 /(mg/kg)	≤0.05
铅(Pb)/ (mg/kg)	≤0.5
锡(Sn) /(mg/kg)	
镀锡罐头	≤250
总汞(以 Hg 计)/(mg/kg)	≤0.05
镉(Cd)/ (mg/kg)	≤0.1
锌(Zn)/(mg/kg)	≤100
亚硝酸盐(以 $NaNO_2$ 计)/(mg/kg)	
西式火腿罐头	≤70
其他腌制类罐头	≤50
苯并(a)芘/(μg/kg)	≤5

(3)微生物指标　微生物指标符合罐头商业无菌要求。

2. 鱼罐头国家卫生标准(GB 14939—2005)

(1)感官指标

①外观容器密封完好，无泄漏、膨听现象存在，容器外表无锈蚀，内壁涂料无脱落。

②内容物感官指标应符合表 5-3-3 的规定。

表 5-3-3 鱼罐头内容物感官指标

分类	指标及规定
红烧类	色泽:肉色正常,具有红烧鱼罐头之酱红褐色略带黄褐色,或呈该品种鱼的自然色泽 滋味及气味:具有各种鲜鱼经处理、烹调装罐加调味液制成的红烧鱼罐头应有的滋味及气味,无异味 组织及形态:组织紧密适度,鱼体小心从罐内倒出时,不碎散,整条或段装,大小大致均匀 杂质:不允许存在
茄汁类	色泽:肉色正常,茄汁为橙红色,鱼皮为该品种鱼的自然色泽 滋味及气味:具有各种鲜鱼经处理、装罐、加入经调味后的番茄酱制成的鱼罐头应有的滋味及气味,无异味 组织及形态:组织紧密适度,鱼体小心从罐内倒出时,不碎散,鱼块应竖装(按鱼段)排列整齐,块形大小均匀 杂质:不允许存在
鲜炸类	色泽:肉色正常,呈该品种之酱红褐色或棕黄褐色 滋味及气味:具有各种鲜鱼经处理、油炸调味装罐制成的鲜炸鱼罐头应有的滋味及气味,无异味 组织及形态:组织紧密适度,鱼体小心从罐内倒出时,不碎散,整条或段装,大小大致均匀 杂质:不允许存在
清蒸类	色泽:具有新鲜鱼的光泽,略带淡黄色 滋味及气味:具有新鲜鱼经处理、装罐、加盐及糖制成的清蒸鱼罐头应有的滋味及气味,无异味 组织及形态:组织柔嫩,鱼体小心从罐内倒出时,不碎散,鱼块竖装,块形大小均匀 杂质:不允许存在
烟熏类	色泽:肉色正常,呈该品种应有的酱红褐色 滋味及气味:具有鲜鱼经处理、油炸、调味制成的熏鱼罐头应有滋味及气味,无异味 组织及形态:组织紧密,软硬适度,鱼块骨肉连接,块形大小均匀 杂质:不允许存在
油浸类	色泽:具有新鲜鱼的光泽,油应清晰,汤汁允许有轻微混浊及沉淀 滋味及气味:具有油浸鱼罐头应有的滋味及气味,无异味 组织及形态:组织紧密适度,鱼块小心从罐内倒出时,不碎散,无严重黏罐现象,鱼块应竖装(按鱼段)排列整齐,块形大小均匀 杂质:不允许存在

(2)理化指标 理化指标见表 5-3-4。

表 5-3-4 理化指标

项目	指标
苯并(a)芘[a]/(μg/kg)	≤5
组胺[b]/(mg/kg)	≤100
无机砷 /(mg/kg)	≤0.1
铅(Pb)/ (mg/kg)	≤1.0

续表 5-3-4

项　目	指　标
甲基汞/(mg/kg)	
食肉鱼(鲨鱼、旗鱼、金枪鱼、梭子鱼及其他)	≤1.0
非食肉鱼	≤0.5
锡(Sn) /(mg/kg)	
镀锡罐头	≤250
锌(Zn)/(mg/kg)	≤100
镉(Cd)/ (mg/kg)	≤0.1
多氯联苯[c]/(mg/kg)	≤2.0
PCB138/(mg/kg)	≤0.5
PCB153(mg/kg)	≤0.5

a 仅适用于烟熏鱼罐头。

b 仅适用于鲐鱼罐头。

c 仅适用于海水鱼罐头且以 PCB28、PCB52、PCB101、PCB118、PCB138、PCB153 和 PCB180 总和计。

(3)微生物指标　微生物指标符合罐头商业无菌要求。

【资讯链接】

肉类罐头有不同的种类和规格,不同厂家的加工方法亦不完全相同,但基本加工程序是:原料验收→原料预处理(冻肉解冻)→装罐(加调味料)→排气→密封→杀菌→冷却→保温→检验→包装→入库。

(一)原料的验收与处理的卫生要求

1. 原料的验收

原料肉必须来自非疫区的健康畜禽,并经卫生人员检验合格后才能用于生产罐头。凡是病畜禽肉、急宰畜禽肉、放血不良畜禽肉及复冻的畜禽肉,都不能用来生产罐头。

生产肉类罐头的所有辅料,都必须符合国家卫生标准。任何发霉、生虫及腐败变质的辅料,都不能用来制作罐头食品。

生产用水必须符合国家生活饮用水卫生标准的要求。

2. 原料的预处理

原料肉应保持清洁卫生,不得随意乱放及接触地面,不同的原料肉应分别处理,如刚屠宰的热鲜肉应及时进行充分的冷却,以免在加工前已发生自溶或腐败变质。冷冻肉用于生产罐头的冷冻肉,最好是采用缓慢解冻法解冻。急需用时,亦可用室温或蒸气解冻法。原料加工前必须用流水彻底清洗干净。经处理后的禽肉不得带有小毛、外伤、瘀血、奶脯、淋巴结等。原料肉经预煮漂烫处理后,须迅速冷却至要求温度,并快速投入下一道工序,防止堆积,以免造成微生物的生长繁殖。

(二)防止交叉污染

(1)在加工过程中,原料、半成品、成品等处理工序必须分开,防止互相污染。

(2)工作人员调换工作岗位有污染食品可能性时,必须更换工作服,洗手与消毒。

(三)罐头容器的检查、处理及装罐、密封

1. 罐头容器

按材料的性质可分为金属罐、玻璃罐和软质材料三大类。其质量的好坏,直接影响着罐头产品的质量和耐藏性。因此,罐头容器要求有良好的机械强度、抗腐蚀性和密封性,同时安全无害。

(1)金属罐　最常用的为马口铁,其次为铝罐和镀铬钢板罐。对马口铁罐的要求是凡有砂眼、密封不严、折损或锈蚀等缺陷的罐盒,均不能用于生产罐头食品;马口铁罐中的铅含量不得超过0.04%;罐盒内壁涂料膜必须完整,有损伤者需补涂后方可选用,否则会和肉类食品发生反应在内壁产生硫化斑,从而影响产品外观。

(2)玻璃罐　玻璃的化学性质稳定,能较好地保持产品的原有风味,便于观察内容物,可以多次重复使用,比较经济,被广泛使用。但缺点是机械性差,不能长期保持密封性。

(3)软罐头复合膜　由3或4层薄膜复合而成。外层为聚酯薄膜,中层为不透气、不透湿、不透光的铝箔,内层是一层酸性聚乙烯或聚丙烯。也有在铝箔与聚乙烯层之间再加一层聚酯薄膜的。检查时注意复合膜有无缺陷和破损。

2. 罐头容器的处理

金属罐和玻璃可采用热水消毒或蒸汽消毒,倒置沥干后备用。软罐头复合膜须经紫外线杀菌处理。

3. 装罐

装罐是一个重要环节,必须严格遵守罐头加工卫生制度和有关规定,按要求将混入的杂物和不合格的肉块剔除,并严格控制干物质的重量和顶隙。在装罐过程中应注意避免原料受到微生物的污染。装罐包括装料(肉料及作料、汤汁)、称量和压紧三个步骤。

4. 密封

罐头食品之所以能够长期保存,主要是罐头经过杀菌后,靠罐头容器的密封性使内容物与外界隔绝,不再受到外界空气的作用及微生物的污染,从而不致引起罐头食品的腐败变质。罐头容器一般用真空封罐机进行密封,密封后必须进行密封度检验,要求罐内真空度一般可达3.3～4.0 kPa。

(四)杀菌

杀菌是罐头食品生产中最重要的环节,其目的在于杀灭罐内存在的致病菌和腐败菌,破坏食物中的酶,在罐内形成一定的真空度或酸碱性等条件下,抑制残留的细菌和芽孢的繁殖,从而使罐头制品在保质期内不变质。肉类罐头采用高温杀菌法。一般肉罐头的灭菌公式是:

$$\frac{15-60-20}{120}=\frac{\text{时间(min)}}{\text{温度(℃)}}$$

即由常逐渐升温,在15 min后达到120 ℃,保持该温度60 min,然后在20 min内降至常温。为了保证灭菌公式的正确执行,灭菌锅应装置自动记录压力、温度和时间的仪表,并定期检查其性能。

(五)保温试验

罐头在杀菌、冷却后要进行外观检查,剔除密封不严和变形严重的罐头。密封不严的罐头是根据直接标志(裂口、裂隙)和间接标志(流痕、减重等)来判断的。若出现上述标志的罐头一定要剔除。

罐头在经第一次检选后，需进行保温试验.以排除由于微生物生长繁殖而造成内容物腐败变质的可能性，保证罐头食品在保质期限内保持其卫生质量。保温试验就是将罐头放置在适合于大多数微生物生长的温度(37±2)℃条件下保温5～7 d，然后进行观察和逐个进行敲击，以剔除膨听、漏汁及有鼓音之罐头。

所谓的膨听是罐头的体积增大，致使容器外形改变的一种现象。膨听一般是由微生物繁殖或是金属罐受到酸性食品的腐蚀，产生了大量的氨、二氧化碳、硫化氢、氮及其他物质所引起。密封度不好的罐头虽不发生膨听现象，但可在罐盒表面出现流痕。膨听并不一定都是微生物生长繁殖的结果。内容物装量过多或罐内真空度不够也会产生膨听，这种膨听称为假膨听或物理性膨听。因此，保温试验时需区别不同性质的膨听罐。

保温试验的不足之处是不能把所有因微生物生长繁殖而造成变质的罐头都检验出来。这是因为：①不是罐头中所有的微生物生长繁殖时都会产生能使罐头膨胀的气体；②不同微生物生长繁殖的最适温度是不相同的；③经杀菌处理其活力减弱的芽孢在成品保温试验所规定的时间内虽然不能增殖，但在保存期间更长的时间内，有可能增殖到引起罐头变质的程度。

在肉罐头生产过程中加强生产车间的卫生管理，经常保持清洁卫生。车间内不得堆积残屑，不得有蚊、蝇或其他昆虫进入。车间内所有用具在加工前和下班后必须清洗。生产人员必须遵守各种卫生制度，注意个人卫生，定期进行健康检查。食品卫生检验人员必须按要求从每天的产品中抽样检验，随时注意检查工人操作卫生情况，并要求做日常消毒工作。

任务6

屠畜常见传染病的鉴定与卫生处理

学习目标

● 掌握屠畜禽常见传染病的鉴定方法及卫生处理；掌握屠畜禽常见寄生虫病的鉴定方法及卫生处理。

学习流程

人畜共患病的鉴定与卫生处理 ⇒ 其他传染病的鉴定与卫生处理 ⇒ 家禽常见传染病的鉴定与卫生处理

任务概述

子任务	依据及资讯
6-1 人畜共患病的鉴定与卫生处理	主要的人畜共患病鉴定与卫生处理
6-2 其他传染病的鉴定与卫生处理	其他传染病的鉴定与卫生处理
6-3 家禽常见传染病的鉴定与卫生处理	家禽常见传染病的鉴定与卫生处理

子任务6-1 人畜共患病的鉴定与卫生处理

【任务】

某屠宰场200头牛，宰前检疫过程中发现15头体温升高，下颌淋巴结肿大，周边有胶冻样浸润，切面外翻，大理石样花纹，请说明原因，并制定处理方案。

【学习流程】

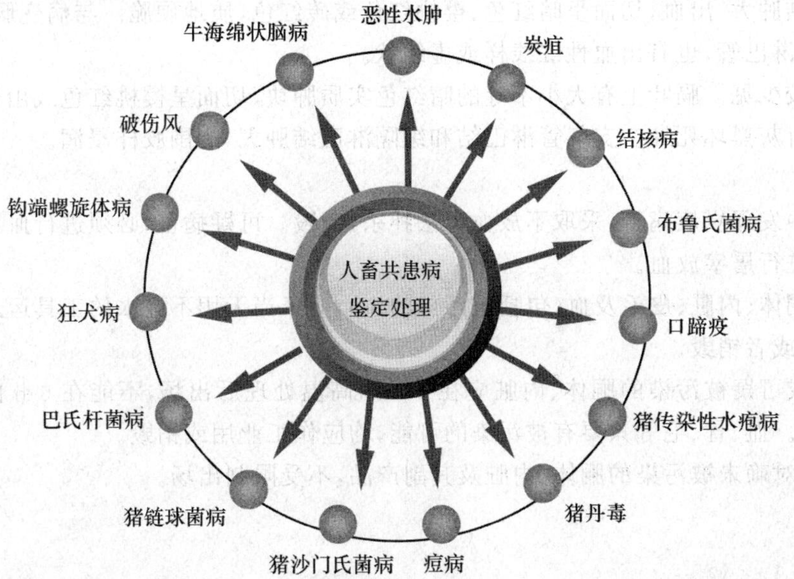

【资讯】

一、炭疽

炭疽是由炭疽杆菌引起的人畜共患的一种急性、热性、败血性传染病。临床特征是突发高热，可视黏膜发绀及天然孔出血。剖检以尸僵不全、血凝不良、皮下和浆膜下结缔组织出血性胶样浸润及脾肿大等败血症变化为特征。人感染本病可导致败血症死亡。

1. 宰前鉴定

(1)最急性型与急性型　见于牛、羊。最急性型多发生于羊，其特征为：突然站立不稳，全身痉挛，迅速倒地，高热，呼吸困难，天然孔出血，血凝不全，常在数小时内死亡。

(2)亚急性型(痈型炭疽)　症状与急性型相似，但表现缓和。牛、马的痈型炭疽可见颈、胸、腹、咽喉、外阴等部皮肤出现明显的局灶性炎性肿胀或炭疽痈，开始热，不久则变冷无痛，甚至软化龟裂，发生坏死，形成溃疡。

(3)咽峡型炭疽　多见于猪。典型症状为咽喉部和附近淋巴结肿胀，体温升高，严重时，黏膜发绀，呼吸困难，最后窒息而死。但很多病例，临诊症状不明显，屠宰后才发现有病变。

(4)肠型炭疽　常伴有便秘或腹泻，轻者可恢复，重者死亡猪炭疽的败血型极少见。

2. 宰后鉴定

(1)痈型炭疽　牛宰后多见。主要病变是痈肿部位的皮下有明显的出血性胶样浸润，病区淋巴结肿大，周围水肿，淋巴结切面呈暗红色或砖红色，并有点状、条状或巢状出血。

(2)咽峡型炭疽　猪最为常见。咽峡部一侧或双侧的颌下淋巴结肿大、充血，周围组织有明显的水肿和胶样浸润，淋巴结的切面呈淡粉红色、樱桃红色或砖红色，并有数量不等的紫黑或黑红色小坏死灶。此外，扁桃体也常发生充血、水肿、出血及溃疡，表面常被覆一层灰黄色痂膜，横切时痂膜下有暗红色楔形或犬齿的病灶，涂片镜检，可找到炭疽杆菌。

(3)肠型炭疽　肠型炭疽主要见十二指肠和空肠前半段的少数或全部肠系膜淋巴结肿大、

出血、坏死，其病变与咽型炭疽相似。肠型炭疽痈邻近的肠系膜呈出血性胶样浸润，散布纤维素凝块，肠系膜淋巴结肿大、出血，切面呈暗红色、樱桃红色或砖红色，质地硬脆。与病变肠管、肠系膜淋巴结相连的淋巴管，也有出血性红线样或虚线状。

(4)肺型炭疽　较少见。膈叶上有大小不等的暗红色实质肿块，切面呈樱桃红色或山楂糕样，质地硬脆，致密，有灰黑坏死灶。支气管淋巴结和纵隔淋巴结肿大，周围胶样浸润。

3. 卫生处理

(1)宰前在畜群中发现炭疽病畜，采取不放血方法扑杀、销毁。可疑病畜，必须进行血片检查。未经检查，不得先行屠宰放血。

(2)炭疽患畜的胴体、内脏、皮毛及血(包括被污染的血)，应于当天用不漏水的工具运送指定地点全部作工业用或者销毁。

(3)被炭疽污染或可疑被污染的胴体、内脏应在 6 h 内高温处理后出场，不能在 6 h 内进行者作工业用或销毁。血、骨、毛等只要有被污染的可能，均应作工业用或销毁。

(4)发现炭疽后，对确未被污染的胴体、内脏及其副产品，不受限制出场。

二、结核病

结核病是由结核分枝杆菌引起的人畜共患的一种慢性传染病。在屠畜中常见于牛，其次是猪和鸡。人多由饮用含有牛型结核分菌的生牛乳而感染。

1. 宰前鉴定

结核病患畜生前的共同症状为渐进性消瘦和贫血，患牛最为明显。

(1)肺结核　咳嗽，呼吸困难，呼吸音粗厉伴有啰音或摩擦音。

(2)乳房结核　有的表现为单纯的乳房肿胀，肿胀界限不清，无痛；表现为表面有凹凸不平的坚硬肿块或乳房实质有多个不痛不热的坚硬结节。泌乳期可见乳汁薄如水，颜色微绿，内含大量白色絮片和碎屑。

(3)肠结核　表现为便秘和下痢交替出现，或持续下痢。

(4)淋巴结核　结核猪较多见，常见有颌下淋巴结、咽淋巴结等。特征是淋巴结肿大发硬，无热痛。

宰前检验确诊该病时，要进行结核菌素点眼或皮内注射。

2. 宰后鉴定

胴体消瘦，器官或组织形成结核结节或干酪样坏死是结核病的特征。

(1)特异性结核结节　结核结节可分为增生性和渗出性两种基本类型。

①增生性结核结节。是最多的一种病变，结节的特点是大小不一，呈针头大、粟粒大至鸡蛋大，多为灰色或淡黄色，坚实；新鲜的结节周围有红晕，陈旧的结节常发生钙化。

②渗出性结核结节。其病变坚实，切面呈黄白干酪样坏死，病灶周围炎性水肿。表现为渗出性炎症过程。组织内出现纤维蛋白性或脓性渗出物，伴以淋巴细胞的弥漫性浸润。渗出物常不被吸收，也不形成结节，而是与组织一起发生干酪样坏死。

(2)发病部位　结核病变可发生在体内任何器官和淋巴结。肉检中，牛以肺、胸膜支气管淋巴结的结核病变最为多见；其次，消化器官的淋巴结、腹膜和肝也常发生。猪的结核病变最常见于头部和肠系膜淋巴结。羊的结核病变常见于胸壁、肺和淋巴结。

(3)发病程度　宰后检验时要明确是局部性结核还是全身性结核。局部性结核病是指个别脏器或小循环的一部分脏器发病,如肺、胸膜及胸腹腔的个别淋巴结核等;全身性结核是指结核分枝杆菌经由大循环进入脾、肾、乳房、骨和胴体的淋巴结,而使不同部位组织器官同时出现结核病变。

3. 卫生处理

(1)患全身性结核病,且胴体瘠瘦者,其胴体及内脏作工业用或销毁。

(2)患全身性结核而胴体不瘠瘦者,病变部作工业用或销毁,其余高温处理后出场。

(3)胴体部分淋巴结有结核病变时,有病变淋巴结割下作工业或销毁,淋巴结周围部分肌肉高温处理后出场,其余部分不受限制出场。

(4)肋膜或腹膜局部有病变时,病变处割下作工业用或销毁,其余部分不受限制出场。

(5)内脏或内脏淋巴结发现结核病变时,整个内脏作工业用或销毁,胴体不受限制出场。

(6)患骨结核的家畜,有病变的骨剔出作工业用或销毁,胴体和内脏高温处理后出场。

三、布鲁氏菌病

布鲁氏菌病是由布鲁氏菌引起的人畜共患传染病。家畜中牛、羊和猪最为易感。其特征是生殖器官和胎膜发炎,引起流产、不育和各种组织的局部病灶。人可通过与病畜或带菌动物及其产品的接触或食用未经消毒的病畜肉、乳而感染。

1. 宰前鉴定

牛、羊感染此病时,常见妊娠母畜流产、胎衣滞留、产出死胎。公畜主要表现为睾丸炎或附睾炎,有些病例呈现关节炎、黏液囊炎,常侵害膝关节。

2. 宰后鉴定

如发现屠畜有下列病变之一时,应考虑有布鲁氏菌病的可能。

(1)猪有阴道炎、睾丸炎及附睾炎,化脓性关节炎、骨髓炎、子宫黏膜有较多的高粱米粒大的黄白色结节,颈部及四肢肌肉变性;牛、羊患阴道炎、子宫炎、睾丸炎及附睾炎。

(2)肾皮质部出现荞麦粒大小的灰白色结节。

(3)管状骨或椎骨中积脓或形成外生性骨疣,使骨外膜表面呈现高低不平的现象。

3. 卫生处理

(1)屠畜宰前有症状,并在宰后发现病变,确认为布鲁氏菌病者,其胴体、内脏须作工业用或销毁。毛皮盐渍 60 d后出场,胎儿毛皮盐渍 3 个月后出场。

(2)宰前诊断为阳性而无症状、宰后检验无病变的家畜,其生殖器及乳房作工业用或销毁。胴体和内脏高温处理后出场。

四、口蹄疫

口蹄疫是由口蹄疫病毒引起的偶蹄动物的一种急性、热性、高度接触性传染病。人易感染,小儿易感性较高,常发生胃肠炎。

1. 宰前鉴定

口蹄疫主要症状是口腔黏膜和蹄部的皮肤形成水疱和溃疡,患畜体温升高,精神委顿、食欲减退、口腔黏膜和鼻盘、乳头、蹄部有水疱或烂斑，流涎、行走困难、跛行、重者蹄壳脱落。

2. 宰后鉴定

口腔、蹄部出现水疱和烂斑，咽喉、气管和前胃黏膜见有圆形糜烂，胃肠有时出现出血性炎症。心脏因心肌变性而扩张，左心室壁和室中隔往往发生明显的脂肪变性和坏死，继而可见不整齐的斑点和灰白色的条纹，形似虎皮斑纹，特称“虎斑心”。肺有气肿和水肿，腹部、胸部、肩胛部肌肉中有淡黄色麦粒大小的坏死灶。

3. 卫生处理

(1)宰前确诊或疑似口蹄疫病畜时，将所有屠畜全部扑杀，病畜停留场所严格消毒。

(2)患畜整个胴体、内脏及其他副产品作工业用或销毁。

(3)同群动物及疑似被污染的胴体、内脏等高温处理后出场。毛皮消毒后出场。

五、猪传染性水疱病

猪传染性水疱病又称猪水疱病，是由猪传染性水疱病病毒引起的急性传染病。特征为蹄部、口腔、鼻端和腹部皮肤发生水泡，与口蹄疫相似，但牛、羊等家畜不发病。人有感染性。

(1)鉴定　本病可分为典型、温和型和亚临床型(隐性型)，特征在蹄冠、蹄叉、蹄底等部形成水疱，融合破溃，行走艰难，严重者卧地不起，蹄壳脱落。有时在鼻端、舌面、乳房上也形成水疱或烂斑。全身症状为精神沉郁，食欲减退或停食，肥育猪显著掉膘。

(2)鉴别诊断　水疱疹只感染猪，口蹄疫和水疱性口炎不仅感受染猪，而且牛、羊、马均可感染。鉴别这种疾病，必须依靠中和试验、动物接种试验和病原特性检验。

(3)卫生处理　同口蹄疫。

六、猪丹毒

猪丹毒是由丹毒丝菌引起的一种人畜共患的急性、热性传染病。主要表现为急性败血型和亚急性疹块型，也有的为慢性关节炎或心内膜炎。本病主要发生于猪。

人主要是丹毒丝菌从损伤的皮肤或黏膜侵入，也可通过食肉感染，称为“类丹毒病”。

1. 宰前鉴定

(1)急性败血型　体温升高达 42 ℃，呈稽留热，喜卧阴湿地方，食欲废绝，间有呕吐，离群独卧。发病 1～2 d 后，皮肤上出现红斑，耳、腹及腿内侧较多见，指压时褪色。

(2)亚急性疹块型　在颈、肩、胸、腹、背及四肢等处皮肤上出现圆形、方形、菱形或不规则形的红色疹块，疹块稍高出皮肤表面，边缘部分呈灰紫色，有的表面中心产生小水疱，或变成痂块。有的痂块自然脱落，留下缺毛的疤痕。

(3)慢性型　四肢关节，特别是腕关节、跗关节常发生关节炎，表现无能无力障碍。有的病猪皮肤成片坏死脱落，也有耳壳或尾巴甚至蹄壳全部脱落的。

2. 宰后鉴定

(1)急性败血型　胴体的耳根、颈部、胸前、腹壁和四肢内侧等处皮肤上，见有不规则的鲜红色斑块，指压褪色。红斑可相互融合成片，微隆起于皮肤表面。全身淋巴结充血肿胀，呈红色或紫红色。脾肿大明显，质地柔软，呈樱桃红色，切面外翻。肾脏肿大瘀血，皮质部可见大小、多少不等的小点状出血。肺充血、水肿。心包积液，心冠脂肪充血发红，心内外膜点状出血，胃肠黏膜呈急性卡他性炎症变化。

(2)亚急性疹块型　皮肤上有特征性疹块，内脏病变同败血症。

(3)慢性型　主要病变是在二尖瓣上有菜花样赘生物，此外有关节炎和坏死等变化。

3. 卫生处理

(1)急性猪丹毒的胴体、内脏和血液作工业用或销毁。

(2)其他类型且病变轻微的，胴体及内脏高温处理后出场，血液作工业用或销毁，皮张消毒后利用，脂肪炼制后食用。

(3)皮肤上仅见灰黑色痕迹而皮下无病变的病愈丹毒猪，将患部割除后出场。

七、痘病

痘病是由痘病毒引起的急性、热性传染病，临床上以皮肤和黏膜上发生特殊的丘疹和疱疹为特征。在典型病例，由丘疹变为水疱以至脓疱，干涸结痂，脱落后痊愈。

1. 宰前鉴定

病初体温升高到41～42 ℃，黏膜、结膜充血，眼、鼻流出黏性或脓性液体，无毛或少毛的部位出现丘疹、红斑。可表现为水疱、脓疱甚至结痂等不同形式。黏膜糜烂，有的形成脓疱，之后形成溃疡或坏疽。

牛痘、山羊痘多发生于乳房。猪痘主要发生于躯干的下腹部和肢内侧以及背部或体侧等处。

2. 宰后鉴定

除皮肤有病变外，猪的口、咽、气管及支气管黏膜也有痘疹病变，绵羊呼吸道黏膜有出血性炎症，咽及第一胃有痘疹或溃疡。肺有圆形灰白色结节。

3. 卫生处理

(1)绵羊和猪的胴体有全身性出血或坏疽并确认为痘病者，作工业用或销毁。患良性痘疮而全身营养良好者，将痘疮割去后出场。头蹄有病变者，割除病变部分后出场。

(2)牛胴体割去病变部分后，不受限制出场。

(3)皮张干燥后出场，或以不漏水工具直接运至制革厂加工。

八、沙门氏菌病

沙门氏菌病是由沙门氏菌属细菌引起的人畜多种疾病的总称。本病对幼畜有较大危害性，常表现为败血症或胃肠炎。沙门氏菌病是引起人类食物中毒的主要因素之一，所以本病在公共卫生上很受人们的关注。

1. 宰前鉴定

(1)猪沙门氏菌病　又称猪副伤寒 急性病例多为败血症型表现，发热、呆钝和虚弱，耳朵、腹部和股内侧皮肤先呈朱红色，后为蓝红色。慢性病例多为肠炎型表现。瘦弱贫血，长期顽固性腹泻，粪便呈糊状，具有恶臭味。

(2)牛沙门氏菌病　犊牛主要表现为胃肠炎、关节炎或肺炎，又称犊牛副伤寒。成年牛多为慢性或隐性感染，表现腹泻，可有关节炎的症状。

(3)羊沙门氏菌病　表现与猪、牛沙门氏菌病相似，母羊可发生流产。

2. 宰后鉴定

(1)猪沙门氏菌病　急性病例多为败血症表现，耳根、胸前和腹下皮肤呈青紫色或有紫红色斑点，全身浆膜有点状出血，胃肠道卡他性炎症。慢性病例胴体表现为脱水、消瘦、被毛粗乱。肠道病变多集中在回肠和大肠部，肠系膜淋巴结肿大、灰红色，呈髓样肿胀。脾脏肿大。

(2)牛沙门氏菌病　慢性型的主要病变是肺脏呈卡他性、化脓性肺炎。肝脏有副伤寒结节散布。有时跗关节及肘关节也有炎症变化。急性型主要是出血性胃肠炎变化，成年牛胃肠黏膜潮红，常杂有出血或盖有假膜，脾脏高度肿大而柔软、肠系膜淋巴结肿大，切面点状出血。

(3)羊沙门氏菌病　主要呈出血性卡他性胃肠炎变化。

3. 卫生处理

血液及内脏作工业用或销毁，胴体有效高温处理后出场。

九、猪链球菌病

猪链球菌病是由多种链球菌引起的一些疾病的总称，该病以颌下、咽部、颈部淋巴结出现化脓性炎症为特征。

1. 宰前鉴定

败血型病猪出现体温升高达 41～42 ℃，食欲减退，眼结膜充血，流泪，有浆液性鼻液，便秘，皮肤有出血斑点。慢性病例主要表现为关节炎，跛行或站立不稳。脑膜炎型病例出现共济失调、盲目运动、全身痉挛等症，最后衰竭死亡。淋巴结脓肿型呈颌下淋巴结化脓性炎症，表现为局部隆起，触诊硬固，有热痛。

2. 宰后鉴定

病猪皮肤出现紫斑，黏膜出血。浆膜腔积液，含有纤维素。全身淋巴结不同程度的肿大、充血和出血。肺充血肿胀。心包积液，淡黄色，心内膜有出血斑点。脾肿大，暗红色，易脆。肠系膜水肿。脑膜充血、出血，脑脊髓液浑浊，增量，有多量白细胞。慢性病例表现心内膜炎和关节炎。

3. 卫生处理

患猪胴体及内脏经高温处理后出场。

十、巴氏杆菌病

巴氏杆菌病是由多杀性巴氏杆菌引起的各种家畜和野生动物的一种传染病。以败血症和出血性炎症为主要特征。人感染多由动物咬伤和抓伤所致。

1. 宰前鉴定

(1)猪巴氏杆菌病　又称“猪肺疫”，最急性型者，通常不见症状，突然死亡。急性者，体温升高，咳嗽，呼吸极度困难，呈犬坐姿势。皮肤发绀，耳根、四肢内侧有红斑，颈部、咽喉部炎性肿胀，伴有脓性结膜炎。慢性者表现持续性咳嗽，呼吸困难，腹泻，消瘦。

(2)牛巴氏杆菌病　患败血型的病牛，体温升高至 41～42 ℃，精神沉郁，食欲减退或废绝，反刍停止，结膜潮红，呼吸、脉搏加快。水肿型者在头颈、咽、胸、肛门和四肢出现水肿，吞咽、呼吸困难。肺炎型者主要表现纤维素性胸膜肺炎症状。此时病牛出现呼吸困难，痛苦干咳，流鼻汁，后呈脓性或带有血色。胸部叩诊有疼感。肺部听诊有支气管呼吸音及水泡性杂音。

(3)羊巴氏杆菌病　病羊表现体温升高，呼吸加快，咳嗽，食欲减退或废绝，结膜潮红且有分泌物，颈、胸部水肿，腹泻，消瘦。

2. 宰后鉴定

(1)猪巴氏杆菌病　多呈现纤维素性胸膜肺炎变化，肺明显实变，尖叶、心叶和膈叶有不同程度坏死区，周围水肿气肿，切面呈大理石样花纹。胸膜粗糙，有纤维素附着，并且与肺粘连。心外膜出血，心包、胸腔积液。脾和淋巴结出血，肺水肿。

(2)牛巴氏杆菌病　剖检可见颌下、咽后和纵隔淋巴结水肿、出血。全身浆膜与黏膜散布点状出血。咽喉部、下颌间、颈部与胸前皮下组织发生水肿，切开后流出微混浊的淡黄色液体。肺组织发生实变，颜色从暗红到灰白，切面呈大理石样，并有黄色坏死灶。胸腔积有淡黄色絮状纤维素浆液。胃肠呈急性卡他性或出血性炎。

(3)羊巴氏杆菌病　常见颈部和胸部水肿，胸腔积有纤维素渗出液，肺水肿、实变，胃肠黏膜出血，肝有坏死灶。

3. 卫生处理

(1)肌肉无病变或病变轻微时，将病变割除，胴体及内脏高温处理后出场。

(2)肌肉有病变时，胴体、内脏与血液作工业用或销毁。

(3)皮张经消毒后出场。

十一、狂犬病

狂犬病是由狂犬病病毒引起的一种人和所有温血动物共患的急性接触性传染病，俗称疯狗病。又称“恐水症”。临床特征是神经兴奋和意识障碍，继之局部或全身麻痹而死。

1. 宰前鉴定

可根据被犬咬的病史，以及特征的症状建立诊断。主要表现是吞咽困难，唾液增多，精神兴奋，异常狂暴如摇尾、嘶鸣或哞叫、攻击其他动物或人。有的则表现精神沉郁，常躲在暗处，最后麻痹而死。

2. 宰后鉴定

无特殊病变。尸体消瘦，有咬伤、裂伤，常见口腔和咽喉黏膜充血或糜烂，胃内空虚或有多种异物，如木片、石块儿、破布、鬃毛等，中枢神经实质和脑膜肿胀、充血或出血。病理组织学检查，于大脑海马角或小脑神经细胞内发现内基氏小体。

3. 卫生处理

(1)屠畜被狂犬咬伤后 8 d 内未显现狂犬病症状的，胴体、内脏经高温处理后利用。超过 8 d 者不准屠宰，采取不放血的方法扑杀后销毁。

(2)不能证明其确实咬伤日期的，一般不作食用。

(3)对狂犬病畜采取不放血的方法扑杀并销毁。

十二、钩端螺旋体病

钩端螺旋体病是由钩端螺旋体引起的一种人畜共患的自然疫源性传染病。家畜中主要发生于猪、牛、犬,马、羊次之。通常经浸泡在水中的皮肤、黏膜或被污染的食物感染人。

1. 宰前鉴定

患畜体温升高,贫血,水肿,出现黄疸和血红蛋白尿。鼻镜干燥,唇和齿龈呈现坏死性溃疡,耳、颈、背、腹下、外生殖器官等处皮肤坏死脱落。有些病例可发生溶血,眼结膜潮红或黄染,皮肤黄染或坏死。

2. 宰后鉴定

比较特殊的病变是皮下组织、全身黏膜、肌肉、骨骼、胸腹膜及内脏均呈黄色。皮肤坏死,肝脏肿大,胆囊充满黏稠胆汁。肾脏贫血及间质性炎,慢性经过时以肾脏变硬,特别是潜伏型常以肾脏变化为特征。脾脏中度肿大。血液稀薄,久不凝固。肺水肿,心、肠等脏器常有出血点。

3. 卫生处理

(1)处于急性期发热和表现高度衰弱的病畜,不准屠宰。

(2)宰后病变明显,胴体呈黄色并在一昼夜内不消失者,胴体及内脏作工业用或销毁。

(3)宰后未见黄疸或黄疸病变轻微,放置一昼夜后基本消失或仅留痕迹者,胴体和内脏高温处理后出场,肝脏销毁。

(4)皮张用浸渍法加工或盐腌或保持干燥状态,2 个月后出场利用。

(5)处理钩端螺旋体病畜及其产品时,必须加强个人防护措施。

十三、破伤风

破伤风,又名强直症,是由破伤风梭菌引起的一种人畜共患的急性、创伤性、中毒性传染病。临床特征是病畜全身肌肉或某些肌群呈现持续性的痉挛,对外界刺激的反射兴奋性增高。各种动物都能发生破伤风。

1. 宰前鉴定

病畜骨骼肌强直性痉挛,兴奋反射性增高。两耳竖立,鼻孔张大,眼球不能运动,眼睑半闭,瞬膜明显外露,牙关紧闭,头颈伸直,背腰发硬,活动不自如,腹部紧缩,尾根翘起,四肢强直,状如木马,进退转弯困难。猪、牛、羊多横卧不起,四肢直伸向后方。

2. 宰后鉴定

无特征性剖检病变。仅有肺充血水肿,实质器官变性,骨骼肌和心肌有变性坏死灶,躯干和四肢的肌间结缔组织有浆液性浸润,有小点出血。

3. 卫生处理

(1)肌肉无病变的,将创口割除后,不受限制出场。

(2)肌肉有局部病变的,病变部分作工业用或销毁,其余部分及内脏高温处理后出场。

(3)肌肉多处有病变的,胴体、内脏全部作工业用或销毁。

十四、牛海绵状脑病

牛海绵状脑病，又名疯牛病，是由朊病毒引起的牛的一种中枢神经系统疾病。其临床表现和病理变化与人的克雅氏病十分相似，转归都是以神经细胞受到破坏、大脑蜕变而死亡。

1. 宰前鉴定

病牛最常见的症状是触觉和听觉高度过敏，脖颈伸直，耳朵朝后。精神异常，表现为异常恐惧，烦躁不安。运动障碍，表现为四肢过度伸展，后肢运动失调，肌肉震颤，起立困难，重者躺卧不起。患牛体重和泌乳量下降，最后全身衰竭而死。

2. 宰后鉴定

病理变化主要发生在中枢神经系统。脑组织神经元数目减少，脑两侧灰质神经呈对称性海绵样病变，脑神经核的神经元核周围空泡化，一般在延髓、脑桥和中脑处的脑横切面的切片中较常见，变化也较一致，尤其在延髓间脑部神经实质最严重。少数病例可见大脑淀粉样变。

对疑似病牛进行剖检，可采取其脑部组织制作切片，经 HE 染色后镜检，根据患牛脑干神经元空泡变化和海绵状变化的出现与否进行判定。

3. 卫生处理

(1)病牛或疑似病牛，严禁食用，一律扑杀销毁。

(2)牧场、畜舍的垫料、器具等被污染物应尽量销毁，不能销毁的器具可用 0.5%以上的次氯酸钠经 2 h 或 1～2 mol/L 苛性钠经 1 h 消毒。

(3)对处理病例时发生的外伤，用次氯酸钠彻底消毒。

十五、恶性水肿

恶性水肿是由腐败梭菌引起的家畜和人的一种创伤性急性传染病。临床特征是创伤及其周围呈现气性炎性水肿，并伴有全身性毒血症的症状。

1. 宰前鉴定

在感染创伤的周围，出现弥漫性气性肿胀，肿胀迅速向周围蔓延. 肿胀初期坚实有热有痛，后变为无热无痛，触之有捻发音。随着局部气性炎性水肿的急性发展，全身症状也趋恶化，体温升高至 41～42 ℃，精神沉郁，食欲废绝，呼吸困难，心脏衰弱，有时腹泻，粪便恶臭。牛、羊在分娩时感染本病，表现阴唇肿胀，阴道黏膜充血发炎，会阴部和腹下部呈现气性炎性水肿，阴道排出污秽的红褐色恶臭液体。

2. 宰后鉴定

可见水肿部皮下和肌间结缔组织有大小不等的出血点，有红黄色乃至暗红色液体浸润，含有气泡，具有酸臭味。病变部肌肉松软呈煮肉样，容易撕裂，严重的呈暗红色或暗褐色。局部淋巴肿大，实质器官变性，肺充血、水肿，心肌浊肿，心包腔积液。因分娩而感染的，子宫水肿，黏膜上被覆有污秽的粥状物；盆腔结缔组织和阴道周围组织明显水肿，并有气泡，局部淋巴结水肿。猪有时还发生胃型恶性水肿，胃壁显著增厚，硬似橡皮。胃黏膜潮红、肿胀，有时出血，黏膜下和浆膜下结缔组织以及肌间有淡红色酸臭并混有气泡的浆液浸润。肝脏含有气泡。

3. 卫生处理

(1)宰前发现恶性水肿病畜,禁止屠宰。

(2)宰后发现的,全部胴体、内脏、毛皮、血液销毁。被污染的胴体、内脏高温处理后出场。

子任务6-2　其他传染病的鉴定与卫生处理

【任务】

某屠宰场宰前检疫发现1 000头猪中,猪瘟可疑猪只8头,请你制定一个合理的处理方案。

【学习流程】

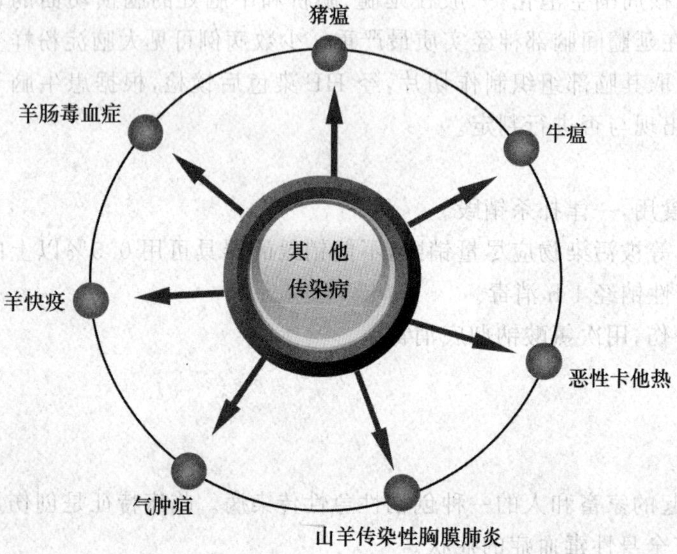

【资讯】

一、猪瘟

猪瘟又名猪霍乱,是猪瘟病毒,引起的一种猪的急性、热性、败血性传染病。以高热稽留和小血管壁变性引起的广泛出血、梗塞和坏死等为特征。

1. 宰前鉴定

(1)最急性型　表现为急性败血病症状,突然发病,高热稽留,皮肤和黏膜发绀,有出血点。

(2)急性型　精神高度沉郁,发热,食欲减退,寒战,背拱起,后肢乏力,步态蹒跚,重症全身痉挛。两眼无神,眼结膜潮红,口腔黏膜发绀或苍白。在耳、鼻、腹下、股内侧、会阴等处可见出血斑点,先便秘后腹泻。公猪阴鞘内积有恶臭尿液。

(3)亚急性型　与急性型相似,体温升高,扁桃体、舌、唇及齿龈出现溃疡。身体多处皮肤见有出血点。

(4)慢性型　消瘦,便秘与腹泻交替出现,腹下、四肢和股部皮肤有出血点或紫斑。扁桃体肿大。

2. 宰后鉴定

(1)最急性型　黏膜、浆膜和内脏有少量出血斑点，但无特征性病变化。

(2)急性型　全身皮肤，特别是颈部、腹部、股内侧、四肢等处皮肤，有暗红或紫红的小点出血或融合成出血斑。脂肪、肌肉、浆膜、黏膜、喉头、胆囊、膀胱和大肠也有出血点。全身部分淋巴结呈出血性炎症变化，淋巴结肿大、暗红、质地坚实，切面外观大理石样。脾出血性梗死。肾脏苍白色，有暗红色出色点。胃肠黏膜潮红，散布许多小出血点。

(3)亚急性和慢性型　病变常见于肺和大肠，前者肺切面呈暗红色，质地致密，间质水肿、出血，局部肺表面有红色网纹，后者肺脏表面有黄色纤维素，间质增厚，呈大理石样。肺脏、心包和胸膜发生粘连。大肠病变常见于结肠和盲肠，肠黏膜上有轮层状溃疡。

3. 卫生处理

(1)猪瘟病猪整个胴体、内脏、血液作工业用或销毁。

(2)猪瘟患猪的同群猪只和怀疑被污染的胴体和内脏作高温处理。皮张消毒后出场。

二、牛瘟

牛瘟是由牛瘟病毒引起的主要发生于牛的一种败血性传染病，俗称烂肠瘟、胆胀瘟。急性病程的特征是黏膜坏死性炎症，消化道黏膜的病变则更具有特征性。

1. 宰前鉴定

特征性症状是口腔黏膜的变化。初期流涎，口角、齿龈、颊内面和硬腭黏膜呈斑点状或弥漫性潮红，以后形成一层均匀的灰色或灰黄色假膜，极易脱落，露出形状不规则、边缘不整的出血烂斑。病畜排出稀糊状污灰色或褐棕色具恶臭的粪便，有时带血和脱落的黏膜。眼、鼻黏膜潮红或溃烂，流出浆液至脓性分泌物。

2. 宰后鉴定

主要病变是消化道。口腔黏膜，特别是唇内侧、齿龈、舌下、舌侧面等处在弥漫性充血的背景上，见有结节或边缘不整齐的红色溃疡或糜烂，覆盖灰黄色麸皮样假膜。瓣胃中有大量干硬食物。真胃空虚，幽门区和皱襞处显著充血，常有麸皮假膜或具褐色痂皮溃疡，小肠和直肠黏膜红肿，密布点状出血，黏膜上皮坏死，形成假膜。胆囊肿大 2～3 倍，充满胆汁，胆囊黏膜树枝状充血或出血，形成溃疡。肝、肾、心实质变性。

3. 卫生处理

(1)宰前发现的，立即停止生产，封锁现场并向有关部门报告疫情。

(2)病牛胴体、内脏、血液、骨、角、皮张全部作工业用或销毁。

(3)被污染的胴体、内脏经高温处理后出场，皮张消毒后出场。

(4)宰后发现的，立即停止屠宰，封锁、消毒，采取防疫措施。

(5)粪污销毁，污水严密消毒。

三、恶性卡他热

恶性卡他热又名恶性头卡他或坏疽性鼻卡他，是由恶性卡他热病毒引起牛的一种急性、热性传染病。特征是上呼吸道、头窦、口腔及胃肠道等黏膜发生急性卡他性纤维素性炎症，伴发角膜浑浊和非化脓性脑膜脑炎。

1. 宰前鉴定

病牛体温升高至41～42 ℃，呈稽留热，皮温不正常，额窦及角根部发热。所有典型病例几乎都是双眼同时患病，表现羞明、流泪，结膜充血，角膜浑浊。鼻镜糜烂，覆有干痂。鼻孔流出黏性或脓性发臭的分泌物，鼻黏膜高度潮红，有的覆有灰色易碎的纤维蛋白性假膜，剥落后留下溃疡面。口腔黏膜潮红，流涎，尤其是齿龈、唇内、硬软腭和颊部常见组织坏死，并形成污黄色斑点或假膜，甚至不同大小和外形的溃疡。咽部发炎的，则表现吞咽和呼吸困难。粪便先干后稀，有时混有血液或纤维蛋白碎片。病势严重者则虚弱昏迷，或磨牙哞叫；部分体表淋巴结明显肿胀。

2. 宰后鉴定

除上述具有诊断意义的眼、鼻腔、口腔的特征性病变外，可见头颈、皮下和肌肉出血和水肿；咽部、会厌及食管黏膜亦见有糜烂或溃疡与充血、出血变化；心外膜小点出血，肺脏常有急性支气管肺炎灶。真胃和肠黏膜有炎症变化，泌尿道黏膜潮红，有点状出血。全身淋巴结肿大，呈棕红色，其周围显示胶浸润，切面隆突、多汁，偶见坏死灶。

3. 卫生处理

(1)病变仅局限于头部(眼、鼻腔、口腔)或气管、肺及胃肠的，割除患部作工业用或销毁，其他部分高温处理后出场。

(2)多数器官和胴体(或淋巴结)有病变，全部作工业用或销毁。

四、山羊传染性胸膜肺炎

山羊传染性胸膜肺炎俗称“烂肺病”，是由丝状支原体引起山羊特有的一种接触性传染病。以高热、咳嗽、肺和胸膜发生浆液纤维素性炎，并继发肺组织肉变坏死为特征。

1. 宰前鉴定

病羊体温升高，呼吸困难，咳嗽咽痛，有浆液性、黏液性乃至带铁锈色鼻液。叩诊多在一侧有浊音区，听诊呈支气管呼吸音和摩擦音。按压胸壁有痛感。高热稽留，痛苦呻吟，头颈伸直，背腰弓起。眼睑肿胀并有浆液性、黏液性或脓性分泌物。

2. 宰后鉴定

病变多局限于胸部。胸腔内积有多量黄色渗出液，暴露于空气后有纤维蛋白凝块沉淀。胸膜上附有疏松的纤维蛋白絮片，肺胸膜和肋胸膜发生粘连。肺脏病变表现为纤维素性肺炎，肺实质内出现坚硬的、淡红色或暗红色、大小不等的肝变区。支气管淋巴结和纵隔淋巴结肿大，切面多汁并有出血点。心包腔内积有混杂纤维素的黄色液体。脾脏肿大，断面呈紫红色。心、肝、肾等器官变性。胆囊扩张，充满胆汁。

3. 卫生处理

(1)胴体与内脏有病变的，病变部分割除作工业用或销毁，其余部分不受限制出场。

(2)胸腔有炎症的，胸腔器官及邻近部分作工业用或销毁。

(3)被炎性渗出物污染的胴体或内脏，洗净经高温处理后出场。

(4)羊皮经消毒或在隔离的条件下晒干后出场，或用不漏水工具直接运至制革厂加工。

五、气肿疽

气肿疽又称鸣疽，俗名黑腿病，是由气肿疽梭菌所致反刍动物的一种急性、热性、败血性传染病。特征是在肌肉丰满的部位发生气性肿胀。黄牛最易感。

1. 宰前鉴定

气肿疽通常见于3个月到4岁的牛，病牛体温高达41～42 ℃。反刍停止。在股、臀、肩、颈部等肌肉丰满的部位发生气性炎性水肿。肿胀部气体很快沿皮下及肌间向四周扩散，肿胀部皮肤干燥、紧张，呈紫黑色，触诊硬固，有捻发音。肿胀破溃或切开时，流出污红色带泡沫的酸臭液体，多伴发跛行。

2. 宰后鉴定

特征病变是在肌肉丰满的部位发生出血性气性炎性水肿，患部皮肤肿胀，按压有捻发音，切开病变部，患部肌肉呈暗红或黑褐色，压有捻发音，触之易碎。切开流出酸臭味的液体且有气泡。

3. 卫生处理

同任务6-1中恶性水肿。

六、羊快疫

羊快疫是由腐败梭菌引起的一种急性传病。特征是发病突然，病程短促，真胃出血性、坏死性炎。绵羊多发，山羊较少见。发病羊多在6个月至2岁之间。

1. 宰前鉴定

突然发病，常在症状出现前死亡，病羊常死于放牧途中或圈舍内，多为肥壮的羊只。有些羊死前有腹痛、鼓气，最后痉挛而死。有的离群独处，不愿走动。

2. 宰后鉴定

真胃和十二指肠黏膜充血肿胀，并散在有出血斑点，黏膜下水肿，肠道内有大量气体。前胃黏膜常自行脱落，瓣胃内容物多干而硬。

前躯皮下有血色胶样浸润，有时含有气泡。咽喉黏膜出血性胶样浸润，气管黏膜覆有血样黏液。肝脏肿大，质脆、土黄色如煮熟样。肾充血，个别病例有轻度软化现象。胸、腹腔积有或多或少的红色浑浊液体。心包积液，呈黄色，有时呈胶样。心内外膜有出血点，心肌脆弱，呈淡的黄灰色，似煮熟样。全身淋巴结水肿。

3. 卫生处理

同任务6-1中恶性水肿。

七、羊肠毒血症

羊肠毒血症又名类快疫，俗称软肾病，是由D型魏氏梭菌致绵羊的一种急性毒血症。以突然发病、病程短促和死后肾脏软化为主要特征。

1. 宰前鉴定

突然发病，一类以抽搐为特征；另一类以昏迷和静静死去为特征。前者肌肉颤抖，眼球转动，磨牙，口水多，腹泻，倒地痉挛，左右翻滚，鼻流血沫，头颈伸缩，2～4 h死去；后者步态不稳，感觉过敏，角膜反射消失，腹泻，3～4 h死去。

2. 宰后鉴定

皮下及肌肉出血，可在无毛处见有暗红色斑点，胸、腹腔、心包腔积液，心内外膜出血，心脏扩张，心肌松软。肠黏膜特别是小肠黏膜出血严重，致使整个肠段内壁呈红色，有的还出现溃疡，故有"血肠子病"之称。肠系膜胶样浸润，肠系膜淋巴结急性肿大。特征性病变是肾脏软化，实质呈红色软泥状。肝脏肿大，呈灰土色，质地脆弱，被膜下有带状或点状出血。脾肿大，但不软化。其他实质器官也有变性。

全身淋巴结肿大，呈急性淋巴结炎，表面湿润，切面呈黑褐色。

3. 卫生处理

同任务 6-1 中恶性水肿。

子任务 6-3　家禽常见传染病的鉴定与卫生处理

【任务】

某屠宰场宰前检疫发现 5 000 只肉鸡中，新城疫阳性，请你制定一个合理的处理方案。

【学习流程】

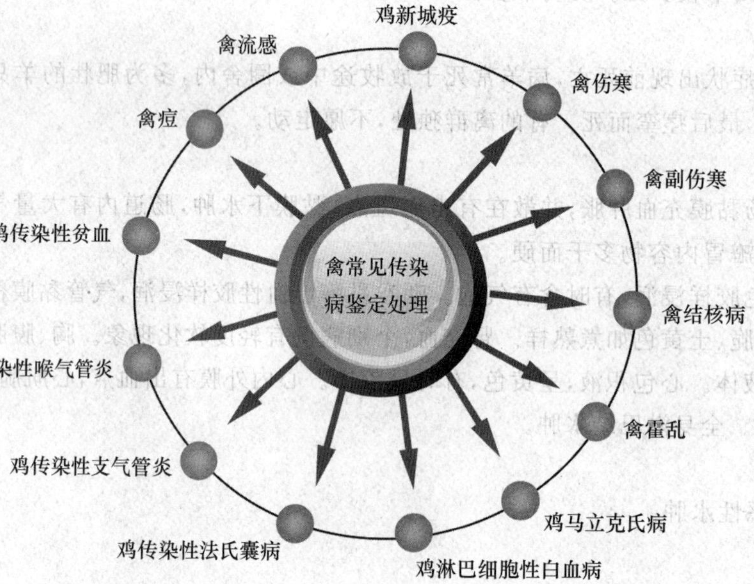

【资讯】

一、禽流感

禽流感是由A型流感病毒引起的家禽和野禽的一种从呼吸系统到全败血症等多种疾病的综合征。鸡和火鸡易感性最高,鸭、鹅很少感染。本病又称为真性鸡瘟,或称欧洲鸡瘟。

1. 宰前鉴定

流行初期的病例可不见明显症状而突然死亡。症状稍缓和者可见神沉郁,头翅下垂,鼻分泌物增多,常摇头,企图甩出分泌物,严重的可引起窒息、流泪,颜面浮肿,冠和肉髯肿胀、发绀、出血、坏死,脚鳞变紫,下痢,有的还出歪脖、跛行及抽搐等神经症状。蛋鸡产蛋停止。

2. 宰后鉴定

特征性病变是口腔、腺胃、肌胃角质膜下层和十二指肠出血。颈胸部皮下水肿。胸骨内面、胸部肌肉、腹部脂肪和心脏均有散在性的出血点。头部青紫,结膜肿胀、有出血点。口腔及鼻腔积有黏液,并混有血液。头部眼周围、耳和肉髯水肿皮下有黄色胶样液体。肝、脾、肾常见灰黄色小坏死灶。卵巢和输卵管充血或出血。鸡见卵黄性腹膜炎。

3. 卫生评价与处理

(1)宰前发现的,病禽采用不放血的方法扑杀后销毁。

(2)宰后发现的,胴体、内脏和副产品均销毁。

二、鸡新城疫

鸡新城疫又名亚洲鸡瘟,是由新城疫病毒引起的一种急性热性败血性传染病。鸡最易感,火鸡、鹌鹑和鸽也可轻度感染。水禽则具有极强的抵抗力。

1. 宰前鉴定

病鸡精神委顿,行动迟缓,体温升高(43~44 ℃),食欲减退或废绝,羽毛蓬乱,冠和肉髯青紫色或黑色,眼半闭合。常发咳嗽,呼吸困难,张口伸颈,常发出咯咯声。口腔和鼻腔中有大量积液,常作吞咽和摇头动作。嗉囊内充满液体和气体。将病鸡倒提时,从口中流出液体。排黄色、绿色或灰白色恶臭稀便,有时混有血液。病程长时,常出现神经症状。表现下肢瘫痪,翅下垂,全身肌肉运动不协调,头颈向一侧或往后扭曲,行走时转圈或倒退。

2. 宰后鉴定

全身黏膜、浆膜和内脏出血,腺胃黏膜的出血溃疡最为常见。肌胃角质层下也有出血点,小肠、盲肠发生出血性坏死性炎症,并常见覆有假膜的溃疡。鼻腔、喉头、气管和支气管中积有多量污黄色黏液。喉头和气管黏膜充血或有出血小点。肺充血,气囊增厚。心尖和心冠有出血点。

3. 卫生评价与处理

与禽流感相同。

三、禽伤寒

禽伤寒是由鸡伤寒沙门氏菌引起的一种主要发生于鸡和火鸡的禽类败血性传染病。多发生于成年鸡,鸭、鹅也可感染。病原菌有时可引起人的食物中毒。

1. 宰前鉴定

病禽体温升高,精神沉郁,肉髯、冠及黏膜苍白,羽毛蓬乱。食欲减退或消失,口渴喜饮。粪便呈黄绿色或褐黄色粥状物。

2. 宰后鉴定

肝、脾肿大3~4倍,瘀血,肝脏外观淡褐色或古铜色,切面散布有粟粒大小的灰白色坏死点。卵泡出血、变形。公鸡睾丸常有病灶。

3. 卫生评价与处理

与禽副伤寒相同。

四、禽副伤寒

禽副伤寒是由鼠伤寒沙门氏菌、肠炎沙门氏菌、鸭沙门氏菌等沙门氏菌引起的传染病。各种家禽野禽均易感。食用带菌的禽肉可引起人的沙门氏菌食物中毒。

1. 宰前鉴定

(1)急性型　多见幼禽,鸭发病特别普遍和严重。病禽精神沉郁,反应挤堆,排水样便,肛门周围常被粪便污染。呼吸困难,常见痉挛性抽搐,头向后仰,病鸭常很快死亡。

(2)慢性型　多见于成年禽,病禽极度消瘦和血痢,有时关节肿大而跛行,有时呈现转圈,轻瘫,甚至麻痹。

2. 宰后鉴定

(1)急性型　肠黏膜呈现出血性卡他,盲肠黏膜多有糜烂或坏死病灶。肝脏肿大,黄色,质脆,散在有针尖太小或较大的灰白色坏死灶。

(2)慢性型　可见胴体极度消瘦,脱水,肠黏膜坏死,肝脾肿大,卵巢的卵泡和输卵管变形、发炎,有时继发腹膜炎。

3. 卫生评价与处理

(1)宰前确诊或可疑的病禽,急宰处理。

(2)胴体无病变或病变轻微的,高温处理后出厂,内脏及血液作工业用或销毁。

(3)胴体有明显病变或消瘦的,胴体及内脏全部作工业用或销毁。

五、禽结核病

禽结核是由禽结核分枝杆菌种慢性消耗性传染病。主要发生于鸡,也可传染于人。

1. 宰前鉴定

病初症状不明显,食欲虽正常,后期病鸡委顿,冠、肉髯及可视黏膜苍白,羽毛蓬乱,骨显露。部分病鸡可能有顽固性下痢或跛行。但表现为进行性消瘦,体重减轻翅下垂,不喜运动,极度消瘦,胸骨显露。部分病鸡可能。

2. 宰后鉴定

结核病变最多见于肝脏、骨骼和关节,其次是脾脏和肠管,再次是肺脏。结核结节大小不一,一般由针头大到粟粒大。肝和肠的结节可达豌豆大,且突出于器官表面。结核结节常呈灰白色或淡黄色，切开时见有结缔组织包囊，很少钙化。肠结核有时可形成溃疡。鸭结核病灶则多限于肺和肾，肠和肠系膜次之。常见粟粒大透明小结节，或融合为豌豆大至榛子大或橄榄果大小的干酪样病灶。

3. 卫生评价与处理

(1)胴体瘠瘦的，胴体及内脏作工业用或销毁。

(2)胴体不瘠瘦的，病变部分作工业用或销毁，其余部分高温处理后出厂。

(3)仅内脏发现结核病变的，内脏作工业用或销毁，胴体不受限制出厂。

六、禽霍乱

禽霍乱亦称禽巴氏杆菌病，是由多杀性巴氏杆菌引起的一种急性败血性传染病。各种禽类均有易感性，家禽中以鸡、鸭、鹅最为易感，火鸡亦可感染。

1. 宰前鉴定

可按病程分为最急性、急性和慢性三型，急性型和慢性型居多。

(1)最急性型　发病急骤，常突然摇头倒地，死前看不到明显的临床症状，或于死前体温升高，冠呈蓝紫色，较肥或高产的禽容易发生。

(2)急性型　病禽精神委顿，呆立一隅，嗜睡，羽毛蓬乱，翅下垂，常头藏于翅内。食欲不振或废绝，口渴，呼吸困难，从口鼻流出淡黄色泡沫状黏液，冠及肉髯青紫，肉髯脚胀。常发生剧烈下痢，粪便灰黄色或铜绿色，有时混有血液。病鸭有拍水表现，常因呼吸困难而张口呼吸，并常摇头，故有“摇头瘟”之称，常于1～3 d内死亡。

(3)慢性型　病禽日渐消瘦，精神委顿。冠及肉髯显著肿大，苍白。常见关节肿大，甚至化脓，跛行。严重者鼻流黏液，鼻窦肿大，喉部蓄积分泌物，影响呼吸。

2. 宰后鉴定

(1)最急性型　常见不到明显的病变，仅见心冠状沟部有针尖大的出血点，肝脏有细小的灰黄色坏死灶。

(2)急性型　可见各处黏膜、浆膜及皮下组织呈现不同程度的出血点，十二指肠严重急性卡他性或出血性肠炎，内容物带血，心外膜有程度不同的出血，心冠和纵沟部的出血最为多见，往往血点密布，呈喷射状，心包扩张，蓄积较多的混有纤维素的淡黄色液体。肺充血，水肿，表面有出血点。肝脏肿大，柔软，呈棕色或棕黄色，质地脆弱，表面和切面散布针尖大至针头大灰黄色或灰白色坏死灶。

(3)慢性型　病变因细菌侵害的器官不同而异。有的关节和腱内蓄积浑浊或干酪样渗出物；有的肉髯肿大，并含有大量干酪样物；有的鼻腔和鼻窦内有渗出物；雌性常见卵泡形状不正，质地柔软，腹腔内有豆腐渣样黄色卵黄。内脏的特征病变是纤维素性坏死性肺炎、胸膜炎和心包炎。

3. 卫生评价与处理

(1)血液、内脏作工业用或销毁，胴体高温处理后出厂。

(2)羽毛消毒后出场。

七、鸡马立克氏病

鸡马立克氏病是马立克氏病毒所致鸡的一种以淋巴样细胞增生为特征的肿瘤性疾病。主要发生于18周龄以下接近性成熟的小鸡，几周龄的幼鸡病程更为急剧。

1. 宰前鉴定

可按临床症状分为以下4个类型。

(1)神经型　以周围神经的淋巴细胞浸润而引起的一翅或一腿进行性麻痹为特征，表现为患翅或患腿拖拉在地，或两腿前后分开呈劈叉状；两腿同时受害的，则倒地不起。一些病例头颈歪斜，呼吸困难，嗉囊胀大。

(2)内脏型　一般只表现冠和肉髯苍白或黄染，极度贫血，进行性消瘦，精神委顿，闭眼，嗜睡，下痢，以至完全不能站立等。

(3)眼型　虹膜色素消失，变成灰白色，呈白色环形或完全“白眼”，瞳孔收缩或变形，甚至失明。

(4)皮肤型　皮肤上可见大小不等灰白色肿块或结节，有时形成以毛囊为中心的疥癣样小结节，并有结痂。

2. 宰后鉴定

(1)神经型　常为一侧臂神经、坐骨神经或内脏大神经增粗(有的肿大2～3倍)，呈黄白色，因水肿、变性而呈半透明状，神经干的横纹消失。偶见大小不等的黄白皂结节，使神经变得粗细不均匀。脊神经节增大，病变蔓延至相连的脊髓组织中。

(2)内脏型　常见性腺、脾、肝、肾、肠管、肾上腺、骨骼等发生淋巴细胞瘤性病灶。比正常的大数倍，颜色变淡，或出现不一致的淡色区。在器官的实质内呈灰白色的肿瘤结节，小的如粟粒大，大的直径数厘米，结节的切面平滑，呈灰白色。卵巢病变最为常见，显著肿大，形成很厚的皱褶，外观似脑回状。腺胃和肠管壁增厚、坚实，从浆膜或切面均可见到肿瘤性硬结节病灶。肌肉形成小的灰白色条纹以至肿瘤结节。法氏囊常萎缩，无肿性结节形成，这是与鸡淋巴细胞性白血病不同之处。

(3)眼型　虹膜的正常色素消失，呈圆形环状或斑点状以至弥漫的灰白色，所以俗称鸡白眼病或灰眼病。

(4)皮肤型　与宰前检查所见相同。

3. 卫生评价与处理

与禽流感相同。

八、鸡淋巴细胞性白血病

鸡淋巴细胞性白血病，是禽白血病病毒所致鸡的一种慢性肿瘤性疾病。14周龄以下的幼鸡很少发病，性成熟期的鸡发病率最高。

1. 宰前鉴定

病鸡一般无特征性症状。可能出现冠和肉髯苍白、皱缩。食欲不振，全身衰弱，消瘦。个别病鸡有下痢和腹部膨大现象。

2. 宰后鉴定

常侵害肝、脾和法氏囊，其他器官如肾、肺、性腺、心、胃肠系膜及骨髓等也可能受到损害，出现大小和数量不等的肿瘤病变。根据肿瘤的形态和分布，可分为结节型、粟粒型、弥漫型和混合型4种类型，其中以弥漫型最为常见。

(1)弥漫型 病变器官呈弥漫性增大，如肝脏可增大数倍(故称大肝病)，质地脆弱。色泽灰红，表面和切面散在着白色颗粒状病灶，肝脏外观呈大理石样。这是淋巴细胞性白血病的一个主要特征。

(2)结节型 多呈球形扁平隆起，单个或大量散布于器官表面和实质，直径0.5～5 cm。形状虽似结核结节，所不同的只是质地柔软，切面光亮。

(3)粟粒型 多为直径不到2小结节，均匀分布于整个器官的实质，肝脏尤为严重。

(4)混合型 兼有上述3种类型病变的特征。

本病与内脏马立克氏病相似，在检验时应注意鉴别。

3. 卫生评价与处理

确诊的病鸡，不论肿瘤病变的轻重和多少，一律作工业用或销毁。

九、鸡传染性法氏囊病

鸡传染性法氏囊病又称腔上囊炎，是传染性法氏囊病病毒所致鸡的一种急性高度接触性传染病。该病常发生于3～15周龄的雏鸡和育成鸡，3～6周龄的鸡多发，3周龄以下的鸡感染后不表现临床症状，但可引起严重的免疫抑制。火鸡和鸭也能自然感染。

1. 宰前鉴定

早期症状是啄自身肛门周围的羽毛，饮水量增加，随后发生下痢，排淡白色或淡绿色稀粪，肛门周围的羽毛被粪便污染或沾污泥土，随着病程的发展，饮欲减退，逐渐消瘦，步态不稳，行走摇摆，头下垂，眼睑闭合，羽毛蓬松而无光泽，衰竭而死亡。

2. 宰后鉴定

患鸡或死亡鸡的胸肌、大腿肌常常出现条状及斑点状的出血点。各处脂肪组织和皮下均可见到点状出血，十二指肠、腺胃和总泄殖腔的黏膜上常有出血变，肾脏肿大呈灰白色，输尿管扩张，有的在输尿管腔内贮存有尿酸盐。最特征性的病变在法氏囊，感染初期(4～6 d)法氏囊肿大，外观呈黄白色或灰白色，剖开后见内部贮有奶酪样和浑浊的黏液，感染后7～10 d发生法氏囊萎缩，周围的胶状物也随之消失，囊的实质变得小而硬。

3. 卫生评价与处理

与禽副伤寒相同。

十、鸡传染性支气管炎

鸡传染性支气管炎是由冠状病毒传染性支气管炎病毒所致鸡的一种急性、高度接触性传染病，30 d内的鸡极易感染，6周龄以上的小鸡和成年鸡也可感染发病。

1. 宰前鉴定

6周龄以上的小鸡和成年鸡最明显的症状是呼吸困难，气管啰音，打喷嚏，咳嗽，一般不见流鼻汁。产蛋量下降,并产软壳蛋、畸形蛋或粗壳蛋。蛋的质量变差,如蛋白呈稀薄水样,蛋黄与蛋白分离及蛋白黏着于壳内膜上一般不出现下痢,但被侵害肾脏的毒株感染时,可引起肾炎和肠炎,常见急剧下痢。

2. 宰后鉴定

主要病变是气管、支气管和鼻腔有卡他性炎症。产蛋母鸡的腹腔内常见有液状的卵黄物质,卵泡充血、出血、变形,18 d 内发病后恢复的鸡只,见输卵管发育异常,致使成熟期不能正常产蛋。

3. 卫生评价与处理

病变部分作工业用或销毁,胴体高温处理后出厂。

十一、鸡传染性喉气管炎

鸡传染性喉气管炎是喉气管炎病毒所致鸡的一种急性接触性呼吸道传染病,本病传播快,病死率较高。

1. 宰前鉴定

急性患鸡的特征性症状是鼻孔中有分泌物和呼吸时发出湿性啰音,继而咳嗽和喘气。很多病鸡精神委顿,蹲伏于地上或栖架上。严重病例呼吸困难,吸气时张嘴伸头,作尽力吸气的姿势。喘气时可听到喷嚏和痉挛性的咳嗽,间或喷出带血的黏液或凝固的血液。由于过量的炎性渗出物和血液在咽喉、气管或鸣管积聚,常使鸡窒息死亡。检查口腔时,可见喉部黏膜上有淡黄色凝固物附着,不易擦去。病鸡迅速消瘦,鸡冠发紫,有时排绿色稀粪。最后衰竭而死亡。症状较轻者仅见生长迟缓,产蛋减少,流泪,结膜炎,眶下窦肿胀,持续性鼻液分泌增多。

2. 宰后鉴定

主要病变见于喉部和气管。病初黏膜呈黏液性炎症,至中后期发生黏膜变性、坏死和出血,常覆有黄白色纤维素性干酪样假膜。有时喉部和气管完全被渗出物所充满。有的病例见脱落的上皮组织和血凝块。炎症也可扩散到支气管、肺和气囊,在轻症病例,只见眼睑及眶下窦上皮肿胀和充血。

3. 卫生评价与处理

(1)病变仅限于喉头与支气管的,病变部分作工业用或销毁,其他部分高温处理。

(2)内脏出现病变时,连同喉头与支气管一并作工业用,其他部分高温处理。

十二、鸡传染性贫血

鸡传染性贫血是鸡传染性贫血病毒所致鸡的一种传染病。鸡是本病毒的唯一感染者,所有年龄的鸡都可感染,自然发病主要见于 2～4 周龄鸡,有混合感染时发病可超过 6 周龄。特征是再生障碍性贫血,全身淋巴组织萎缩,而导致免疫抑制。

1. 宰前鉴定

病鸡精神委顿,发育受阻,鸡冠、肉髯及可视黏膜苍白,皮肤出血.有的皮下出血,可能继发坏疽性皮炎。血液学检查,红细胞和血红蛋白明显降低,白细胞和血小板减少。

2. 宰后鉴定

肌肉、内脏器官苍白,血液稀薄。胸腺萎缩,或完全退化。骨髓萎缩是最特殊的变化,表现为骨髓脂肪化,呈淡黄色。部分病例法氏囊萎缩。肝肿大,发黄或有坏死斑点,腺胃黏膜出血。严重者肌肉和皮下出血。

3. 卫生评定与处理

与禽流感相同。

十三、禽痘

禽痘是由禽痘病毒所致鸡和火鸡的一种急性、热性高度接触性传染病。鸭和鹅偶尔可感染。

1. 宰前鉴定

临床上可分为皮肤型、白喉型和混合型。

(1)皮肤型　无毛和少毛部位,特别是冠、肉髯和眼睑等处,开始生成灰白色小结节。突出于皮肤表面,随后扩大并融合结痂,痂皮脱落后,留下白色瘢痕。重症病鸡(特别仔鸡)可能出现精神委顿,食欲消失,体重减轻,甚至死亡。

(2)白喉型　病变主要在口腔和咽喉部分,先形成黄色斑,后融合成黄白色隆起的斑块,上覆一层假膜。呼吸和吞咽困难,常发出嘎嘎声。

(3)混合型　冠、肉髯、眼睑及皮肤上出现痘疹,同时口腔也发生白喉样病变。

2. 宰后鉴定

除上述病变外,在眶下窦、气管等处可发现灰白色结节状的痘疹,灰黄白色干酪样假膜或白喉性假膜、糜烂和溃疡。肝实质变性并散布小坏死灶,肾变为黄色,心外膜出血,胃肠黏膜有卡他性出血性炎症,有时并见痘疱,体腔内积有浆液性渗物。

3. 卫生评价与处理

(1)病变仅限于头部的,头部作工业用或销毁,其余部分不受限制出厂。

(2)内脏有病变的,内脏作工业用或销毁,胴体不受限制出厂。

(3)胴体局部皮肤有病变而肌肉无变化的,病变部销毁,其余部分经高温处理后出厂。

(4)全身痘疹较多,且内脏又有病变的,全部销毁。

任务7

屠畜常见寄生虫病的鉴定与卫生处理

学习目标

- 掌握屠畜禽常见寄生虫病的鉴定方法及卫生处理。

学习流程

人畜共患寄生虫病的鉴定与卫生处理 ⇨ 其他寄生虫病的鉴定与卫生处理

任务概述

子任务	依据及资讯
7-1 人畜共患寄生虫病的鉴定与卫生处理	主要的人畜共患寄生虫病的鉴定与卫生处理
7-2 其他寄生虫病的鉴定与卫生处理	其他寄生虫病的鉴定与卫生处理

子任务 7-1 人畜共患寄生虫病的鉴定与卫生处理

【任务】

某屠宰场宰后旋毛虫检验过程中发现有包囊，内有弯曲状的小线虫，请做出准确判断，并制定处理方案。

【学习流程】

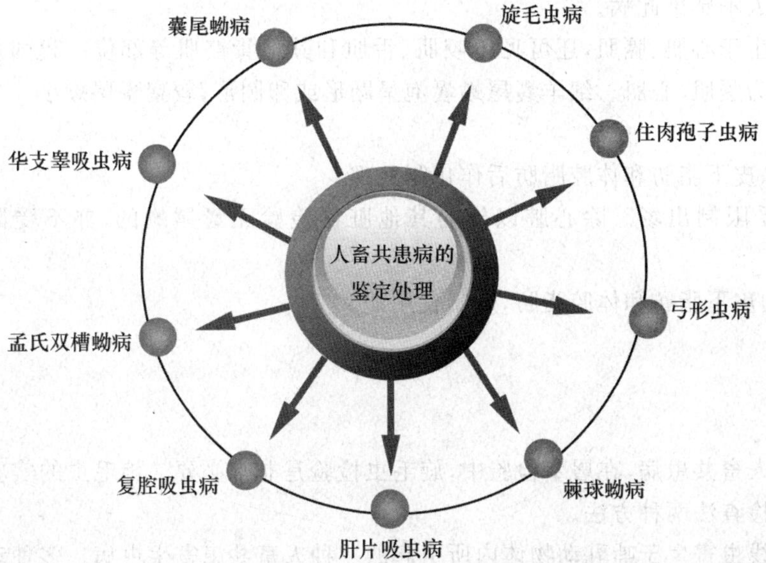

【资讯】

一、囊尾蚴病

囊尾蚴病俗称囊虫，是由绦虫的幼虫所引起的一种人畜共患寄生虫病。多种动物均可感染此病。人吃进生的囊尾蚴病肉，即可在肠道中发育成有钩绦虫(猪肉绦虫)或无钩绦虫(牛肉绦虫)。

1. 鉴定

(1)猪囊尾蚴病　猪囊尾蚴病是寄生于人体小肠内的有钩绦虫的幼虫——猪囊尾蚴在猪体内寄生所引起的疾病。

轻症的囊尾蚴病在临床上不易觉察，严重感染时才呈现症状，如患猪走路前肢僵硬，后肢不灵活，左右摇摆，似醉酒状，不爱活动，反应迟钝；如果寄生在舌部，则咀嚼、吞咽困难；寄生在咽喉，则声音嘶哑；寄生在眼球，则视力模糊；寄生在大脑，则出现痉挛，或因急性脑炎而突然死亡。

猪囊尾蚴多寄生于肩胛外侧肌、臀肌、咬肌、深腰肌、心肌、脑部、眼球等部位，所以我国规定猪囊尾蚴主要检验部位为咬肌、深腰肌和膈肌，其他可检验部位为心肌、肩胛外侧肌和股内侧肌等。肌肉中有许多椭圆形白色半透明的囊泡，囊内充满液体，囊壁上有一个圆形、粟粒大的乳白色头节，显微镜检查可见头节的四周有 4 个圆形吸盘和 2 圈角质小钩。

(2)牛囊尾蚴病　牛囊尾蚴病是寄生于人体内的无钩绦虫的幼虫——牛囊尾蚴在牛体内寄生所引起的疾病。

牛囊尾蚴与猪囊尾蚴外形相似，囊泡为白色的椭圆形，大小为 8 mm×4 mm。囊内充满液体，囊壁上附着无钩绦虫的头节，头节上有 4 个吸盘，但无顶突和小钩，这正是与猪囊尾蚴的主要区别。囊尾蚴主要寄生在牛的咬肌、舌肌、颈部肌肉、肋间肌、心肌和膈肌等部位。我国规定牛囊尾蚴主要检验部位为咬肌、舌肌、深腰肌和膈肌。

(3)绵羊囊尾蚴病　绵羊囊尾蚴病是由绵羊带绦虫的幼虫——绵羊囊尾蚴在体内寄生引起的绵羊的一种疾病。人不感染此病。

绵羊囊尾蚴主要寄生于心肌、膈肌，还可见于咬肌、舌肌和其他骨骼肌等部位。我国规定羊囊尾蚴主要检验部位为膈肌、心肌。绵羊囊尾蚴囊泡呈圆形或卵圆形，较猪囊尾蚴小。

2. 卫生处理

(1)整个胴体在去除皮下脂肪和体腔脂肪后作化制处理。

(2)胃、肠、皮张不受限制出场。除心脏以外的其他脏器检验无囊尾蚴的，亦不受限制出场。

(3)患畜胴体剔下的皮下脂肪和体腔脂肪，炼制食用油。

二、旋毛虫病

旋毛虫病为重要的人畜共患病，在屠宰检验中，旋毛虫检验是非常必要。旋毛虫的实验检查有肌肉压片法和消化检查法两种方法。

旋毛虫病是由旋毛线虫寄生于哺乳动物体内所引起的一种人畜共患寄生虫病。多种动物均可感染，屠畜中主要感染猪和犬。本病对人危害较大，人感染旋毛虫多与吃生猪肉、狗肉，或食用腌制与烧烤不当的含有旋毛虫包囊的肉类有关。因此，本病在公共卫生上甚为重要。

1. 鉴定

显微镜或投影仪；组织捣碎机；磁力加热搅拌器或温箱；贝尔曼氏幼虫分离装置；0.3～0.4 mm 铜筛；分液漏斗；弯刃剪刀、镊子、旋毛虫压片器或两块同样大小玻璃板(约 20 cm×5 cm)及固定绳线、烧杯、600 mL 三角烧瓶、大平皿；被检肉样(膈肌脚)等。

5%和 10%盐酸溶液；50%甘油溶液；1～4 g/L 胃蛋白酶水溶液；胃蛋白酶(每克含酶 30 000 U)等。

Ⅰ. 肌肉压片检查法

(1)采样　旋毛虫的检验以横膈膜肌脚的检出率最高，其中以横膈膜肌脚近肝部高于近肋部的检出率。在开膛取内脏后，要求从胴体左右横膈肌脚采取重量不少于 30 g 的肉样一块，编上与胴体相同号码后送旋毛虫检验室检查。

(2)视检　检查时按标号取下肉样，先撕去肌膜，在良好的自然光线下，将肌肉拉平后，检验员斜方向或左右摆动肉样，仔细观察肌肉纤维的表面，检出虫体。稍凸出肌纤维表面的针头大小发亮的卵圆形点，颜色呈结缔组织薄膜所具有的灰白色，折光性良好，为虫体；或者可见肌纤维上有一种灰白色、浅白色的小白点，应为可疑。另外，刚形成包囊的呈露点状，稍凸于肌肉表面，应将病灶剪下压片镜检。这是提高旋毛虫检出率的关键，因为在可检面上挑取可疑点进行镜检，要比盲目剪取 24 个肉粒压片镜检的检出率高。

(3)压片标本制作　手指握住肉样，使肌纤维绷紧，用弯刃剪刀，从两块肉样的视检可疑部位或其他不同部位顺肌纤维方向随机剪取麦粒大小的 24 个肉粒(1 块肉剪 12 个)，以每排 12 粒均匀地排列在夹压器的玻板上。盖上另一块玻板，拧紧螺旋，使肉粒压成薄片(能透过肉片看清书报上的小字为宜)。若无旋毛虫夹压器时，用普通载玻片代替。每块载玻片排 6 个肉粒，需 4 块载玻片压紧，两玻片的两端用透明胶带缠绕固定，才能压成薄片。

(4)镜检　将压片置于显微镜 50～70 倍的低倍视野下检查，由第一肉粒压片开始观察，依次检查，不能遗漏每一个视野。镜检时，应注意光线的强弱及检查的速度，如光线过强、速度过快，均易发生漏检。视野中的肌纤维呈黄蔷薇色。

(5)判定

①没有形成包囊的旋毛虫幼虫，寄生在肌纤维之间，虫体呈直杆状或蜷曲状，但有时由于压片用力过大把虫体挤在被压出的肌浆中。

②形成包囊后的旋毛虫幼虫，在肌纤维的黄蔷薇色的背景中，可看到发亮透明的圆形或椭圆形包囊，囊中央为蜷曲的旋毛虫幼虫，通常含有1条幼虫，偶有2条以上。一般猪旋毛虫的包囊呈椭圆形，而犬旋毛虫包囊为圆形。

③钙化的旋毛虫幼虫，镜下在包囊内可见数量不等、颜色浓淡不均的黑色团块状。滴加数滴10%盐酸溶液，静置15～30 min脱钙后，可见到完整的幼虫虫体，即此包囊发生钙化；或可见断裂段、模糊不清的虫体，即此幼虫本身发生钙化。

④发生机化的旋毛虫幼虫，眼观为一个较大白点，称为“大包囊”或“云雾包”，镜下因机化透明度较差，故滴加2～3滴50%溶液，数分钟透明处理后，即可见虫体或虫体死亡的残骸。

⑤虫体鉴别。镜检时应注意旋毛虫与猪住肉孢子虫的区别。猪住肉孢子虫寄生在膈肌等肌肉中，一般情况感染率高于旋毛虫，故在检查旋毛虫易发现住肉孢子虫体。注意鉴别的方法是已发生钙化的包囊，滴加10%盐酸溶液脱钙溶解后，如可见到虫体或其痕迹者是旋毛虫包囊；而住肉孢子虫不见虫体(图7-1-1)；囊虫则能见到角质小钩和崩解的虫体团块。

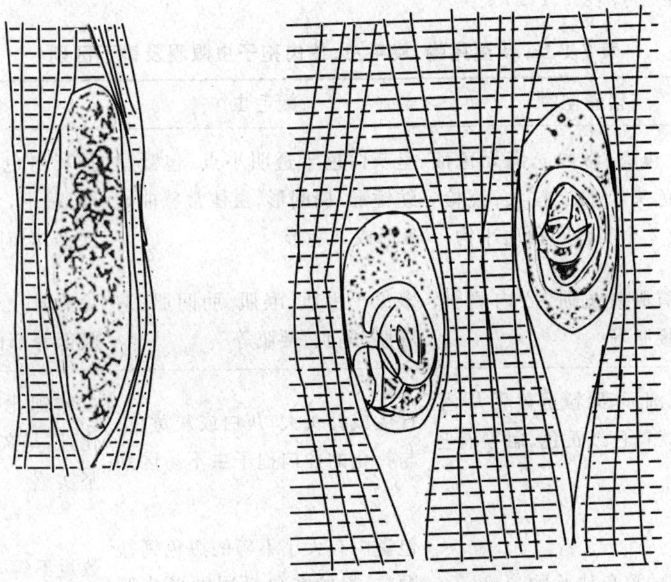

图7-1-1　旋毛虫与住肉孢子虫的区别

(1)住肉孢子虫包囊　(2)旋毛虫幼虫包囊

Ⅱ.消化检查法

(1)取肉样　检查时按胴体的编号顺序，以5～10头猪设为一组，每头猪胴体采取膈肌样5～8 g，分别放在相应顺序标号的塑料袋内送检。

(2)磨碎肉样　将标号送检的肉样，各取2 g，每一组共10～20 g，放入组织捣碎机的容器内，加入 100～200 mL 胃蛋白酶溶液，捣碎 0.5 min，肉样变为絮状且混悬在溶液中。

(3)消化　将捣碎的肉样液倒入锥形瓶中，以用等量胃蛋白酶溶液分数次冲洗容器，冲洗液也移入锥形瓶中，再以每 200 mL 消化液加入 5%盐酸溶液 7 mL 的比例，调整 pH 为 1.6～1.8，置磁力加热搅拌器上（38～41 ℃）中速搅拌，消化 2～5 min；当无磁力加热搅拌器可用 43.3 ℃温箱中，消化 4～8 min，要求不断搅拌。

(4)过滤和沉淀　先用 40～50 目铜筛过滤消化的肉样液，可以少量胃蛋白酶溶液冲洗附在瓶壁上的残渣，经粗筛后，将滤液和冲洗液都置于一个大烧杯中，过折成漏斗形的 80 目尼龙筛，再用适量的水冲，把细筛后的滤液和冲洗液集于另一个大烧杯中，让其自然沉降（加入适量碎冰块降温至 20 ℃，可加速沉降）。然后弃去烧杯中 1/2～2/3 的上清液，余下的滤液用玻棒引流于 250 mL 的分液漏斗内，经 10～15 min 沉淀，待分液漏斗底层析出沉淀物后，迅速把底层沉淀物放在事先底部已划分了若干个方格的大平皿内，待检。

(5)镜检　将平皿置显微镜下，在 50～70 倍低倍视野下检查，以平皿底划分的方格，逐个检查每一方格内有无旋毛虫幼虫或包囊。

(6)判定　若镜检发现虫体或包囊，则判定该组为旋毛虫检查阳性，还必须对该组的 5～10 头猪的肉样，逐头进行肌肉压片复检，以确定旋毛虫病猪作无害处理。

2. 鉴别诊断

旋毛虫包囊，特别是钙化和机化的包囊，镜检时易与囊尾蚴、住肉孢子虫及其他肌肉内含物相混淆，应加以区别（表 7-1-1）。

表 7-1-1　猪囊尾蚴、旋毛虫、住肉孢子虫眼观及镜下区别

虫体名称		猪囊尾蚴	旋毛虫	住肉孢子虫
虫体形态		黄豆大包囊，囊内充满无色液体，白色头节如米粒大；镜检，头节有 4 个吸盘和角质小钩	呈灰白色半透明小点，包囊呈纺锤形，椭圆形，虫体常蜷曲成 S 形或 8 字形	呈灰白色或黄白色毛根状小体，镜下，米氏囊内充满香蕉形滋养体和卵圆形孢子
虫体部位		咬肌、肩胛外侧肌，股内侧肌、心肌、腰肌等	多见于舌肌、喉肌、肋间肌、肩胛肌、膈肌、腰肌等	骨骼肌、心肌，尤以食道、腹部、股部等部位最多
虫体钙化灶	肉眼观察	椭圆或圆形，粟粒至黄豆大，呈灰白、淡黄色或黄色，触摸有坚硬感	针尖或针头大，灰白或灰黄色；与钙化的住肉孢子虫不易区别	虫体钙化灶略小于囊尾蚴钙化灶，呈灰白或灰黄色，触摸有坚实感
	压片镜检	不透明的黑色块状物	包囊内有大小不等的黑色钙盐颗粒，有的在包囊周围形成厚的组织膜	数量不等，浓淡不均的灰黑色钙化点，有时隐约可见虫体
	脱钙处理	可见角质小钩	可见虫体或残骸	可见虫体或残骸

3. 卫生处理

同囊尾蚴病。

三、住肉孢子虫病

住肉孢子虫病是由住肉孢子虫寄生于肌肉间所引起的人畜共患寄生虫病。猪、牛、羊等多种动物均可感染，人也可患此病。

1. 鉴定

(1)猪住肉孢子虫病　猪住肉孢子虫体形较小，虫体长 0.5～5 mm，主要寄生在舌肌、膈肌、肋间肌和咽喉肌等处。肉眼观察可在肌肉中看到与肌纤维平行的白色毛根状小体。显微镜检查虫体呈灰色纺锤形，内含无数半月形孢子。如虫体发生钙化，则呈黑色小团块。严重感染的肌肉、虫体密集部位的肌肉发生变性，颜色变淡似煮肉样。有时胴体消瘦，心肌脂肪呈胶样浸润等变化。

(2)牛住肉孢子虫病　牛住肉孢子虫主要寄生于食管壁、膈肌、心肌及骨骼肌，白色纺锤形，虫体大小不一，长 3～20 mm 不等。

(3)羊住肉孢子虫病　羊住肉孢子虫主要寄生于食道、膈肌和心肌等处，呈卵圆或椭圆形，最大的虫体长达 2 cm，宽近 1 cm。

2. 卫生处理

(1)虫体发现于全身肌肉，但数量较少的，不受限制出场。

(2)较多虫体发现于全身肌肉，且肌肉有病变的，整个胴体作工业用或销毁；肌肉无病变的，则高温处理后出场。

(3)局部肌肉发现较多虫体，该部高温处理后出场；其他部位不受限制出场。

(4)水牛食管有较多虫体的，食管作工业用或销毁。

四、弓形虫病

弓形虫病又称弓形体病，是由龚地弓形虫所引起的一种人畜共患原虫病。猪的感染率较高，在养猪场中可以突然大批发病，死亡率高达 60%以上。人可因接触和生食患有本病的肉类而感染，所以本病对人畜健康和畜牧业带来很大的危害和威胁。

1. 鉴定

急性感染病猪体温升高，一般可达 40.5～42 ℃，呈稽留热。呼吸困难，流水样或黏性鼻液，咳嗽甚至呕吐。耳翼、鼻端、下肢、股内侧、下腹部位出现紫红斑或点状出血。宰后病变主要有肠系膜淋巴结、胃淋巴结、颌下淋巴结及腹股沟淋巴结肿大、硬结，质地较脆，切面呈砖红色或灰红色，有浆液渗出。急性型的全身淋巴结髓样肿胀，切面多汁，呈灰白色；肺水肿，切面间质增宽，有多量浆液流出，肝脏变硬、浊肿、有坏死点；肾表面和切面有少量点状出血。

确诊须进行病原检查、动物接种和免疫学诊断。

2. 卫生处理

(1)病变脏器及淋巴结割除后作工业用或销毁。

(2)胴体和内脏高温处理后出场。

(3)皮张不受限制出场。

五、棘球蚴病

棘球蚴病又称包虫病，是由细粒棘球绦虫和多房棘球绦虫的幼虫——棘球蚴寄生于羊、牛、马、猪和人肺等器官中引起的人畜共患寄生虫病。家畜中以牛和绵羊受害最重。

1. 鉴定

棘球蚴主要寄生于肝脏，其次是肺脏。肝、肺等受害脏器体积显著增大，表面凹凸不平，可在该处找到棘球蚴；有时也可在其他脏器如脾、肾、脑、皮下、肌肉、骨、脊椎管等处发现。切开棘球蚴可有液体流出，形成腔洞(图7-4)，将液体沉淀，用肉眼或在解剖镜下可看到许多生发囊与原头蚴(即包囊砂)；有时肉眼也能见到液体中的子囊甚至孙囊。偶然还可见到钙化的棘球蚴或化脓灶。

2. 卫生处理

(1)病变严重的器官，整个作工业用或销毁；轻者则将病变部分剔除作工业用或销毁，其他部分不受限制出场。

(2)肌肉组织中有棘球蚴的，患部作工业用或销毁，其他部分高温处理后利用。

六、肝片吸虫病

肝片吸虫是牛、羊最主要的寄生虫病之一，由肝片吸虫引起，虫体通常寄生于牛、羊、鹿和骆驼等反刍动物的肝脏胆管中，猪、马属动物及一些野生动物也可寄生。人亦有被寄生的病例报道。

1. 鉴定

肝片吸虫虫体扁平，外观呈柳叶状，自胆管取出时呈棕红色，固定后变为灰白色。虫体长20～30 mm，宽5～13 mm。牛、羊急性感染时，肝肿胀，被膜下有点状出血和不规整的出血条纹，慢性病例，肝脏表面粗糙不平，颜色灰白、部分胆管显著扩张，常突出于肝脏表面，呈白色或灰黄色粗细不匀的索状。切开肝脏，可见胆管黏膜由于结缔组织极度增生而肥厚，胆管壁变硬，胆管内壁粗糙，管腔内流出污褐色或污绿色黏稠的液体，其中含有虫体。胆管发生慢性增生性炎症和肝实质萎缩、变性。导致肝硬化。

2. 卫生处理

(1)病变轻微的，割除病变部分，其他部分不受限制出场。

(2)病变严重的，整个脏器作工业用或销毁。

七、复腔吸虫病

复腔吸虫病是由矛形复腔吸虫所引起的疾病。虫体寄生在牛、羊、猪、骆驼、马、鹿和兔等肝脏胆管和胆囊内。多与肝片吸虫混合感染；这种吸虫主要见于反刍兽，偶见于人。

1. 鉴定

矛形复腔吸虫虫体比肝片吸虫小，虫体长5～15 mm，宽1.5～2.5 mm。扁平而透明，呈棕红色，前端尖细，后端较钝，表面光滑，呈矛状而得名。由于虫体的机械刺激和毒素作用，可见胆管轻度增生或黏膜卡他性炎症，胆管常呈粗细一致的粗索状。病程延久或严重侵袭时，可导致不同程度的肝硬变，边缘部分最为明显。切开所在的胆管，可见虫体随胆汁流出。

2. 卫生处理

同肝片吸虫病。

八、孟氏双槽蚴病

孟氏双槽蚴病是孟氏双槽绦虫的幼虫——孟氏双槽蚴寄生于猪、鸡、鸭、泥鳅、蛙和蛇的肌肉中所引起的一种寄生虫病。成虫寄生于狗、猫等动物的小肠内。猪主要由于吞食了含有双槽蚴的蛙类和鱼类而感染，人的感染主要是吃了生的或半生不熟的含有双槽蚴的肌肉所致，也有因用蛙皮贴敷治疗而感染的。

1. 鉴定

孟氏双槽蚴为乳白色扁平的带状虫体，头似扁桃，伸展时如长矛，背腹有一纵行吸沟，虫体向后逐渐变细，体长 1～100 cm，偶尔可见长达 1～2 m 的虫体。

主要寄生于猪的腹肌、膈肌、肋间肌等肌膜下或肠系膜的浆膜下和肾周围等处。宰后检验中最常于腹斜肌、体腔内脂肪和膈肌浆膜下发现，盘曲成团。如脂肪结节状，展开后如棉线样，如寄生于腹膜下，虫体则较为舒展。寄生数目不等。严重感染者寄生数目可达 1 700 余条。

2. 卫生处理

现行规程尚无规定。虫体较少时可经高温处理后出场，虫体数量过多的局部作工业用或销毁。

九、华支睾吸虫病

华支睾吸虫病由后睾科支睾属的华支睾吸虫寄生于猪胆管内所引起的一种吸虫病。除猪感染寄生以外，也可寄生于人、犬等动物肝脏的胆囊及胆管内，可使肝脏肿大并导致其他肝病变，是一种重要的人畜共患寄生虫病。所以本病在公共卫生上十分重要。

1. 鉴定

华支睾吸虫虫体扁平呈叶状，前端稍尖，后端较钝，体表光滑，虫体长 10～25 mm，宽 3～5 mm。由于虫体机械性刺激引起胆管和胆囊发炎，管壁增厚。消化机能受到影响。严重感染时，虫体阻塞胆管，使胆汁分泌障碍，并出现黄疸现象。寄生时间久之后，肝脏结缔组织增生，肝细胞变性、萎缩，毛细血管栓塞形成，引起肝硬化。主要病变是胆囊肿大，胆管变粗，胆汁浓稠，呈草绿色。肝表面结缔组织增生，有时引起肝硬化或脂肪变性。切开肝脏胆管和胆囊，有许多虫体。

2. 卫生处理

同肝片吸虫病。

子任务 7-2 其他寄生虫病的鉴定与卫生处理

【任务】

根据当地情况，做一份当地易发的其他寄生虫病的种类，说明其鉴定方法、卫生评价。

【学习流程】

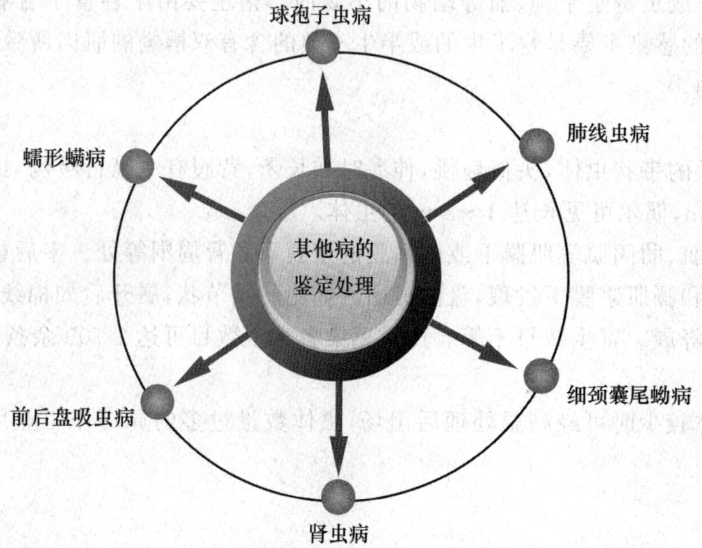

【资讯】

一、球孢子虫病

又称贝诺孢子虫病，是贝诺球孢子虫或贝氏贝诺孢子虫所致牛、马、羊和骆驼的一种慢性寄生虫病。其特征是皮肤过度增生肥厚而表现为慢性皮炎、脱毛、皲裂，因此又名厚皮病。本病不但可降低皮、肉质量，而且还可引起母牛流产，公牛精液质量下降，对养牛业发展危害较大。

1. 鉴定

贝诺球孢子虫寄生于牛的皮肤、皮下结缔组织、筋膜、浆膜、呼吸道黏膜及眼结膜、巩膜等部位。虫体形成包囊，包囊为宿主组织所形成，故称为假囊。假囊呈灰白色，圆形，细沙粒样；散在、成团或串珠状排列。直径为 100～500 μm。囊壁由两层构成，内层薄，含有许多扁平的巨核；外层厚，呈均质而嗜酸性着染，囊内无中隔。假囊中的滋养体为新月状或香蕉状，一端尖，另一端圆，核偏中央。

患部皮肤粗糙，被毛稀少，弹性消失，厚而坚硬，出现皱褶，严重者呈格子状，类似大象皮肤。在头部、四肢、背部、臀部、股部、阴囊、腰部等处，可见皮下结缔组织和表层肌间结缔组织增生肥厚，其中有许多灰白色圆形砂粒样的坚硬球孢子虫小结节，外有结缔组织包囊。严重病例，除全身皮下结缔组织外，在浅表肌层、大网膜、舌、喉头、气管和支气管黏膜、肺以及大血管内壁和心内膜上可见到寄生性结节。

确诊本病，可在皮肤病变部切取一小块或刮取皮肤深部组织，压片后镜检有无假囊或滋养体。宰后检查，在皮下、喉头、声带、软腭、鼻腔等黏膜上有散在大量白色的圆形包囊，并由包囊中检查出香蕉状的滋养体。

2. 卫生处理

同任务 7-1 中住肉孢子虫病。

二、肺线虫病

肺线虫病是由各种肺线虫寄生于支气管、细支气管内引起的一种慢性支气管肺炎。牛、羊、猪均可感染，羊和猪较为严重。严重感染时，引起肺炎，且能加重肺部其他疾病的危害。

1. 鉴定

(1)猪肺线虫病　又称猪肺丝虫病或猪后圆线虫病。由长刺后圆线虫复阴后圆线虫寄生引起。虫体呈丝线状，寄生于猪的支气管、细支气管和肺泡。肉眼病变一般不明显。在肺膈叶腹面边缘有楔状肺气肿区，支气管增厚、扩张，靠近气肿区还有坚实的灰色小支气管周围呈淋巴样组织增生和肌纤维肿大。支气管内有虫体和黏液。

(2)羊肺线虫病　也叫羊网尾虫病或肺丝虫病。是丝状网尾线虫。病理变化为尸体消瘦，贫血，支气管和纵隔淋巴结肿大。支气管内含有黏性至黏脓性甚至混有血液的分泌物团块，团块中有大量的成虫、幼虫和虫卵。支气管黏膜混浊肿胀、充血，并有小点状出血；支气管周围发炎，并有不同程度的肺膨胀不全和肺气肿。虫体寄生部位的肺表面稍隆起，呈灰白色，触诊有坚硬感，切开可见有虫体。

(3)牛肺线虫病　又称牛网尾线虫病，是胎生网尾线虫，寄生于牛的气管和支气管引起。虫体呈乳白色，细长如粗棉线，40～80 mm 不等。病理变化为肺气肿，肺门淋巴肿大，有时胸腔积液。肺脏肿大，有大小不一的块状肝变。尸体剖检在大小支气管可见虫体堵塞。

2. 卫生处理

轻度感染，割除患部；严重感染且肺部病变明显的整个器官作工业用或销毁。

三、细颈囊尾蚴病

细颈囊尾蚴病是由泡状带绦虫的幼虫——细颈囊尾蚴寄生于多种动物体内所引起的一种常见寄生虫病。成虫寄生在犬、狼等肉食兽的小肠内，幼虫寄生于猪、黄牛、绵羊、山羊等多种动物。

1. 鉴定

细颈囊尾蚴主要寄生于大网膜、肠系膜、肝、肺部位，俗称水铃铛。呈囊泡状，黄豆大或鸡蛋大，大小不等，囊壁乳白色，囊泡内含透明液体。眼观囊壁上有一个不透明的乳白色结节，即其颈部及内凹的头节所在。翻转结节的内凹部，能见到一个相当细长的颈部与其游离端的头节，头节上有 4 个吸盘和由 26～46 个角质小钩组成的一个双排齿冠。虫体寄生部位，形成较厚的包膜，包膜内虫体死亡、钙化；重者可形成一片球形硬壳，破开后可见到许多黄褐色的钙化碎片，以及淡黄色或灰白色头颈残骸。

2. 卫生处理

严重患病器官，整个作工业用或销毁；轻的，将患部割除，其他部分不受限制出场。

四、肾虫病

肾虫病又名猪冠尾线虫病，是由有齿冠尾线虫寄生于猪的肾盂、肾周围脂肪和输尿管壁等处引起的一种线虫病。本虫无需中间宿主，多以感染幼虫经消化道或皮肤感染。幼虫在体内移行过程中，可使许多器官特别是肝和肺受到损害。本病分布广泛，对养猪业，尤其是对种猪场危害很大。

1. 鉴定

经消化道重度感染的猪只，呈现急性损伤性肝炎、肝出血和形成脓肿，甚至发生肝硬变。肝淋巴结急性肿胀，肝门结缔组织水肿并常被染成淡红色或灰褐色。肝实质和肝表面有灰白色大小不等的结节，中心的为出血灶，从较大的结节中可以找到幼虫。沿门静脉分支常有红褐色瘤样的小血栓，小心切开，可在黑褐色血栓中找到幼虫，长 0.5～1 cm。在肝门结缔组织中也可见到较大的带虫包囊。肺脏受到侵袭时，在胸膜下肺小叶间常见暗红色条状出血灶，撕开后，可找到灰白色幼虫。严重侵袭时，常导致肺的广泛性出血和炎症，肺胸膜显著增厚，肺气肿。病灶中的虫体也常发生钙化死亡。肺门淋巴结水肿。

肾虫最终在肾脏、肾周围脂肪中和输尿管壁定居并形成包囊。这些包囊常带有瘘管与输尿管相通，周围结缔组织浆液性或出血性浸润，囊内含脓液和虫体，这种包囊也见于肾盂。有时引起化脓性肾炎和间质性肾炎。此外，肾虫也可见于膈肌和脊椎骨周围组织，甚至皮下结缔组织。

2. 卫生处理

病变器官和组织作工业用或销毁，其余部分不受限制出场。

五、前后盘吸虫病

前后盘吸虫病是前后盘科各属的多种前后盘吸虫引起的疾病。成虫寄生于牛、羊等反刍兽的瘤胃和胆管壁上，一般危害不严重。但大量童虫在移行过程中寄生于真胃、小肠、胆管和胆囊时，可引起较严重的疾病，甚至导致死亡。

1. 鉴定

前后盘吸虫因其种属很多，虫体大小亦因种类不同而有差异，小的虫体长仅几毫米，大的虫体长可达 20 mm 以上。虫体深红色、粉红色，有的呈乳白色。圆柱状，或梨形、圆锥形等。有两个吸盘，口吸盘位于虫体前端，腹吸盘很发达，位于虫体后端，大于口吸盘。有些虫体具有腹袋；有的口吸盘连有一对突出袋。角皮光滑，缺咽和食道，有两个肠管，睾丸多数分叶，常位于卵巢之前。卵黄腺发达，位于虫体两侧。

童虫在移行阶段，可见于真胃、十二指肠、胆管和胆囊中，剖检可见尸体消瘦，黏膜苍白，腹腔内含有淡红色的液体，有时在腹腔渗出液中甚至肾盂内也可发现幼小的虫体。真胃幽门部的黏膜有出血点和黏液。

2. 卫生处理

轻的，除去虫体；重的，切除虫体侵害部分，其余部分不受限制出场。

六、蠕形螨病

蠕形螨病又称毛囊虫病或脂螨病，是由蠕形螨科中的各种蠕形螨寄生于毛囊或皮脂腺中引起的一种寄生虫病。各种家畜各有其固有的蠕形螨寄生，但彼此互不感染。犬和猪蠕形螨病较为多见，羊、牛也常有此病。寄生于人体的有毛囊蠕形螨和皮脂蠕形螨两种。患蠕形螨病的牛皮和猪皮，在制革生产上很不适用，皮造成很大经济损失。

1. 鉴定

本病以引起皮脂腺——毛囊炎为特征。猪蠕形螨病多发生于细嫩皮肤的毛囊、皮脂腺或皮下结缔组织中。一般先发生于眼周围、鼻部和耳基部，而后逐渐向其他部位蔓延。病变部出现针尖、米粒甚至核桃大小的白色的囊，囊内含有很多蠕形螨、表皮碎屑及脓细胞。当细菌感染严重时，成为单个的小脓肿。有的患病皮肤增厚，不洁，凸凹不平且覆有皮屑，并发生皲裂。

牛蠕形螨病一般条发生于头部、颈部、肩部、背部或臀部，形成针尖至核桃大小的白色小囊瘤，内含粉状物或脓样液。也有只出现鳞屑而不形成疮疖的。

切开皮肤结节或脓疱，取其内容物作涂片镜检。蠕形螨细长，似蠕虫状，呈半透明乳白色，一般体长 0.25～0.3 mm，宽为 0.04 mm。外形上可以分为头、胸、腹 3 个部分。头部具有蹄状口器（又称假头），口器由 1 对须肢、1 对螯肢和 1 个下板组成；胸部有 4 对短粗的足；腹部长，表面具有明显的环形皮纹。

2. 卫生处理

(1)轻度感染的，病变皮肤切除作工业用或销毁，其余部分不受限制出场。

(2)严重感染且皮下组织有病变的，剥去病变部皮肤并切除病变组织后高温处理。

【资讯链接】

一、球虫病

球虫病是由艾美耳球虫属中的一些球虫如柔嫩艾美耳球虫、毒害艾美耳球虫、巨型艾美耳球虫、堆型艾美耳球虫等引起的一种地方流行性原虫病。主要侵害幼鸡，其他禽类如鸭、鹅、火鸡、鸽、鹌鹑、雉等均可感染发病，但不如鸡球虫病严重。

1. 宰前鉴定

早期症状是全身衰弱，精神委顿，病鸡喜欢拥挤成堆，两翅下垂，羽毛蓬乱，闭眼嗜睡。特征性症状是下痢，便中带血。

青年鸡和成年鸡常发生慢性肠型球虫病，而且仅少数鸡有临床表现。冠和肉髯苍白，食欲不振，形体瘠瘦，羽毛蓬乱，间歇性下痢，两腿无力或瘫痪。

2. 宰后鉴定

病变主要是盲肠显著肿大，呈棕红或暗红色，肠壁增厚，质地坚实，肠膜呈现出血性卡他性坏死性炎，肠内充满凝血块或混有血液的坏死物。

慢性肠型球虫病的病变主要在十二指肠，肠壁发炎增厚，有时在浆膜上可见到白色小斑点，黏膜发炎、粗糙，覆有黏液性渗出物。

3. 卫生评价与处理

病变肠管废弃，其余部分不受限制出厂。

二、组织滴虫病

组织滴虫病又名传染性盲肠肝炎，俗称黑头病，是火鸡组织滴虫所致禽类的一种急性原虫病。火鸡最易感，其次是鸡，野鸡、孔雀、珠鸡和鹌鹑等均可感染发病。以2周龄到3～4月龄的幼鸡最易感染，成年鸡感染后病情较轻。

1. 宰前鉴定

病鸡精神委顿，食欲减退或废绝。羽毛蓬乱，无光泽，两翅下垂，身体蜷缩，畏寒，嗜睡。下痢，粪便呈淡黄或淡绿色，严重者粪便带血色，甚至排出大量血液。后期由于循环障碍，病鸡的面部皮肤和冠呈蓝紫色或暗黑色。所以有"黑头病"之称。

2. 宰后鉴定

病变主要在盲肠和肝脏。多见一侧盲肠发生严重的出血性炎，盲肠内充满血液。典型病例，见盲肠肿大，肠壁变厚，坚实，形似香肠。剖开肠管，见肠腔充满干燥、坚实、干酪样的栓子。栓子横切面中心为黑红色凝血块，周围为灰白色或淡黄色的渗出物和坏死物。剥离栓子后，肠管只剩下菲薄的肠壁浆膜层，其黏膜层和肌层均被破坏。盲肠溃疡可使肠壁破裂，引起腹膜炎。

肝脏肿大，病变可见于整个肝表面。在肝被膜面散在或密发圆形、不规则形微凹陷的淡黄色或绿色坏死灶，周围常有红晕环绕。有时坏死灶相互融合成大片融合性坏死灶。

任务8

乳及乳制品的检验

学习目标

● 了解鲜乳的化学组成及理化性质；掌握鲜乳、品质异常乳的检验方法。

学习流程

乳新鲜度的检验 → 掺假乳的检验 → 乳房炎乳的检验 → 酸乳中乳酸菌的微生物检验

任务概述

子任务	依据及资讯
8-1 乳新鲜度的检验	乳新鲜度的检验
8-2 掺假乳的检验	掺假乳的检验
8-3 乳房炎乳的检验	乳房炎乳的检验
8-4 酸乳中乳酸菌的微生物检验	酸乳中乳酸菌的微生物检验

子任务8-1　乳新鲜度的检验

【任务】

取两个牛乳样品中，一种新鲜乳，一种是室温(时令温度)条件下保存2 d，分别对两个乳样进行感官检验，并在此基础上进行实验室检验，判断其品质，并给出处理意见。

【学习流程】

采样 → 感官检验 → 理化检验 → 乳的卫生评价与处理

【资讯】

一、乳的卫生检验

(一)采样

散装或用大型容器盛装的乳,采样前应先将牛乳充分混合,并按被检乳量的 0.02%~0.1%进行取样,每份样品不得少于 250 mL。若为瓶装或袋装乳,取整件原装的样品按生产班次分批取样或按批号取样。采样量按每批或每个班次取 1%。所取样品分为 3 份,分别供检验、复检和备查用。采集理化检验的样品时所用采样容器都必须清洁干燥,不得含有待测物质或干扰物质;采集微生物检验用的取样容器必须无菌。牛乳样品应迅速贮存在 2~6 ℃环境中,以防变质。

所取各批样品均应进行容器或重量的鉴定,实际容量与标签上标示的容量偏差应小于 1.5%。此批样品中至少有 1 瓶做微生物学检验,其余做感官检验及理化检验。

(二)感官检验

正常牛乳应为乳白色或稍带黄色,有特殊的乳香味,无异味,组织状态均匀一致,无凝块和沉淀,不黏滑。评定方法如下:

(1)色泽和组织状态检查　将少许乳倒入器皿中,观察颜色。静置 30 min 后将乳小心倒掉,观察有无沉淀和絮状物。用手指沾乳汁,检查有无黏稠感。

(2)气味的检查　将少许乳倒入试管中加热后,嗅其气味。

(3)滋味的检查　口尝加热后乳的滋味。

根据各项感官鉴定,判断乳样是正常乳或异常乳。

(三)理化检验

主要检验乳的密度、乳脂率、蛋白质、新鲜度、有害物质等的检验。

1. 密度的测定

一般多用 20 ℃/4 ℃乳稠计来测定乳的密度。方法是取混匀并调节温度为 10~25 ℃的样品,小心倒入玻璃圆筒或 200~250 mL 量筒内,勿使发生泡沫并测量样品温度。小心将乳稠计沉入样品中到相当刻度 30°处,然后让其自然浮动,但不能与筒内壁接触。静置 2~3 min,眼睛对准筒内牛乳液面的高度,读出乳稠计数值。如果测定温度不在 20 ℃,则应进行纠正。

2. 乳脂率的测定

我国食品卫生理化检验标准(GB/T 5009.46—2003)规定乳脂肪的测定方法有哥特里-罗兹法、盖勃氏法、巴布科克氏法和伊尼霍夫氏碱法 4 种。其中盖勃氏法因测定简便迅速在检验工作中较为常用,但因糖易焦糖化,故此法不适用于含糖高的样品,而适用于酸性的液态或粉状和脂肪含量高的样品。

3. 蛋白质的测定

取巴氏杀菌乳或灭菌乳 10 g,按 GB 5009.5—2010 规定的凯氏定氮法,将样品消化、蒸馏，滴定后计算乳中蛋白质的含量。

4. 新鲜度的测定

通过酸度(°T) 是以酚酞为指示剂，中和 100 mL 乳所需 0.1 mol/L NaOH 标准溶液的毫升数。检验方法按 GB/T 5009.46—2003 规定用中和滴定法。

(1)酸度滴定实验　通过测定牛乳的酸度可以确定牛乳的新鲜度，同时可反映乳质的实际情况。

原理：新鲜牛乳的酸度一般为 16～18°T。在牛乳存放过程中，由于微生物的活动，分解乳糖产生乳酸，使乳的酸度升高。所以测定乳的酸度是判定乳新鲜度的重要指标。

实验材料：

①仪器：碱式滴定管。

②试剂：0.1 mol/L NaOH 标准溶液；1%酚酞指示剂；不同新鲜度的乳样 2～3 个。

操作方法：用吸管量取 10 mL 混匀的乳样，注入 150 mL 三角瓶中，加入 20 mL 中性蒸馏水稀释，加入 5 滴酚酞指示剂，小心混匀，以 0.1 mol/L NaOH 标准溶液滴定，边滴边摇，直至微红色在1 min内不消失为止。将滴定所消耗的 0.1 mol/L NaOH 标准溶液的毫升数乘以 10，即为100 mL乳样的滴定酸度。

注意事项：

①部颁标准规定使用的 0.1 mol/L NaOH，应经精密标定后使用；其中不应含 Na_2CO_3。故所用蒸馏水应先经煮沸冷却，以驱除 CO_2。

②温度对乳的 pH 有影响，因乳中具有微酸性物质，离解程度与温度有关，温度低时滴定酸度偏低。最好在(2±5)℃时滴定为宜。

③滴定很慢时，则消耗碱液多，误差大，最好在 20～30 s 完成。

(2)酒精实验

原理：根据牛乳中的蛋白质遇到酒精时的凝固特征，以判断牛乳的酸度。在酒精试验时，乳的酸度越高，酒精浓度越大，乳的凝絮现象越易发生。

实验材料：

①仪器：ø15 mm×150 mm 试管；2 mL 刻度吸管；200 mL 烧杯。

②试剂：68°中性酒精溶液；不同新鲜度的牛乳乳样 2～3 个。

操作方法：吸取 2 mL 牛乳于试管中，加入 2 mL 中性酒精，振摇后不出现絮片就符合酸度标准(表 8-1-1)。

表 8-1-1　酸度标准

酒精浓度	界限酸度(不产生絮片的酸度)
68°	20°T 以下
70°	19°T 以下
72°	18°T 以下

如果牛乳出现絮片，即酒精试验为阳性，表示其酸度较高。牛乳酸度与被酒精所凝固的蛋白质的特征之间的关系见表 8-1-2。

表 8-1-2 在牛乳的不同酸度下，被 68°酒精凝固的牛乳蛋白质特征

牛乳酸度/°T	牛乳蛋白质凝固的特征	牛乳酸度/°T	牛乳蛋白质凝固的特征
21～22	很细的絮片	26～28	大的絮片
22～24	细的絮片	28～30	很大的絮片
24～26	中型的絮片		

也可以用其他浓度的酒精代替 68°酒精，但要在不同度数的酸度下才能开始产生蛋白质的凝固。对于牛乳的标准，应该采用 68°、70°或 72°中性酒精比较适宜。表 8-1-3 为在各种浓度的酒精溶液中，牛乳蛋白质的凝固特征。

表 8-1-3 在各种浓度的酒精中，牛乳蛋白质凝固的特征

酒精浓度(°)	牛乳蛋白质凝固的特征	牛乳酸度/°T	酒精浓度(°)	牛乳蛋白质凝固的特征	牛乳酸度/°T
44	细的絮片	27.0	68	细的絮片	20.0
52	细的絮片	25.0	70	细的絮片	19.0
60	细的絮片	23.0	72	细的絮片	18.0

注意事项：

①非脂乳固体较高的水牛乳、牦牛乳和羊乳，酒精试验呈阳性反应，但热稳定性不一定差，乳不一定不新鲜。因此对这些乳进行酒精试验，应选用低于 68°的酒精溶液。由于地区不同，尚无统一标准。

②牛乳冰冻也会形成酒精阳性乳，但这种乳热稳定性较高，可作为乳制品原料。

③酒精要纯，pH 必须调到中性，使用时间超过 5～10 d 必须重新调节。

(3)煮沸实验　吸取 10 mL 牛乳，移入试管中，置于沸水浴中加热 5 min，取出，观察试管壁上有无絮片或是否发生凝固，如产生絮片或发生凝固，则表示乳不新鲜，其酸度大于 26°T（表 8-1-4）。

表 8-1-4 牛乳的酸度与凝固温度的关系

酸度/°T	凝固的条件	酸度/°T	凝固的条件
18	煮沸时不凝固	40	加热至 65 ℃时能凝固
22	煮沸时不凝固	50	加热至 40 ℃时能凝固
26	煮沸时能凝固	60	22 ℃时自行凝固
28	煮沸时能凝固	65	16 ℃时自行凝固
30	加热至 77 ℃时能凝固		

(4)有害物质的测定　按 GB/T 5009.46—2003 规定测定黄曲霉毒素、汞、砷、铅、六六六和滴滴涕等有害生物污染物和有害化学污染物。

(5)微生物检验　乳及乳制品的微生物检验包括菌落总数测定、大肠菌群测定、沙门氏菌检验、志贺氏菌检验、金黄色葡萄球菌等肠道致病菌和霉菌的检验。具体方法参照中华人民共和国国家标准 GB 4789—2003 中的规定。

二、乳的卫生评价与处理

(一)合格乳标准

1.原料乳

应符合《生鲜牛乳收购标准》(GB 19301—2003)的规定。

(1)感官指标 正常牛乳应为乳白色或微带黄色,不得含有肉眼可见的异物,不得有红色、绿色或其他异色;不能有苦、咸、涩的滋味和饲料、青贮、霉等其他异常气味。

(2)理化指标 生鲜牛乳的理化指标见表 8-1-5。

表 8-1-5 生鲜牛乳的理化指标

项 目	指 标
脂肪/%	≥3.10
蛋白质/%	≥2.95
密度/(20 ℃/4 ℃)	≥1.028
酸度/°T	≤0.162
杂质度/(mg/kg)	≤4
汞/(mg/kg)	≤0.01
六六六、滴滴涕/(mg/kg)	≤0.1

(3)细菌指标 生鲜牛乳的细菌指标见表 8-1-6,灭菌乳原料乳的微生物指标见表 8-1-7。

表 8-1-6 生鲜牛乳的细菌指标

分级	平皿细菌总数分级指标/(万个/mL)	美蓝褪色时间分级指标
Ⅰ	≤50	≥4 h
Ⅱ	≤100	≥2.5 h
Ⅲ	≤200	≥1.5 h
Ⅳ	≤400	≥40 min

表 8-1-7 灭菌乳原料乳的微生物要求

项 目	指标/(CFU/mL)
细菌总数	≤100 000
芽孢总数	≤100
耐热芽孢数	≤10
嗜冷菌数	≤1 000

2.绿色食品消毒牛乳

绿色食品消毒牛乳各项指标应符合 NY/T 657—2002,感官指标、理化指标、微生物指标见表 8-1-8 至表 8-1-10。

表 8-1-8　绿色食品消毒牛乳感官指标

项　目	指　标
色泽	呈乳白色或稍带黄色
组织状态	呈均匀的胶态流体，无沉淀，无凝块，无杂质和其他异物
滋味与气味	具有新鲜牛乳固有的香味，无其他异味

表 8-1-9　绿色食品消毒牛乳理化指标

项　目	指　标
相对密度(20 ℃/4 ℃)	≤1.028～1.032
全乳固体/%	≤11.2
杂质度/(mg/kg)	≤2.00
脂肪/%	≤3.00
酸度/°T	≤18.00
汞/(以 Hg 计，mg/kg)	≤0.005
砷/(以 As 计，mg/kg)	≤0.1
铅/(以 Pb 计，mg/kg)	≤0.05
铜/(以 Cu 计，mg/kg)	≤0.50
锌/(以 Zn 计，mg/kg)	≤10
硒/(以 Se 计，mg/kg)	≤0.03
硝酸盐/(以 $NaNO_3$ 计，mg/kg)	≤6
亚硝酸盐/(以 $NaNO_2$ 计，mg/kg)	≤0.35
六六六/(mg/kg)	≤0.05
DDT/(mg/kg)	≤0.05
黄曲霉毒素 M_1/(μg/kg)	≤0.5
抗生素	不得检出

表 8-1-10　绿色食品消毒牛乳微生物指标

项　目	指　标
细菌总数/(个/ mL)	≤15 000
大肠菌群/(个/100 mL)	≤40
致病菌	不得检出

(二)不合格乳的卫生评价

鲜乳经过全面检查。有下列缺陷者，不得食用，应予以销毁。

(1)乳有下述缺陷者，禁止销售。

①乳出现黄色、红色或绿色等异常色泽。

②乳汁黏稠、有凝块或沉淀，有血或脓，肉眼可见异物或杂质。

③有明显的饲料味、苦味、酸味、霉味、臭味、涩味及其他异常气味或滋味。

(2)乳汁内有明显污染物或加有防腐剂、抗生素和其他任何有碍食品卫生物质者，也不得销售。

(3)牛乳密度不得低于1.028～1.032；乳脂率不得低于3.0%；酸度不得大于22°T。乳中不得检出掺杂、掺假物质和致病菌。

(4)炭疽、牛瘟、狂犬病、钩端螺旋体病、开放性结核、乳房放线菌病等患畜乳，一律不准食用。

【资讯链接】

原料乳的品质直接影响乳制品的风味、贮藏性能等，提高乳品的卫生质量，确保消费者的安全，必须加强和规范乳与乳制品的卫生监督管理和检验工作。

鲜乳的生产卫生

为了得到品质良好的乳，在原料的生产中除了改良动物的品种、加强饲养管理外，还应严格遵守卫生制度，最大限度地杜绝污染。养殖场应制定生产卫生制度，加强卫生监督和管理。

1.奶牛场的环境设计与设施的卫生

(1)场址要求　奶牛场应建立在交通方便、水质良好、水量充沛、地势高燥、环境幽静、无有害体、烟雾、灰沙及其他污染的地区，并且远离学校、公共场所、居民住宅区。

(2)场区的布局与设施要求　场内的饲养区、生活区布置在场区的上风、高燥处，兽医室、产房、隔离病房、贮粪场和污水处理池应布置在场区的下风、较低处；场区内的道路坚硬、平坦、无积水。牛舍、运动场、道路以外地带应绿化；场区牛舍应坐北朝南，坚固耐用，宽敞明亮，排水通畅，通风良好，能有效地排出潮湿和污浊的空气，夏季应增设电风扇或排风扇通风降温，饲养区门口通道地面设3.8 m×3 m×0.1 m的消毒池，人行通道除设地面消毒池外，增设紫外线消毒灯；场区内应设有牛粪尿处理设施，处理后应符合GB 7959—2012的规定，排放出场的污水必须符合GB 8978—1996的有关规定；场区内必须设有更衣室、厕所、淋浴室、休息室。更衣室内应按人数配备衣柜，厕所内应有冲水装置。非手动开关的洗手设施和洗手用的清洗剂；场内必须设有与生产能力相适应的微生物和产品质量检验室，并配备工作所需的仪器设备和经专业培训、考核合格的检验人员；场内需设置专用危险品库房、橱柜，存放有毒、有害物品，并贴有醒目的“有害”标记。在使用危险品时需经专门管理部门核准并在指定人员的严格监督下使用。

(3)场区的供、排水系统　场区内应有足够的生产用水，水压和水温均应满足生产需要，水质应符合GB 5749—2006的规定。如需配备贮水设施，应有防污染措施，并定期清洗、消毒；场区内应具有能承受足够大负荷的排水系统，并不得污染供水系统。

2.饲养管理

各种饲草应干净、无杂质，不霉烂变质；各种饲料收购和贮藏应符合GB 13078—2001的规定；饮水卫生应符合GB 5749—2006的规定。饮水池应定期清洗、换水。饲喂前饲草应铡短，扬弃泥土。清除异物，防止污染；块根、块茎类饲料需清洗、切碎，冬季防冷冻；每天应清洗牛舍槽道、地面、墙壁，除去褥草、污物、粪便。清洗工作结束后应及时将粪便及污物运送到贮粪场。运动场牛粪派专人每天清扫,集中到贮粪场;场区内应定期或在必要时进行除虫灭害,清除杂草,防止害虫滋生,但药液不得直接触及牛体和盛奶用具;场内不得饲养其他家畜家禽,并防止其进入场区。

3.防疫与检疫

保证乳畜的健康是生产优质乳的先决条件,饲养场必须建立检疫和防疫制度,培育无规定弊病的乳牛群。

(1)防疫　进出车辆与人员要严格消毒;场内应建立必要的消毒制度;每旬一次牛槽消毒,每月一次牛舍消毒,每季一次全场消毒;初生牛犊7 d内每天应饮足其母牛的初乳,第一次饮奶时间应在出生后1 h之内;每年3、4月间,全群进行无毒炭疽芽孢苗的防疫注射,密度不得低于95%。

(2)检疫　每年春季或秋季对全群进行布鲁氏菌病和结核病的实验室检验,检疫密度不得低于90%。在健康牛群中检出的阳性牛扑杀,深埋或火化;非健康牛群的阳性牛及可疑阳性牛可隔离分群饲养,逐步淘汰净化。对下列疾病进行临床检查.必要时作实验室检验:口蹄疫、蓝舌病、牛白血病、副结核病、牛肺疫。牛传染性鼻气管炎和黏膜病;检测方法同GB 16567—1996中种牛检疫的规定,检出阳性后按有关兽医法规处理。多雨年份的秋季应作肝片吸虫的检查。

4.工作人员的健康与卫生要求

场内饲养、挤奶人员每年进行健康检查,在取得健康合格证后方可上岗工作。场有关部门应建立职工健康档案。患有下列病症之一者不得从事饲草、饲料收购、加工、饲养和挤奶工作:痢疾、伤寒、弯杆菌病、病毒性肝炎等消化道传染病(包括病原携带者);活动性肺结核、布鲁氏菌病;化脓性或渗出性皮肤病;其他有碍食品卫生、人畜共患的疾病。

挤奶员手部受刀伤和其他开放性外伤,未愈前不能挤奶。饲养员和挤奶员工作时必须穿戴工作服、工作帽和工作鞋(靴)。挤奶员工作时不得佩戴饰物和涂抹化妆品,并经常修剪指甲。工作帽、工作服、工作鞋(靴)应经常清洗、消毒;对更衣室、淋浴室、休息室、厕所等公共场所要经常清扫、清洗、消毒。

5.挤奶卫生

挤奶分为手工挤奶和人工挤奶。

(1)手工挤奶　奶牛进牛舍后必须先冲洗,刨刷牛体,然后再饲喂挤奶。挤奶前应先清除牛床上粪便,固定牛尾,使用40～45 ℃温水清洗、按摩、擦干乳房。一牛一条毛巾,一牛一桶水,乳头严禁涂布润滑油脂。挤奶开始第一、二把奶应丢弃。挤奶时,若遇牛排尿或排粪应及时避让。挤奶后应对奶牛乳头逐个进行药浴消毒。挤奶应先挤健康牛,再挤病牛。病牛的奶,尤其是患乳房炎病牛的奶应单独存放,另行处理。盛奶用具使用前、后必须彻底清洗、消毒。

(2)机器挤奶　机器挤奶机在使用时应保持性能良好,送奶管和贮奶缸使用后应及时清洗、消毒。挤奶开始前逐一对每头牛每个乳区作乳房炎的检查,阳性牛改为手工挤奶。挤奶前用温水清洗乳房和乳头,并用一次性纸巾擦干。挤奶后用消毒液喷淋乳头消毒。

子任务8-2 掺假乳的检验

【任务】

购置几种不同来源的鲜牛乳，先进行感官检验，进行初步判断，以此为依据制定几个掺假(水、碱、盐、淀粉等)的检验及卫生处理方案。

【学习流程】

采样 → 感官检验 → 理化检验

【资讯】

乳品生产和经营者在乳中加入各种物质，以假乱真、以杂当真或以伪当真，最终目的是获取非法利润。

首先对乳进行感官检验，观察乳的色泽、稀稠，鼻闻有无不正常的气味，如酸味、腥味、闷煮味等。口尝有无异味，如咸味、苦涩味等。再根据不同情况，采用不同的检验方法。常见的掺假有掺水、掺碱、掺淀粉、掺盐等几种。其检验方法如下。

一、掺水的检验

(1)原理　对于感官检查发现乳汁稀薄，色泽发灰(即色淡)的乳，有必要作掺水检验。目前常用的是比重法。因为牛乳的比重一般为1.028～1.034，其与乳的非脂固体物的含量百分数成正比。当乳中掺水后。乳中非脂固体含量百分数降低，比重也随之变小。当被检乳的比重小于1.028时，便有掺水的嫌疑，并可用比重数值计算掺水百分数。

(2)仪器、试样　乳稠计有20 ℃/4 ℃和15 ℃/15 ℃的两种。前者测得的数值加2即换算为后者测得的数值。

200～250 mL量筒1只，温度计1只，200 mL烧杯2只。掺水与未掺水乳样各1～2个。

(3)测定方法

①将乳样充分搅拌均匀后小心沿量筒壁倒入筒内2/3处。防止产生泡沫而影响读数。将乳稠计小心放入乳中，使其沉入到1.030刻度处，然后让其在乳中自由游动(防止与量筒壁接触)。静止2～3 min后，两眼与乳稠计同乳面接触处成水平位置进行读数，读出弯月面上缘处的数字。相对密度与乳稠计刻度的关系为：

乳稠计读数=(样品的相对密度－1.000)×1 000

②用温度计测定乳的温度。

③计算样品的密度。乳的密度是指别20 ℃时乳与同体积4 ℃水的质量之比，所以，如果乳温不是20 ℃时，需进行校正。在乳温为10～25 ℃范围内，乳密度随温度升高而降低，随温度降低而升高。温度每升高或降低1 ℃时，实际密度减小或增加0.000 2(即0.2度)。故校正为实际密度时应加或减去0.000 2。例如乳温度为18 ℃时测得密度为1.034，则校正为20 ℃乳的密度应为：

1.034－0.000 2×(20－18) ＝ 1.034－0.000 4＝1.033 6

与正常的密度对照,以判定掺水与否。

二、掺碱(碳酸钠)的检验

1. 玫瑰红酸定性法(常用)

玫瑰红酸 pH 范围为 6.9～8.0,遇到碱性乳,其颜色由肉桂黄色(亦即棕黄色)变为玫瑰红色。

(1)原理　鲜乳保藏不好时酸度往往升高,加热煮沸时会发生凝固。为了避免被检出高酸度乳,有时向乳中加碱。感官检查时对色泽发黄,有碱味,口尝有苦涩味的乳应进行掺碱检验。

(2)仪器、试剂　200 mL 试管 2 只;0.05％玫瑰红酸酒精液(溶 0.05 g 玫瑰红酸于100 mL 95％酒精中)。

(3)方法　于 5 mL 乳样中加入 5 mL 玫瑰红酸液,摇匀,乳呈肉桂黄色为正常,呈玫瑰红色为加碱。加碱越多,玫瑰红色越鲜艳,应以正常乳作对照。

2. 溴麝香草酚蓝法

(1)原理　溴麝香草酚蓝是一种酸碱指示剂,在 pH 6.0～7.6 的溶液中有从黄到蓝的颜色变化,牛乳加入碱后,可使溴麝香草酚蓝的显色反应与正常牛乳不同。

(2)试剂　0.04％溴麝香草酚蓝乙醇溶液。

(3)操作方法　把 5 mL 被检乳样注入试管中,将试管保持倾斜,沿管壁小心加入麝香草酚蓝溶液 5 滴,把试管小心斜转 2～3 转,使这些液体更好地相互接触,但切忌液体相互混合。然后把试管垂直放置,2 min 后根据环层指示剂颜色的特征确定结果。同时须作对照实验。颜色变化情况见表 8-2-1。

表 8-2-1　颜色判断标准

项目	颜色	项目	颜色
无碳酸钠	黄色	含 0.5％碳酸钠	青绿色
含 0.03％碳酸钠	黄绿色	含 0.7％碳酸钠	淡绿色
含 0.05％碳酸钠	淡绿色	含 1.0％碳酸钠	蓝色
含 0.1％碳酸钠	绿色	含 1.5％碳酸钠	深蓝色
含 0.3％碳酸钠	深绿色		

三、掺淀粉的检验

(1)原理　掺水的牛乳,乳汁变得稀薄,比重降低。向乳中掺淀粉可使乳变稠,比重接近正常。对有沉渣物的乳,应进行掺淀粉检验。

(2)仪器及试剂　20 mL 试管 2 只;5 mL 吸管 1 只。

试剂:碘溶液。取碘化钾 4 g 溶于少量蒸馏水中,然后用此溶液溶解结晶碘 2 g,待结晶碘完全溶解后,移入 100 mL 容量瓶中,加水至刻度即可。

乳样:掺淀粉乳样和正常乳样各 1～2 个。

(3)方法　取乳样 5 mL 注入试管中,稍稍煮沸,待冷却后加入碘溶液 2～3 滴。乳中有淀粉时,即出现蓝色、蓝紫色或暗红色及其沉淀物。

四、掺盐的检验

(1)原理　向乳中掺盐,可以提高乳的比重,口尝有咸味的乳有掺盐的可能,须进行掺盐检验。

(2)仪器及试剂　20 mL 试管 2 支;1 mL 吸管 1 支;5 mL 吸管 1 支。

试剂:0.1 mol/L 硝酸银溶液;10%铬酸钾水溶液

乳样:掺盐乳样和正常乳样各 1～2 个。

(3)方法　取乳样 10 mL 于试管中,滴入 10%铬酸钾 2～3 滴后,再加入 0.1 mol/L 硝酸银 5 mL(羊乳需 7 mL)摇匀,观察溶液颜色。如出现黄色,则表明掺有食盐,且说明乳中氯化物已超过了 0.14%(因全部银已被沉淀成氯化银)。若呈橙色,则表明未掺食盐。一般氯化物正常含量为 0.09%～0.14%。

五、掺硝酸盐的检验

将含有硝酸盐的水及食盐掺入乳中,有可能引起食物中毒,必要时对乳需作硝酸盐检验。

(1)原理　在柠檬酸溶液中,NO_3^- 能被 Zn 还原为 NO_2^-,NO_2^- 与对氨基苯磺酸及盐酸萘乙二胺作用生成红色偶氮化合物。

(2)仪器及试剂

仪器:200 mL 试管 2 只;2 mL 吸管 2 只。

试剂:①$BaSO_4$ 100 g(110 ℃烘干 1 h);②柠檬酸 75 g;③$MnSO_4 \cdot H_2O$ 10 g;④对氨基苯磺酸 4 g;⑤盐酸萘乙二胺 2 g。

将少量研细 Zn 粉与 $BaSO_4$ 混合,再与②～⑤全部混合为固体试剂。保存于棕色瓶中备用(密封保持干燥)。

乳样:掺硝酸盐乳样及正常乳样各 1～2 个。

(3)方法　在 2 mL 乳中加上述固体试剂 0.3 g,在硝酸盐存在时,振荡 1 min 后显红色。

六、掺亚硝酸盐的检验

常将亚硝酸盐误当作 NaCl 或 Na_2CO_3 掺入乳中而引起中毒。

(1)仪器　200 mL 试管 2 只,2 mL 吸管 2 支,乳钵 1 个。

(2)试剂　对氨基苯磺酸 10 g,1-萘胺 1 g,酒石酸 8.9 g。

3 种试剂分别称好后于乳钵中研碎,在棕色瓶中干燥保存备用。

乳样:掺亚硝酸盐的乳样及正常乳样各 1～2 个。

(3)方法　取乳样 2 mL,加固体试剂 0.2 g 混合,有 NO_2^- 存在时显桃红色。

七、饴糖、白糖的检出

(1)仪器与药品　5 mL 吸管 1 支、量筒 1 支、50 mL 烧杯 1 个、试管 2 支、50 mL 三角瓶 1 个、漏斗 1 个、滤纸 2 张、100 mL 烧坏 1 个、电炉 1 台、0.1 g 间苯二酚 1 包。

(2)操作方法　量取 30 mL 乳样于 50 mL 烧杯中，加入 2 mL 浓盐酸，混合均匀，待乳凝固后进行过滤。吸取 15 mL 滤液于试管中，再加入 0.1 g 的间苯二酚，混合均匀，完全溶解后置沸水浴中数分钟。

(3)判定标准　出现红色者为掺糖可疑乳样。

八、尿素的检出

(1)仪器与药品　5 mL、1 mL 吸管各 2 支，试管 2 支，1%的硝酸钠溶液，浓硫酸(比重 1.80～1.84)，格里斯试剂(89 g 酒石酸，10 g 对氨基苯磺酸和 1 g α-萘胺 3 种试剂在乳钵内研成粉末，贮存在茶色瓶中备用)。

(2)操作方法　去乳样 3 mL 混入试管中，向试管中加入 1%硝酸银溶液 1 mL 及浓硫酸 1 mL，摇匀后再加入少量格里斯试剂粉混合均匀后，观察其颜色变化，如有尿素存在则颜色不变(因尿素与亚硝酸盐作用在酸性溶液中生成 CO_2、N_2 和 H_2O)，无尿素则亚硝酸盐与对氨基苯磺酸重氮化后再与 α-萘胺作用形成偶氮化合物，呈紫色。

九、过氧化氢的测定

(1)仪器与药品　1 mL 吸管 2 支、试管 2 支、稀硫酸溶液(1∶1 稀释)，1%碘化钾淀粉溶液(3 g 淀粉先用少量温水混合成乳浊液然后边搅拌边加入沸水 100 mL，冷却后加入碘化钾溶液 5 mL，事先取碘化钾 3 g 溶于 5 mL 蒸馏水中)。

(2)测定方法　用吸管取 1 mL 被检乳注入试管内，加 1 滴稀硫酸，然后滴加 1%碘化钾淀粉溶液 3～4 滴，摇动混匀后，观察其结果。如果显现蓝色，则判定为过氧化氢阳性，否则为阴性。

十、乳中豆浆的测定

(1)仪器与试剂　5 mL 吸管 2 支、2 mL 吸管 1 支、大试管 2 支、28%氢氧化钾溶液、乙醇乙醚等量混合液。

(2)操作方法　取样乳 5 mL 注入试管中，吸取乙醇乙醚等量混合液 3 mL 加入试管中，再加入 28%氢氧化钾溶液 2 mL。摇匀后置于试管架上。5～10 min 观察颜色变化情况。呈黄色时则表明有豆浆存在。同时作对照试验(因豆浆中含有皂角式，与氢氧化钾作用而呈现黄色)。

十一、乳中抗生素的测定

1. TTC 检验

(1)原理　以 TTC 作为指示剂，如鲜乳样品中有抗生素存在，乳中加入菌种经培养后，菌种不增殖，此时，加入的 TTC 指示剂不还原，样品仍然呈无色状态。与此相反，如鲜乳中有抗生素存在，则加入的菌种即行增殖，TTC 还原变成红色，样液随之被染成红色。因此，鲜乳样品仍呈现乳的本色即为阳性。

(2)仪器与试剂　恒温水浴槽、恒温培养箱、1 mL 灭菌试管 2 支、10 mL 灭菌试管 2 支、灭菌的 10 mL 具塞刻度试管或灭菌带棉塞的普通试管 3 支。

试验菌液：使用(嗜热链球菌 *Sir. thermophilus*)，接种在脱脂乳培养基或 10%脱脂乳粉培养基中保存，每隔 20 min 接种一次，检查时，将保存的菌种接种于灭菌的脱脂乳或 10%脱脂乳粉中，接种时间不超过 20 d。在检验前 1 d，进行接种(培养 12 h 后)，用等量的灭菌脱脂乳稀释 2 倍使用。

TTC(氮化三苯基四氮唑)试剂：1 g TTC 溶于 25 mL 灭菌蒸馏水中，置于褐色瓶中在冷暗处(7 ℃以下)保存。最好是现用现配。

(3)操作方法　吸取 9 mL 样乳注入试管甲中，另 2 个试管乙、丙注入不含抗生素的灭菌脱脂乳 9 mL 作为对照。将试管甲置于 80 ℃恒温水浴中 5 min 灭菌后冷却至 37 ℃。向试管甲和试管乙中各加入试验菌稀释 1 mL，充分混合，然后将试管甲、乙、丙 3 管置于 37 ℃恒温水浴中 2 h(注意水面不要高于试管的液面，并要避光)，然后取出向 3 个试管中各加 0.3 mL TTC 试剂，混合后置于恒温箱(或水浴)中 37 ℃培养约 30 min，观察试管中的颜色变化。如甲管与乙管同时出现红色，则表明无抗生素存在，甲管与乙管相同，颜色无变化，则再于 37 ℃的恒温箱(或水浴)中培养约 30 min，进行第 2 次观察。

2. 滤纸片法

(1)仪器与试剂　无菌镊子、无菌蒸馏水，菌种保存培养基(酵母浸汁 2 g、肉汁 1 g、蛋白 5 g、琼脂 15 g、氯化钠 15 g、蒸馏水 1 000 mL)，增菌培养基(酵母浸汁 1 g、胰蛋白胨 2 g、葡萄糖 0.05 g、蒸馏水 100 mL、pH 8.0，120 ℃、20 min 灭菌)，试验用琼脂平板培养基(酵母浸汁 2.5 g、胰蛋白胨 5 g、葡萄糖 1 g、琼脂 15 g、蒸馏水 1 000 mL，pH7.0、120 ℃、20 min 灭菌)，试验用菌(将 *B. calicolactis* C_{953} 菌种用增菌培养基 55 ℃培养 16～18 h、琼脂平板培养基 55 ℃加热溶解，1∶5 比例混合，然后倾入预先加热至 55 ℃的平皿中，厚度为外 0.8～1.0 mm，供当日使用。如装入塑料袋中冷冻保存，可供数日使用，滤纸片(直径为 12～13 mm 和 8～10 mm)。

(2)操作方法　用灭菌镊子夹住浸入乳样中(事先要混合均匀)，去掉多余的乳，放在平板上，用镊子轻轻按实，然后将平皿倒置于 55 ℃温箱中，培养 2.5～5.0 h，取出观察滤纸片周围有无抑菌环出现。有抑菌环证明有抗生素存在。如需进行定量，则可用配制不同浓度的抗生素标准液的抑菌环的大小作比较。本法对青霉素的检出浓度为 0.05～0.02 IU/mL。

除此之外，不添加防腐剂，主要有甲醛、苯甲酸、水杨酸、硼酸及其盐类、过氧化氢、亚硝酸钠、重铬酸钾等。

(3)卫生处理　除单纯掺水奶可作奶粉等浓缩加工的奶制品原料外，其他的掺假掺杂奶一律不得作为食用。

子任务8-3 乳房炎乳的检验

【任务】

采正发生乳房炎的奶牛，取其乳，对其进行抗生素的检验，并给出处理意见。

【学习流程】

乳房炎乳的简易测定方法 ⇒ 乳房炎乳的卫生处理

【资讯】

乳房炎乳、盐类不平衡乳的氯含量高，热稳定性差，一般酒精试验阳性，其检查方法有多种，主要介绍氯糖数测定和氯化物简易测定两种。

一、乳房炎乳的简易测定方法

1. 试剂调配方法

称取 60 g 碳酸钠（$Na_2CO_3 \cdot 10H_2O$），溶于 100 mL 水中，另称取 40 g 无水氯化钙溶于 300 mL 水中。二者溶液需加温和过滤，然后互相混合在一起，加入等量的15%氢氧化钠溶液。搅拌均匀后过滤，加入少量溴甲酚紫，有助于观察结果。

2. 检验方法

吸取 3 mL 乳样，置于白色平皿中，加入 0.5%上述试剂，混合均匀，约 10 s 后观察结果。

3. 结果判断

无沉淀及絮片……（－）阴性

稍有沉淀发生……（±）可疑

有明显沉淀……（＋）阳性

发生黏稠性团块并继之分成薄片……（＋＋）强阳性

有持续性的黏稠性团块（凝胶）……（＋＋＋）强阳性

二、乳腺炎乳的卫生处理

不管什么原因引起的乳腺炎，其乳全部销毁。

子任务8-4 酸乳中乳酸菌的微生物检验

【任务】

任选几个不同厂家的酸乳，进行乳中微生物的检验，对其品质做一个公平合理的评价，并说明其主要原因。

【学习流程】

酸乳中乳酸菌的微生物检验 ⇒ 不合格酸乳的卫生处理

【资讯】

一、酸乳中的微生物检验

活性酸奶需要控制各种乳酸菌的比例，有些国家将乳酸菌的活菌数含量作为区分产品品种和质量的依据。

原理：由于乳酸菌对营养有复杂的要求，生长需要碳水化合物、氨基酸、肽类、脂肪酸、酯类、核酸衍生物、维生素和矿物质等，一般的肉汤培养基难以满足其要求。测定乳酸菌时必须尽量将试样中所有活的乳酸菌检测出来。要提高检出率，关键是选用特定良好的培养基。采用稀释平板菌落计数法，检测酸奶中的各种乳酸菌可获得满意的结果。

（一）材料

1. 培养基

改良 MC 培养基（Modified Chalmers 培养基）或改良 TJA 培养基（改良番茄汁琼脂培养基）。

2. 仪器和器具

无菌移液管（25 mL，1 mL），无菌水（225 mL 带玻璃珠三角瓶，9 mL 试管），无菌培养皿，旋涡均匀器。

恒温培养箱。

（二）方法

流程：酸奶→稀释→制平板→培养→检查计数。

1. 样品稀释

先将酸奶样品搅拌均匀，用无菌移液管吸取样品 25 mL 加入盛有 225 mL 无菌水的三角瓶中，在旋涡均匀器上充分振摇，务必使样品均匀分散，即为 1∶10 的均匀稀释液。

1 mL 灭菌吸管吸取 1∶10 稀释液 1 mL，沿管壁徐徐注入含有 9 mL 灭菌生理盐水的试管内（注意吸管尖端不要触及管内稀释液）。

1 mL 灭菌吸管，按上述操作顺序，作 10 倍递增稀释液，如此每递增一次，即换用 1 支 1 mL 灭菌吸管。

2. 制平板

选用 2～3 个适合的稀释度，培养皿贴上相应的标签，分别吸取不同稀释度的稀释液 1 mL 置于平皿内，每个稀释度作 2 个重复。然后用溶化冷却至 46 ℃左右的改良 MC 培养基或改良 TJA 培养基倒平皿，迅速转动平皿使之混合均匀，冷却成平板。同时将乳酸菌计数培养基倾入加有 1 mL 稀释液检样用的灭菌生理盐水的灭菌平皿内作空白对照，以上整个操作自培养物加入培养皿开始至接种结束须在 20 min 内完成。

3.培养和计数

琼脂凝固后，翻转平板，置(36±1)℃温箱内培养(72±3)h取出，观察乳酸菌菌落特征，按常规方法选取菌落数在30～300的平板进行计数。

(三)结果

1.指示剂显色反应

计算后，随机挑取5个菌落数进行革兰氏染色。乳酸菌的菌落很小，1～3 mm，圆形隆起，表面光滑或稍粗糙，呈乳白色、灰白色或暗黄色。由于产酸菌落周围能使 $CaCO_3$ 产生溶解圈，酸碱指示剂呈酸性显色反应，即革兰氏染色呈阳性。

2.镜检形态

必要时，可挑取不同形态菌落制片镜检确定是乳杆菌或乳链球菌。保加利亚乳杆菌呈杆状，成单杆或双杆菌、或长丝状。嗜热链球菌，呈球状，成对、或短链、或长链状。

3.计数结果

公式：平均菌落数×稀释倍数

稀释度						
重复	1	2	1	2	1	2
菌落数						
平均数						
计数结果						

二、不合格酸乳的卫生处理

不合格酸乳全部销毁。

【资讯链接】

(一)酸乳的概念

酸乳是指在添加(或不添加)乳粉(或脱脂乳粉)的乳中，由于保加利亚杆菌和嗜热链球菌的作用进行乳酸发酵制成的凝乳状产品，成品中必须含有大量相应的活菌。

(二)酸乳的分类

1.按成品的组织状态分类

(1)凝固型酸奶　发酵和冷却过程在包装容器中进行，从而使成品保留凝乳状态。

(2)搅拌型酸奶　在发酵罐中发酵和冷却，发酵后的凝乳在灌装前和灌装过程中搅碎成黏稠状组织状态。

(3)饮料型酸乳　基本组成与搅拌型酸奶相似，但凝乳块在包装前被打成液态，可直接饮用，总固形物含量最大为11%。

(4)冷冻型酸乳　在酸乳中加入果料、增稠剂或乳化剂，然后进行凝冻处理得到的类似冰淇淋的成品。

2.按成品的口味分类

(1)天然纯酸奶　产品只由原料乳和菌种发酵而成,不含任何辅料和添加剂。

(2)加糖酸乳　产品由原料乳和糖加入菌种发酵而成。在我国市场上常见,糖的添加量较低,一般为6%~7%。

(3)调味酸乳　在天然酸乳或加糖酸乳中加入香料而成。酸乳容器的底部加有果酱的酸乳称为圣代酸乳。

(4)果料酸乳　成品是由天然酸乳与糖、果料混合而成。

(5)复合型或营养健康型酸乳　通常在酸乳中强化不同的营养素(维生素、食用纤维素等)或在酸乳中混入不同的辅料(如谷物、干果、菇类、蔬菜汁等)而成。这种酸奶在西方国家非常流行,人们常在早餐中食用。

(6)疗效酸奶　包括低乳糖酸奶、低热量酸奶、维生素酸奶或蛋白质强化酸奶。

3.按发酵的加工工艺分类

(1)浓缩酸乳　将正常酸乳中的部分乳清除去而得到的浓缩产品。因其除去乳清的方式与加工干酪方式类似,有人也叫它酸乳干酪。

(2)冷冻酸奶　酸乳中加入果料、增稠剂或乳化剂,然后将其进行冷冻处理而得到的产品。

(3)充气酸乳　发酵后在酸乳中加入稳定剂和起泡剂(通常是碳酸盐),经过均质处理即得这类产品。这类产品通常是以充CO_2气的酸乳饮料形式存在。

(4)酸乳粉　通常使用冷冻干燥法或喷雾干燥法将酸乳中约95%的水分除去而制成酸乳粉。制造酸乳粉时,在酸乳中加入淀粉或其他水解胶体后再进行干燥处理而成。

4.按菌种组成和特点分类

(1)嗜热菌发酵乳

①单菌发酵乳。如嗜酸乳杆菌发酵乳、保加利亚乳杆菌发酵乳。

②复合菌发酵乳。如酸乳及由酸乳的两种特征菌和双歧杆菌混合发酵而成发酵乳。

(2)嗜温菌发酵乳

①经乳酸发酵而成的产品。这种发酵乳中常用的菌有乳酸链球菌属及其亚属、肠膜状明串珠菌和干酪乳杆菌。

②经乳酸发酵和酒精发酵而成的产品。如酸牛乳酒、酸马奶酒。

(三)酸乳的营养价值

酸乳的营养价值与其原料直接相关,酸乳具有其原料乳所提供的所有营养价值,也与其特有的加工方法(控制发酵)和所含活菌紧密相关,使酸乳具有其独特的营养价值。

1.与原料乳有关的营养价值

(1)极好生理价值的蛋白质　由于在发酵过程中,乳酸菌产生蛋白质水解酶,使原料乳中部分蛋白质水解,这使酸乳与一般乳相比含有更多的肽和丰富的、比例更合理的人体必需氨基酸,从而使酸乳中的蛋白质更易被机体合成细胞时所利用,具有更好的生化可利用性。

(2)更多易于吸收的钙质　通常酸乳中乳固体含量大于牛乳中的,故含有较多的钙质。事实上酸乳属于钙密度最高的食品。发酵后,原料乳中的钙被转化为水溶形式,更易被人体吸收利用。一般酸乳中含钙量为140~165 mg/100 g。

(3)维生素　酸乳中主要含有B族维生素和少量脂溶性维生素。酸乳中维生素含量主要取决于原料乳,其所用菌株种类也影响维生素含量,如B族维生素作为乳酸菌生长与增殖的产物。

2.酸乳所特有的营养价值

(1)减轻“乳糖不耐受症” 人体内乳糖活力在刚出生时最强,断乳后开始下降。而成年时,人体内的乳糖酶活力仅是其刚出生时的10%。但有些人体肠道内乳糖酶的活力太小以至无法消化乳糖。当他们喝牛乳时会有腹痛、痉挛、肠鸣的症状,有时会腹泻。

牛乳经发酵制成酸乳时,一部分乳糖水解成半乳糖和葡萄糖,后者再被转化成乳酸。因此,酸乳中的乳糖含量与牛乳相比相对较少。另外,根据国际乳品联合会1984年的研究结果,酸乳中的活菌直接或间接地具有乳糖酶活性,因此摄入酸乳可以减轻喝牛乳时出现的“乳糖不耐受症”。

(2)调节人体肠道中的微生物菌群平衡 与我们以前所想象的不同,酸乳中的乳酸菌可以活着到达大肠。乳酸菌虽无法在肠道中长期存活,但在摄入酸乳后的几个小时内的作用仍是不可置疑的。也就是说当乳酸菌经过消化道时仍起着抗菌和防腐作用。

事实上,现已证明酸乳中的菌株产生许多抗菌物质,从而抑制多种致病菌在人体内的增殖。同时酸乳中的乳酸菌也在肠道中营造了一种不利于一些致病菌增殖的环境,从而协调人体肠道中微生物菌群的平衡,改善消化过渡时间。

(3)胆固醇水平 大量进食酸乳可以降低人体胆固醇水平,但少量摄入酸乳的影响结果则很难判断。并且酸乳中其他组成(如钙或乳糖)也可能参与影响人体内胆固醇含量。但有一点可以相信:进食酸乳并不增加血液中的胆固醇含量。

(4)酸乳与白内障 一项对240位老人的跟踪研究表明,酸乳可以预防白内障的形成(Birloueg-Aragon等,1993年)。与牛乳相比,人体对酸乳中游离半乳糖的吸收慢,但代谢更有效。酸乳中游离的半乳糖能激活空肠或肝中的半乳糖激酶。这种由酸乳引起的对半乳糖代谢的敏化作用可能是减少白内障形成的一个因素。

3.其他发酵乳的营养价值

(1)双歧杆菌发酵乳 双歧杆菌是人出生几天后肠道中自然存在的细菌,在母乳喂养的婴儿体内,其含量尤其多。许多研究表明,双歧杆菌具有下述有益健康的作用。

①改善轻度便秘症状。

②提高肠道中双歧杆菌数量。

③预防腹泻。

④提高免疫功能。

⑤促进并改善蛋白质及维生素的代谢。

⑥增强对腐败菌的抗菌能力。

(2)干酪乳杆菌发酵乳 干酪乳杆菌也是人体内自然存在的一种菌,其生理作用如下。

①治疗腹泻。

②调节肠道微生物菌群。

③增强免疫功能。

(3)嗜酸乳杆菌发酵乳 嗜酸乳杆菌也是人体肠胃中自然存在的一种菌,由于这种菌抗胃酸和胆酸,故它可以活着通过胃和小肠,并且其存活率高于保加利亚乳杆菌和嗜热链球菌。嗜酸乳杆菌发酵乳的生理作用表现如下:

①改善肠道微生物菌群。

②促进营养物质的有效利用，增加体重。

③增强β-乳糖苷酶的活性，克服“乳糖不耐受症”。

④降低胆固醇。

⑤增强机体免疫功能。

⑥抑制癌症的发生。

(4)表面霉菌生长　酸乳贮藏时间过长或温度过高时，往往在表面出现有霉菌。白色霉菌不易被注意。这种酸乳被人误食后，轻者有腹胀感觉，重者引起腹痛下泻。因此要严格保证卫生条件并根据市场情况控制好贮藏时间和贮藏温度。

(5)口感差　优质酸乳柔嫩、细滑，清香可口。采用高酸度的乳或劣质的乳粉加工的酸乳口感粗糙，有沙状感。因此，加工酸乳时，应采用新鲜牛乳或优质乳粉，并采取均质处理，使乳中蛋白质颗粒细微化，达到改善口感的目的。

(6)沙状组织　酸乳在组织外观上有许多沙状颗粒存在，不细腻，沙状结构的产生有多种原因，在制作搅拌型酸乳时，应选择适宜的发酵温度，避免原料乳受热过度，减少乳粉用量，避免干物质过多和较高温度下的搅拌。

任务9

蛋的检验

学习目标

● 掌握禽蛋的质量标准,掌握鲜蛋及蛋制品品质鉴别的方法。

学习流程

鲜蛋的检验 ⇒ 蛋的贮藏保鲜 ⇒ 蛋制品的卫生检验

任务概述

子任务	依据及资讯
9-1 鲜蛋的检验	鲜蛋的检验方法及质量标准
9-2 蛋的贮藏保鲜	蛋的贮藏方法及卫生检验
9-3 蛋制品的卫生检验	蛋制品的卫生检验及结果处理

子任务 9-1 鲜蛋的检验

【任务】

选国内销售、出口的鲜蛋各 500 g,分别进行感官检验及实验室检验,比较二者的区别,并根据检验结果给出处理意见。

【学习流程】

鲜蛋的检验 ⇒ 鲜蛋的质量指标 ⇒ 国内销鲜蛋的具体质量标准 ⇒ 出口鲜蛋的分级标准

【资讯】

一、鲜蛋的检验方法

1. 感官鉴别法

主要靠技术经验来判断，采用看、听、摸、嗅等方法，从外观来鉴定蛋的质量。以蛋的结构特点和性质为基础，有一定的科学道理，也有一定的经验性。只能对蛋的新陈好坏作个大概的鉴定。

2. 光照鉴别法

根据蛋本身具有透光性的特点，在灯光透视下观察蛋内部结构和成分变化的特征，来鉴别蛋品质的方法。

新鲜蛋光照透视时的特征：蛋白完全透明，呈当橘红色；气室极小，深度在 5 mm 内，略微发暗，不移动；蛋清浓厚澄清，无杂质；蛋黄居中，蛋黄膜包裹得紧，呈现朦胧暗影。蛋转动时，蛋黄亦随之转动；胚胎不易看出；无裂纹，气室固定，无血斑血丝、肉斑、异物。

常见形式有：手工照蛋、机械传送照蛋和电子自动照蛋。

利用光学原理，采用光电元件组装装置代替人的肉眼照蛋，以机械手代替人工操作，以机器输送代替人力搬运，实现自动鉴别的科学方法。

3. 荧光鉴别法

应用发射紫外线的水银灯照射禽蛋，使其产生荧光。根据荧光产生的强度大小，鉴别蛋的新鲜度。新鲜蛋的荧光强度微弱，蛋壳的荧光反应呈深红色、紫色或淡紫色。

变化过程：深红→ 红色→淡红 →紫色→淡紫色。

4. 比重鉴别法

用盐水来测定蛋的比重，根据蛋的比重大小判别蛋的新鲜程度。蛋的分量大，则比重大，说明贮藏时间短，水分损失少，为新鲜蛋。

方法：用不同比重的食盐水测定蛋的比重，推测蛋的新鲜度。

二、鲜蛋的质量指标

1. 蛋重

鲜蛋在贮藏期间重量会逐渐减轻，贮存时间越长，减重越多。重量减轻越多，气室越大。这是由于蛋内水分经由蛋壳上的气孔蒸发所致。影响蛋重变化的主要因素有温度、湿度、贮藏期及涂膜、蛋壳的厚薄、贮藏方法。

(1)温度　贮藏温度的高低与蛋减重的多少有直接关系，温度越高，减重越多，温度低则减重少。

(2)湿度　环境湿度高则减重少，相反则减重多。

(3)贮藏期及涂膜　蛋贮藏时间越长，减重越多，涂膜贮藏则蛋减重少。

(4)蛋壳的厚薄　蛋壳越薄，水分蒸发越多，失重则越大。

(5)贮藏方法　减重还与贮存方法有关，水浸法几乎不失重，涂膜法失重少，谷物贮存法失重多。

2. 气室

气室是衡量蛋新鲜程度的标志之一。在贮藏过程中由于水分蒸发、CO_2 的逸散、蛋的内容物干缩使气室的增大。在其他条件相同的情况下，贮存时间越长，气室越大。

3. 黏度

蛋液具有一定的黏度，新鲜蛋的蛋液黏度高，陈旧蛋的蛋液黏度低。这种变化与贮藏中蛋白质的分解和表面张力的大小有关。贮存方法不同与贮存时间的长短对蛋液的黏度都有影响。

4. 蛋黄系数

蛋黄系数是衡量蛋新鲜度的一个标志。新鲜蛋的蛋黄系数大，平均为 0.36～0.44，陈旧蛋系数小。在 25 ℃下贮藏 8 d，或者 16 ℃下贮藏 23 d，蛋黄系数可降至 0.3。但在 37 ℃时只需 3 d 蛋黄系数即可降至 0.3。可见除时间因素外，温度对蛋黄系数的降低有直接影响。

5. 哈氏单位

哈氏单位是根据蛋重和浓厚蛋白高度，按一定公式计算出其指标的一种方法，可以衡量蛋白品质和蛋的新鲜程度，它是现在国际上对蛋品质评定的重要指标和常用方法。哈氏单位越高，则蛋白越浓稠，品质越好。反之表示蛋白稀薄，品质较差。新鲜蛋的哈氏指数在 80 以上。当哈氏单位小于 31 时则为次等蛋。

哈氏单位 $=100\times\log(h-1.7m0.37+7.57)$

6. pH

新鲜蛋黄的 pH 为 6.0～6.4，贮存过程中 pH 会逐渐上升接近中性以至于达到中性。蛋白的变化比蛋黄大。最初蛋白的 pH 为 7.6～7.9，贮存后可升到 9.0 以上。但当蛋接近变质时，则 pH 有下降的趋势。当蛋白的 pH 降到 7.0 左右时尚可食用，若 pH 继续下降则不宜食用。蛋在贮存期间 pH 上升的原因主要是由于蛋内 CO_2 不断从气孔向外逸散所致。当气室内的 CO_2 与外界空气平衡后就停止下降，此时蛋白 pH 可达 9.0 以上。如果在蛋壳表面涂膜后再贮藏，则 pH 的下降速度可以减缓。

7. 水分

新鲜的蛋白、蛋黄含水量分别为 73.57% 和 47.58%，经一段时间贮存的蛋，由于渗透作用，蛋白中的水分逐渐向蛋黄中转移，使蛋黄中水分增加，蛋白中水分可降至 71% 以下。蛋白水分减少的原因，除一部分向蛋黄渗透外，还有一部分通过气孔向外蒸发，同时造成气室增大。

8. 蛋中的含氮量

在贮藏过程中蛋内的蛋白质在微生物的作用下逐渐分解，产生部分氮和含氮化合物，从而使蛋内氮含量增加。据测鲜蛋中每 100 g 蛋黄液含氮 3.4～4.1 mg，每 100 g 蛋白液含氮 0.4～0.6 mg。随着贮藏时间延长，蛋液中含氮量逐渐增多。

三、国内销鲜蛋的具体质量标准

1. 国家卫生标准

应符合 GB 2748—2003 鲜蛋卫生标准（表 9-1-1、表 9-1-2）。

表 9-1-1 鲜蛋的感官指标

项 目	指 标
色泽	具有禽蛋固有的色泽
组织形态	蛋壳清洁,无破裂,打开后蛋黄凸起,有韧性,蛋白澄清透明,稀稠分明
气味	具有产品固有的气味,无异味
滋味	无杂质,内容物不得有血块及其他鸡组织异物

表 9-1-2 鲜蛋的理化指标

项 目	指 标
无机砷/(mg/kg)	≤0.05
铅(Pb)/(mg/kg)	≤0.2
总汞(以 Hg 计)/(mg/kg)	≤0.05
六六六、滴滴涕	按 GB 2763 规定执行

2. 收购等级标准

收购鲜蛋一般不分等级,没有统一的标准,但有些地区制订了收购标准。

一级蛋:不分鸡、鸭、鹅品种,不论大小(除仔鸭蛋外),必须新鲜、清洁、完整、无破损;

二级蛋:品质新鲜,蛋壳完整,沾有污物或受雨淋水湿的蛋;

三级蛋:严重污壳,面积超过 50%的蛋和仔鸭蛋。

在加工腌制蛋时,一、二级鸭蛋宜加工彩蛋或糟蛋,三级蛋用于加工咸蛋。

在冷藏时,一级蛋可贮存 9 个月以上,二级蛋可贮存 6 个月左右,三级蛋可短期贮存或及时安排销售。

3. 冷藏鲜蛋

一级冷藏蛋:蛋的外壳清洁,坚固完整,稍有斑痕。透视时气室允许微活动,高度不超过 1 cm;蛋白透明,稍浓厚;蛋黄紧密,明显发红色,位置略偏离中央,胚胎无发育现象。一级冷藏蛋除夏季不可加工变蛋、咸蛋外,其他季节都可加工。

二级冷藏蛋:蛋的外壳坚固完整,有少许泥污或斑迹。在透视时气室高度不能超过 1.2 cm,允许波动;蛋白透明稀薄,允许有水泡;蛋黄稍紧密,明显发红色,位置偏离中央,黄大扁平,转动时正常,胚胎稍大。二级冷藏蛋可以加工咸蛋,只在冬季可以加工变蛋。

三级冷藏蛋:蛋的外壳完整,有脏迹而且脆薄。透视时气室允许移动,空头大,但不允许超过全蛋的 1/4;蛋白稀薄如水,蛋黄大且扁平,色泽显著发红,明显偏离中央,胚胎明显扩大。三级冷藏蛋不宜加工变蛋、咸蛋。

四、出口鲜蛋的分级标准

根据我国商检局规定,依据蛋的重量以及蛋壳、气室、蛋白、蛋黄、胚胎状况而分为三级。

一级蛋:刚产出不久的鲜蛋,外壳坚固完整,清洁干燥,色泽自然有光泽,并带有新鲜蛋固有的腥味。透视时气室很小,不超过 0.8 cm 高度,且不移动。蛋白浓厚透明,蛋黄位于中央,无胚胎发育现象。

二级蛋：存放时间略长的鲜蛋，外壳坚固完整，清洁，允许稍带斑迹。透视时气室略大，高度不超过 1.0 cm，不移动。蛋白略稀透明，蛋黄稍大明显，允许偏离中央，转动时略快，胚胎无发育现象。

三级蛋：存放时间较久，外壳较脆薄，允许有污壳斑迹。透视时气室超过 1.2 cm，允许移动。黄大而扁平，并显著呈红色，胚胎允许发育。

近年来供应出口的商品蛋，其质量分级标准也有所变化，尤其是外贸中还要根据国际市场的习惯和买方的要求，经双方协商，将分级标准具体规定在合同上。

子任务 9-2　蛋的贮藏保鲜

【任务】

取相同保存时间的冷藏法、CO_2 气调法、液浸法、涂膜法贮藏的蛋各 0.5 kg，分别进行感官检验和实验室检验，比较其新鲜度，制定处理方案，同时确定鲜蛋的最佳保存方法。

【学习流程】

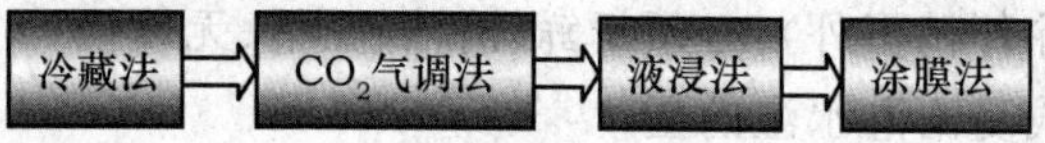

【资讯】

一、冷藏法

1. 贮藏原理

冷藏保鲜法是利用冷藏库中的低温（最低温度不低于 −3.5 ℃）抑制微生物的生长繁殖和分解作用以及蛋内酶的作用，延缓鲜蛋内容物的变化。

冷藏保鲜法是延缓浓厚蛋白的变稀并降低重量损耗，使其保鲜。

2. 贮藏方法

（1）预冷　蛋在正式冷藏前应先进行预冷。预冷的温度是 3～4 ℃，时间 24 h。

（2）冷藏的温、湿度　库温（0±0.5）℃，湿度 80%～85%。也有一些学者认为鲜蛋的冷藏温度最好为 −2.5～−2 ℃。

（3）定期检查　每隔 1～2 个月定期检查，一般可贮藏 6～8 个月。

（4）出库　冷藏蛋出库要事先经过升温，待蛋温升至比外界温度低 3～5 ℃时才可出库，可防止蛋壳面形成水珠并避免水分渗入蛋内，影响蛋的品质。

二、CO_2 气调法

利用 CO_2 贮藏鲜蛋能较好保持蛋的新鲜度，贮藏效果好。除 CO_2 以外，使用 N_2 也可以收到同样的效果。

1. 原理

(1)CO_2 能够有效减缓和抑制蛋液 pH 的变化。

(2)CO_2 能抑制蛋内的化学反应。

(3)CO_2 抑制蛋壳表面和贮藏容器中微生物繁殖。

2. 方法

采用此法贮藏蛋需备有密闭的库房或容器,以保持一定的 CO_2 浓度;将蛋装入箱内,并通入 CO_2 气体置换箱内空气;然后将蛋箱放在含有 3% CO_2的库房内贮藏。此法最好与冷藏法配合使用,效果更理想。即使贮藏 10 个月,品质也无明显下降。

三、液浸法

选用适宜的溶液,将蛋浸泡在其中,使蛋同空气隔绝,阻止蛋内的水分向外蒸发,避免细菌污染,抑制蛋内 CO_2 溢出,达到鲜蛋保鲜保质的一种方法。

四、涂膜法

1. 原理

据试验涂膜的蛋在贮藏 6 个月后,干耗率只有 1%～2%,未经涂膜的蛋干耗率高达 15% 以上,美国的涂剂主要用矿物油,日本多使用植物油,国外的一些大型蛋鸡场,蛋产出后经过分级(按重量)、洗涤、涂膜、干燥、包装等工序处理后方可出售。这样就缩短了涂膜前存放的时间,减少被污染的机会,提高保鲜的效果。

2. 涂剂

目前使用的涂剂种类很多,有的使用单一的成分如液体石蜡、明胶、水玻璃、火棉胶等,也有采用两种以上的成分配制,如松脂石蜡合剂等。

(1)松脂石蜡合剂　石蜡 18 份,松脂 18 份,64 份三氯乙烯,搅匀。将新鲜、清洁的鸡蛋置于上述合剂中浸泡 30 s,取出晾干,即可在常温下贮存。保鲜期 6～8 个月。

(2)蔗糖脂肪酸脂　使用时将其配成 1%的溶液,再将经过挑选的新鲜蛋浸入蔗糖酸脂溶液中 20 s 取出风干后置于库房贮藏。在 25 ℃下可贮藏 6 个月以上。

(3)蜂油合剂　取蜂蜡 112 mL 于水浴锅上溶化,再徐徐加入橄榄油 224 mL,边加边仔细调和匀。然后将无破损的鲜蛋浸入蜂油合剂中,使之均匀地粘上一层合剂,取出晾干,可贮存半年。

五、贮藏方法选择的基本条件

①能杀灭蛋壳上的微生物或使蛋内或蛋壳上的微生物停止发育;

②能防止微生物侵入蛋内;

③不得有毒和有损人体健康,对人体无副作用,不造成环境污染和社会危害;

④可使保鲜蛋内蛋黄,蛋白的理化性质不变,营养成分与营养价值基本不变,使贮藏后的蛋与新鲜蛋的性状、营养基本一致;

⑤经常较长时间的贮藏后，气体不过分增大；

⑥价格低廉，原料易得，贮存效果好。

子任务9-3 蛋制品的卫生检验

【任务】

采购咸蛋、变蛋各10枚，分别对其进行感官及理化检验，将其分出不同的等级，同时给出处理意见。

【学习流程】

再制蛋的检验 → 冰蛋品的检验 → 干蛋品的检验

【资讯】

一、再制蛋的加工卫生与检验

再制蛋指在蛋壳原形的情况下系列的加工而成的蛋制品。主要有变蛋、咸蛋和糟蛋3种，都是我国传统的禽蛋制品，不仅在国内有很大的消费市场，而且在国际市场对此需求也不断增加。

(一)变蛋的加工卫生与检验

1. 加工卫生

变蛋又称为彩蛋。变蛋的制作方法大致有三种工艺：一是生包法，就是把调制好的料泥直接包在蛋壳上；二是浸泡法，就是把辅料调制成料液，将鲜蛋浸渍在料液中加工而成；三是涂抹法，即先制成变蛋粉料，然后将变蛋粉料经调制后均匀地涂抹在蛋壳上来制作变蛋。

(1)原料蛋的挑选　加工变蛋的原料蛋可选用鸭蛋、鸡蛋和鹅蛋。原料蛋质量的好坏直接关系着成品变蛋的质量，因此，在加工变蛋前必须对原料蛋进行认真的挑选。挑选的方法一般采用感官检验、照蛋检验和大小分级。

(2)加工辅料　加工变蛋的辅料主要有纯碱、生石灰、食盐、红茶末、植物灰(或干黄泥)、谷壳。辅料通过一系列的化学反应将原料蛋变为变蛋。所有辅料都必须保持清洁、卫生。氧化铅的加入量要按有关规定执行，以免变蛋中铅超出国家卫生标准，危害人体健康。

2. 卫生检验

(1)感官检验　先仔细观察变蛋外观(包泥，形态)有无发霉，敲摇检验时注意颤动感及响水声。变蛋刮泥后，观察蛋壳的完整性(注意裂纹)，然后剥开蛋壳，要注意蛋体的完整性。检查有无铅斑、霉斑、异物和松花花纹。剖开后，检查蛋白的透明度、色泽、弹性、气味、滋味，检查蛋黄的形态、色泽、气味、滋味。

(2)理化检验　变蛋的理化检验项目有pH、游离碱度、挥发性盐基氮、总碱度、铅、砷等，其测定按GB/T 5009.47—2003操作。

(3)变蛋的微生物检验　变蛋的微生物检验项目有菌落总数、大肠菌群和致病菌(系指沙门氏菌),其检验按 GB 4789.2—2003、GB 4789.3—2003 和 GB 4789.4—2003 操作。

(二)咸蛋的加工卫生与检验

1. 加工卫生

咸蛋又称盐蛋、腌蛋、味蛋,制作简便,费用低廉,耐贮藏,四季均可食用,尤其是夏令佳肴。煮熟后的咸蛋,蛋白细嫩,蛋黄鲜红,油润松沙,清爽可口,咸度适中,深受消费者的喜爱。咸蛋的加工遍及全国各地,加工方法也很多,主要有稻草灰腌制法、盐泥涂包法、盐水浸渍法。

(1)原料蛋的挑选　原料要选择蛋壳完整的新鲜蛋,并要经过严格检验,具体检验方法与皮蛋加工的原料蛋挑选方法相同。

(2)辅料的卫生　要求咸蛋加工的辅料有食盐、草木灰和黄泥。加工咸蛋的食盐要求纯净,氯化钠含量高(96%以上),必须是食用盐,不能用工业盐加工咸蛋。草木灰和黄泥要求干燥,无杂质,受潮霉变和杂质多的不能使用。加工用水达到生活饮用水卫生标准。

2. 卫生检验

(1)感官检验　查看包着的灰泥是否过于干燥,有无脱落现象,有否破损。检验咸蛋的成熟程度,也就是咸味是否适中,以决定是否还要继续腌制。

(2)光照透视检验　一采样为 5%左右,除去包着的灰、泥后灯光透视。正常的蛋可见透亮鲜明,蛋黄红色带黄,随蛋的转动而转动,蛋白清晰。

(3)摇晃检验　将咸蛋拿在手中,轻轻摇动,听到有拍水声的是成熟的蛋,无振荡拍水声的是混蛋。

(4)去壳检验　抽取几枚蛋,打开蛋壳,见蛋白、蛋黄分明,蛋白水样透明,蛋黄坚实,色红或橙黄者为好蛋;略有腥气味,蛋黄不坚实的为未成熟蛋;蛋黄、蛋白不清,蛋黄发黑,有臭气的是变质咸蛋。

(5)煮熟后检验　取几枚样品蛋洗净后煮熟,良质咸蛋蛋壳完整,烧煮的水洁净透明,切开后蛋白鲜嫩洁白,蛋黄坚实,色红或橙黄,周围有油珠;裂纹蛋有蛋白外溢凝固,烧煮水浑浊;变质蛋烧煮时炸裂,内容物全黑或黑黄,煮蛋的水浑浊而有臭气。

二、冰蛋品的加工卫生与检验

冰蛋品系全蛋液、蛋白液或蛋黄液经搅拌、过滤、装听、低温下冻结而成的相应产品;也有在过滤后,先经巴氏消毒,再装听,低温急冻而成的“巴氏消毒蛋”。包括冰鸡全蛋、冰鸡蛋黄和冰鸡蛋白 3 种。

1. 加工卫生

(1)半成品加工的卫生监督　半成品质量的好坏直接影响着成品的质量,因而半成品加工时,要求卫生检验人员对原料蛋进行检验、清洗、消毒、晾干,然后去壳所得的蛋液全过程进行卫生监督。

①先进行感官检验,剔除不符合加工要求的劣质蛋;然后进行照蛋检验,剔除所有次劣蛋和腐败变质蛋。

②经检验挑选出来的新鲜蛋,在清水中洗净蛋壳,然后放在含 1%～2%有效氯的漂白粉

液（或0.04%～0.1%过氧乙酸液）中浸泡5 min，再于45～50 ℃并加有0.5%硫代硫酸钠的温水中浸洗除氯。

③将消毒后的蛋送至清洁无菌的晾蛋室晾干。

④用人工打蛋或机械去蛋壳的方法去除蛋壳。手工打蛋时，操作人员应严格遵守卫生制度，防止蛋液人为的污染。

(2)成品加工的卫生监督

①加工厂采用搅拌器将半成品蛋液搅拌均匀，再通过0.1～0.5 cm^2 的筛网将蛋液内的蛋壳碎片、壳内膜等杂质滤除。

②为保证产品质量，要及时对半成品蛋液进行预冷，这样可以阻止细菌繁殖，并缩短速冻时间。预冷在冷却罐内进行，罐内装有蛇形管，蛇形管内通以－8 ℃的冷盐水不停地循环，使罐内的蛋液很快就降温至4 ℃左右。

③将冷却至4 ℃的蛋液装听（桶），然后送入速冻间进行冷冻。

④将装有蛋液的听或桶送至速冻间冷冻排管上，听（桶）之间要留有一定的间隙，以利于冷气流通。速冻间温度要保持在－20 ℃以下，冷冻36 h后，将听（桶）倒置，使其四角冻结充实，防止膨胀，并可缩短冷冻时间。冷冻时间不超过72 h，听（桶）内中心温度达－18～－15 ℃时，速冻即可完成。

⑤将速冻后的听（桶）用纸箱包装，然后送到冷藏库冷藏。冷藏库的温度需保持在－15 ℃以下。

2. 卫生检验

冰蛋品的卫生检验包括感官检验、理化检验和微生物检验。具体检验方法参照GB 5009.47—2003要求进行。

三、干蛋品的加工卫生与检验

干蛋品是将蛋液中大部分水分蒸发干燥而成的蛋制品。包括干蛋粉（全蛋粉、蛋白粉、蛋黄粉）和干蛋白（蛋白片）。干蛋粉是将鲜蛋经打蛋后，将全蛋、蛋白或蛋黄搅拌、过滤，在干燥室内喷雾干燥，使其急速脱水，并杀灭大部分微生物，再经过筛，最后成为均匀的全蛋粉、蛋白粉或蛋黄粉。

1. 加工卫生

干蛋品的加工工艺包括半成品和成品的加工。其中半成品加工方法与冰蛋品相同，不再赘述。干蛋品成品加工的卫生监督为：干蛋粉的加工可采用喷雾干燥，即先将蛋液经过搅拌过滤，除去蛋壳及杂质，并使蛋液均匀；然后喷入干燥塔内，形成微粒与热空气相遇，瞬时即可除去水分，落入底部形成蛋粉；最后经晾粉、过筛即为成品。但生产蛋白粉时，需将蛋白液进行发酵，以除去其中的碳水化合物及其他杂质。

2. 卫生检验

干蛋品的卫生检验包括感官检验、理化检验和微生物学检验。具体检验方法参照GB 5009.47—2003要求进行。

【资讯链接】

蛋制品的卫生标准

巴氏杀菌冰鸡全蛋、冰鸡蛋黄、冰鸡蛋白、巴氏杀菌鸡全蛋粉、鸡蛋黄粉、鸡蛋白片、皮蛋(变蛋、松花蛋)、咸蛋、糟蛋等蛋制品的卫生指标应符合 GB 2749—2003《蛋制品的卫生标准》,其主要内容如下。

1. 感官指标

蛋制品的感官指标见表 9-3-1。

表 9-3-1 蛋制品的感官指标

品 种	指 标
巴氏菌冰鸡全蛋	坚洁均匀,呈黄色或淡黄色,具有冰鸡全蛋的正常气味,无异味,无杂质
冰鸡蛋黄	坚洁均匀,呈黄色,具有冰鸡蛋黄的正常气味,无异味,无杂质
冰鸡蛋白	坚洁均匀,白色或乳白色,具有冰鸡蛋白正常的气味,无异味,无杂质
巴氏杀菌鸡全蛋粉	呈粉末状或极易松散之块状,均匀淡黄色,具有鸡全蛋粉的正常气味,无异味,无杂质
鸡蛋黄粉	呈粉末状或极易松散块状,均匀黄色,具有鸡蛋黄粉的正常气味,无异味,无杂质
鸡蛋白片	呈晶片状,均匀浅黄色,具有鸡蛋白片的正常气味,无异味,无杂质
皮蛋(变蛋、松花蛋)	外壳包泥或涂料均匀洁净,蛋壳完整,无霉变,敲摇时无水响声;剖检时蛋体完整,蛋白呈青褐、棕褐或棕黄色,呈半透明状,有弹性,一般有松花花纹。蛋黄呈深浅不同的墨绿色或黄色,略带溏心或凝心。具有皮蛋应有的滋味和气味,无异味
咸蛋	外壳包泥(灰)或涂料均匀洁净,去泥后蛋壳完整,无霉斑,灯光透视时可见蛋黄阴影;剖检时蛋白液化,澄清,蛋黄呈橘红色或黄色环状凝胶体。具有咸蛋正常气味,无异味
糟蛋	蛋形完整,蛋膜无破裂,蛋壳脱落或不脱落。蛋白呈乳白色、浅黄色,色泽均匀一致,呈糊状或凝固状。蛋黄完整,呈黄色或橘红色,半凝固状。具有糟蛋正常的醇香味,无异味

2. 理化指标

蛋制品的理化指标见表 9-3-2。

表 9-3-2　蛋制品的理化指标

项　目	指　标
水分/(g/100 g)	
巴氏杀菌冰全蛋	≤76.0
冰蛋黄	≤55.0
冰蛋白	≤88.5
巴氏杀菌全蛋粉	≤4.5
蛋黄粉	≤4.0
蛋白片	≤16.0
脂肪/(g/100 g)	
巴氏杀菌冰全蛋	≥10
冰蛋黄	≥26
巴氏杀菌全蛋粉	≥42
蛋黄粉	≥60
游离脂肪酸/(g/100 g)	
巴氏杀菌冰全蛋	≤4.0
冰蛋黄	≤4.0
巴氏杀菌全蛋粉	≤4.5
蛋黄粉	≤4.5
挥发性盐基氮/(mg/100 g)	
咸蛋	≤10
酸度(以乳酸计)/(g/100 g)	
蛋白片	≤1.2
铅(Pb)/(mg/kg)	
皮蛋	≤2.0
糟蛋	≤1.0
其他蛋制品	≤0.2
锌(Zn)/(mg/kg)	≤50
无机砷/(mg/kg)	≤0.05
总汞(以 Hg 计)/(mg/kg)	≤0.05
六六六、滴滴涕	按 GB 2763 规定执行

3. 微生物指标

蛋制品的微生物指标见表 9-3-3。

表 9-3-3 蛋制品的微生物指标

项 目	指 标
菌落总数/(CFU/g)	
巴氏杀菌冰全蛋	≤5 000
冰蛋黄、冰蛋白	≤1 000 000
巴氏杀菌全蛋粉	≤10 000
蛋黄粉	≤50 000
糟蛋	≤100
皮蛋	≤500
大肠菌群/(MPN/100 g)	
巴氏杀菌冰全蛋	≤1 000
冰蛋黄、冰蛋白	≤1 000 000
巴氏杀菌全蛋粉	≤90
蛋黄粉	≤40
糟蛋	≤30
皮蛋	≤30
致病菌(沙门氏菌、志贺氏菌)	不得检出

任务10

市场肉品检疫检验

学习目标

- 了解市场肉类检验的重要性，掌握性状异常肉、注水肉、公母猪肉、中毒肉的检验方法，以便能保证市场肉类的质量。

学习流程

性状异常肉的检验 ⇒ 注水畜禽肉的检验 ⇒ 不同种类肉的鉴别检验 ⇒ 病死畜禽肉的实验室检验

任务概述

子任务	依据及资讯
10-1 性状异常肉的检验	性状异常肉的检验及卫生处理
10-2 注水畜禽肉的检验	注水畜禽肉的检验及卫生处理
10-3 不同种类肉的鉴别检验	不同种类肉的鉴别检验及卫生处理
10-4 病死畜禽肉的实验室检验	病死畜禽肉的检验及卫生处理

子任务 10-1 性状异常肉的检验

【任务】

有两块肉，一块脂肪黄染，一块脂肪及肌肉都黄染，请说明其可能是什么原因造成的，并且制定实验室鉴别检验的方法。

【学习流程】

气味和滋味异常肉的检验与卫生处理 ⇒ 色泽异常肉的鉴定与卫生处理

【资讯】

一、气味和滋味异常肉的检验与卫生处理

肉的气味和滋味异常，在动物屠宰后和保藏期间均可发现。发生的原因包括动物生前长期饲喂带有浓郁气味的饲料，未去势或晚去势，宰前投服芳香类药物，发生某些病理过程及周围环境气味的影响。

1. 气味异常肉的检验

(1)饲料气味　动物生前长期饲喂带有浓郁气味的饲料，常使肉带有特殊气味。如长期饲喂胡萝卜、甜菜、油渣饼、蚕蛹粕、鱼以及泔水等，使肉和脂肪带有饲料气味和鱼腥味等异常气味。

(2)性气味　一般认为肉的性气味在去势后2～3周消失，脂肪组织的性气味大约2.5个月后才消失，唾液腺的性气味则消失更慢。老公猪、老母猪肉特别明显，公羊的膻味特别大。

(3)药物气味　畜禽在屠宰前内服或注射芳香类药物，如松节油、樟脑、乙醚、氯仿、克辽林等，可使肌肉带有药物气味。长期饲喂被农药污染的块根、牧草等，也能使肉带有农药气味。

(4)病理气味　屠畜宰前患某种疾病时给肉带来的特殊气味。如患气肿疽和恶性水肿的胴体肉有陈腐油脂气味，患蜂窝织炎、瘤胃鼓气时肉有腥臭味，患创伤性脓性心包炎和腹膜炎时肉有腐尸臭味，患尿毒症时肉有尿味，砷中毒时肉有大蒜味，患酮血症时肉有怪甜味，家禽患卵黄性腹膜炎时肉有恶臭味。

(5)附加气味　肉置于有特殊气味(如汽油、消毒药、烂水果、蔬菜、鱼虾、漏氨冷库、煤油等)的环境中，可因吸附作用而具有这些特殊气味。

(6)发酵性酸臭　新鲜胴体冷凉时，由于吊挂过密或堆放，胴体余热不能及时散失，引起自身产酸发酵，使肉质软化，色泽深暗，带酸臭气味。

2. 气味和滋味异常肉的处理

异味肉的处理可依据不同情况分别对待。在排除禁忌征候(如病理因素、毒物中毒)的情况下，将有异味肉放于通风处，经24 h，切块煮沸后嗅闻，如仍保持原有气味的不得上市销售，胴体作工业用或销毁，如仅个别部分有气味，则将该部分割除，其余部分出售食用。

二、色泽异常肉的鉴定与卫生处理

肉的色泽因动物种类、性别、年龄、肥度、宰前状态等而有所差异。色泽异常肉的出现主要是病理因素(如黄疸、白肌病)、腐败变质、冻结、色素代谢障碍等因素造成。

(一)色泽异常肉的检验

在市场贸易中常见的色泽异常肉有黄脂、黄疸、红膘、黑色素沉着、白肌肉、白肌病等。

1. 黄脂

又称黄膘，是指皮下或腹腔脂肪发黄，质地较硬，稍呈浑浊，而其他组织器官无异常的一种色泽异常肉。一般认为，发生的原因是长期饲喂黄玉米、棉籽饼、胡萝卜、南瓜、鱼粉、蚕蛹、鱼肝油下脚料等饲料，或者机体色素代谢机能失调所引起的。也有人认为某些病例是遗传因素

有关。

它们都仅仅是脂肪有黄色素沉着，脂肪组织呈黄色乃至黄褐色，尤以背部和腹部皮下脂肪最明显。黄脂肉放置后颜色会逐渐减轻或消失。

2. 黄疸

由于胆红素形成过多或排除障碍所致，由于发生大量溶血或胆汁排除受阻，导致大量胆红素进入血液，把全身各组织染成黄色，除脂肪组织发黄外，全身皮肤（白皮猪）、黏膜、浆膜、结膜、巩膜、关节囊液、腱鞘及内脏器官均染成不同程度的颜色，以关节囊液、组织液、皮肤和肌腱黄染对黄疸和黄脂的鉴别具有重要意义。黄疸肉存放时间愈长，其颜色愈黄，这也是区别黄脂的重要特性。

黄脂肉与黄疸肉的鉴别见表 10-1-1。

表 10-1-1　黄脂肉和黄疸肉的鉴别

项　目	黄脂肉	黄疸肉
着色部位	皮下、腹腔脂肪	全身各部皮肤脂肪可视黏膜、巩膜、关节液、肌腱、实质器官等
发生原因	饲料及猪的品种有关	溶血或胆汁受阻
放置后变化	放置时间稍长，颜色变淡或消退	放置时间愈长，颜色愈黄深
氢氧化钠鉴别法	上层乙醚为黄色，下层液无色	上层乙醚液为无色，下层液黄色或黄绿色
硫酸鉴别法	滤液呈阴性反应	滤液呈绿色，加入硫酸，适当加热变成淡蓝色

Ⅰ. 氢氧化钠-乙醚法鉴别黄脂肉与黄疸肉

(1)原理　脂肪中胆红素能与氢氧化钠结合，生成黄色的胆红素钠盐，可溶于水，在水层中呈现黄色，表示黄疸。天然色素属于脂溶性物质，不溶于水，只溶于乙醚，在乙醚中呈现黄色，表示黄脂。

(2)方法　取猪肥膘或脂肪组织于平皿中剪碎，取约 2 g 置入试管中，向试管内注入 5%氢氧化钠溶液 5 mL，煮沸约 1 min，使脂肪全部溶化，并不时振摇试管，防止液体溅出，将试管置于流水冲淋，使之冷却至以手触摸有温热感为度（40～50℃），小心加入乙醚 2～3 mL，加塞振摇，静置，待分层后观察其颜色变化，并同时作空白对照试验。

(3)判定标准

①若上层乙醚液黄色，下层液无色，则系天然色素所致，证明是黄脂。

②若上层乙醚液无色，下层液呈黄色或黄绿色，则为黄疸。

③若上、下层均呈黄色，表明检样同时存在黄疸与黄脂。

Ⅱ. 硫酸法鉴别黄脂肉与黄疸肉

(1)原理　胆红素在酸性环境（pH 1.39）下显绿色或蓝色反应。故可在抽提滤液中加酸后使之显色而进行定性检查。

(2)方法　被检脂肪数克，剪碎，置于具塞锥形瓶中加入 50%乙醇溶液，振摇提取 10～15 min，过滤，取滤液 8 mL 置于试管中，滴加浓硫酸 10～20 滴，振摇混匀，观察变化。

(3)判定标准　当滤液中含有胆红素时，滤液呈绿色，如继续加入硫酸经适当加热，则变为淡蓝色。若无胆红素，则滤液无颜色反应。

3. 红膘

皮下脂肪由于充血、出血或血红素浸润而呈现红色。除某些传染病(如急性猪丹毒、猪肺疫)外,还可由于背部受到冷热空气刺激而引起,特别在烫猪水温超过68 ℃时常可见到皮下和皮肤发红。

(1)死猪冷宰引起的红膘检验　脂肪色泽混浊,暗红色或红中带黄褐色,俗称“走膘”。呈现全身性病理变化,淋巴结充血或出血、水肿。耳、颈胸腹的皮肤黑紫色,脂肪、肌肉、肋骨、胸腹膜以及各脏器(尤以肾、肝、肺)的低下部位或下侧的一些器官和组织,可见到血液的沉积,呈现郁血性沉积。

这种现象多发生于尸体凝血缓慢的情况时,液态的血液能流入内脏的低下部。

(2)疫病病原体引起的红膘检验　生猪在饲养管理不良、气候反常突变或长途运输疲劳的情况下,机体抵抗力减低,由病原体(如猪丹毒杆菌、猪巴氏杆菌等)的侵入并大量繁殖为主致病因素而引起的红膘。

急性猪丹毒(败血型猪丹毒)检验:皮下脂肪呈桃红色,用刀切之毛细血管出血浸润,表皮呈弥漫性炎性充血,即全身性皮肤充血,呈现一片红色,俗称“大红袍”;另一种则是仅见耳、颈、胸、腹、股的皮肤充血,俗称“小红袍”。全身淋巴结充血、肿胀、多汁液。内脏器官中以肝、肾充血、肿胀为主要病变特征,伴以胃肠充血,轻度卡他性炎,脾瘀血,触之柔软感。采取淋巴结、肾、肝、脾进行抹片,用革兰氏染法染色,镜检发现革兰氏阳性纤细小杆菌(猪丹毒杆菌)。

猪巴氏杆菌病检验:皮下脂肪呈轻度红色,缺乏光泽,表皮以四肢及胸膜呈现云斑状出血。乳房淋巴结、股前淋巴结出血。肾、肝瘀血、水肿,肺呈大叶性纤维素性典型病变。采取心血、肝抹片;瑞特氏染色法染色,镜检出似虾子般的革兰氏阴性小型球状杆菌,呈二极染色,诊断为出血性败血病。

(3)屠宰加工工艺不当引起的红膘检验　由于屠宰加工工艺掌握不妥,如麻电的方法、时间和放血的方法不对,造成放血不全所引起的皮下脂肪发红。仅见皮下脂肪发红,全身各器官、组织无特异性病理变化,由于垂直倒挂放血之故,所以有时出现自后趋至头部走向之红色加深。采样化验未检出致病菌。诊断属于非致病菌引起的红膘猪。

(4)生猪宰前缺乏休息引起的红膘检验　由于没有严格执行屠宰前的饲养管理制度,生猪没有足够的休息与饮水,是在尚未恢复疲劳的情况下进行屠宰的。脂肪呈淡红色泽,剖检全身淋巴结和内脏器官组织未见病理变化现象。胴体冷却后红色渐褪接近正常脂肪色泽,肉质新鲜。此类红膘属于非病理性原因引起的极为轻微的红膘猪。

4. 白肌肉

白肌肉又“PSE”肉,也称“水煮样肉”。主要特征是肉的颜色苍白质地柔软,有液体渗出,病变多发生于半腱肌、半膜肌和背最长肌。发生的原因多是猪宰前应激所致,即宰前机体受到强烈刺激(驱赶、冲淋、电击)后,肾上腺分泌增多,致肌肉中肌糖原的磷酸化酶活性增强,在缺氧状态下糖酵解过程加速,产生大量乳酸。肉的pH下降(pH降到5.7以下,健康动物新鲜肉pH为5.8～6.4),再加上宰前温和僵直热使肌纤维膜变性,肌浆蛋白凝固收缩,肌肉游离水增多而渗出,从而使肌肉泽变淡,质地变脆,切面多汁。

5. 白肌病

主要发生于幼年动物,特征是心肌和骨骼肌发生变性和坏死,病变发生于负重较大的肌肉,主要是后腿的半腱肌、半膜肌和股二头肌,其次是背最长肌。发病变的骨骼肌呈白色条纹或斑块，严重的整个肌肉呈弥漫性黄色，切面干燥，似鱼肉样外观，左右两侧肌肉常呈对称性发生。

一般认为，白肌肉是缺乏维生素 E 和微量元素硒，或维生素 E 利用障碍而引起的一种营养代谢病。

6. 肉色变绿

主要是由 2 种情况引起的。一种是氧化性变绿，是因鲜肉具有氧化能力或能产生硫化氢的细菌作用而变成灰色或绿色；另一种是腐败性变绿，见于热天急宰的猪，未及时开膛取出内脏，肉在厌氧菌使用下败坏时发绿。

处理方法：对于氧化性变绿的肉，应尽快加工处理或制成熟制品；对于腐败性变绿的肉，应酌情对胴体全部或局部作修整处理。

7. 肉色变黑

肉色变黑是由于黑色素沉着或厌氧性腐败变黑引起的。黑色素沉着常见于牛、羊。成年屠畜的黑色素沉着多见于皮肤、乳腺及其周围的脂肪组织、淋巴结和肝脏等；沉着于肺、皮下组织、脑膜和脊髓膜的较少见。猪偶有全身性黑色素沉着者，可见胴体的皮、脂肪、骨膜、筋膜、胸膜、腹膜及软骨等处，如同烟熏一样呈淡灰黑色。

厌氧性腐败变黑是由于储存运输不当，鲜肉不能通风冷却造成的。由于肉里的组织蛋白酶和腐败性细菌活动，致使肉腐败发黑。

处理方法：轻度黑色素沉着的肌肉和内脏可供食用，重者加工或做工业用。腐败变黑者不得食用。

(二)色泽异常肉的处理

(1)黄脂肉　胴体放置 24 h 颜色变淡或无色时，肉可食用，可上市销售。放置 24 h 色素消退不快或有异味，不允许上市，其胴体、内脏可经高温处理后销售。

(2)黄疸肉　确诊后一律不得上市，其胴体如膘情良好，肌肉无异味，可进行腌制或熬油。胴体消瘦，放置 24 h 黄色退化不显著，肉尸内脏一律销毁；怀疑是传染病引起黄疸应进一步送检，胴体和内脏按动物防疫法规定处理。

(3)红膘肉　如系传染病引起，应结合该传染病处理规定处理。如内脏淋巴结没有明显病理变化的红膘肉，将胴体及内脏高温处理后出厂。对冷、热或机械性损伤引起的红膘肉，轻者不作处理，较严重的高温处理后出厂。如麻电的方法、时间和放血的方法不对，造成放血不全所引起的膘猪肉虽然不是由传染病引起，但肉质低劣，色泽欠佳，往往是微生物的良好培养基，不宜保藏，所以，其胴体与内脏应作高温处理为妥。

(4)白肌肉　味道不佳，加热烹调时损失很大，口感粗硬，不宜鲜销。如果感官上变化微小，在切除病变部位后，胴体和内脏可不受限制出厂；病变严重，有全身变化时，在切除病变部位后，胴体和内脏可做熟制品出售，但不宜做腌腊制品的原料。

(5)白肌病肉　全身肌肉有变化时，胴体作工业用或销毁；病变轻微而局部的，经修割后可食用。

(6)绿色肉　对于氧化性变绿的肉，应尽快加工处理或制成熟制品；对于腐败性变绿的肉，应酌情对胴体全部或局部作修整处理。

(7)黑色肉　轻度黑色素沉着的肌肉和内脏可供食用，重者加工或做工业用；腐败变黑者不得食用。

子任务 10-2 注水畜禽肉的检验

【任务】

市场检验中发现猪肉切面颜色浅，湿淋淋的感觉，放过肉的案板上留有水渍，请判断造成此现象的原因，制定出检验及处理的方案并加以实施。

【学习流程】

注水肉的感官检验 ⇒ 注水肉的实验室检验

【资讯】

一、感官检验

1. 注水肉的特征

(1)外观特性

①活体掺水后，明显可见腹部膨胀，体态臃肿，步履蹒跚，行动困难。生猪肛门可见有水和肠管流出。

②掺水的畜禽肉色较正常的淡，有一种水样光泽，切面呈淡红色或玫瑰色。用手指接压时，有水滴流出，指压后凹陷恢复较慢。

(2)剖检特征

①宰后畜禽胴体的表皮在通风环境下不易形成干膜，但失重较快。经注水后畜体内一些内脏器官呈水肿样。

②光禽(鸡、鸭)胴体肌肉(颈、胸、腿、肩肌)因注入水分，手指触之即可见这些部位肌肉层有水分流出，肌肉的色泽变淡，猪肉、牛肉色泽鲜红亮泽，切面浅红色。

③肝体积增大，包膜紧张，肝叶边缘钝圆，切面隆突、有水分渗出。

④肺肿胀，各叶胀满水分，手提肺沉重，用手压之气管中有泡沫状的液体流出。切开肺叶即可流出多量液体。

⑤肾水肿，剖之可见肾盂部积液。

⑥胃肠浆膜外观明显湿润肿胀。

2. 注水肉的处理

(1)凡注水肉，不论注入的水质如何，不论掺入何种物质，均予以没收，作化制处理。

(2)对经营者予以经济处罚，直至追究刑事责任。

二、实验室检验

(一)放大镜观察法

1. 设备与器材

15～20 倍放大镜、检验刀、大镊子、20 mL 注射器各 1 个，大瓷盘 2 个。每组 1 套。

2. 方法和操作

(1)将正常的和注水的肉或光禽放入大瓷盘内，以备检验者观察。

(2)检验者用镊子固定住被检肉，用检验刀顺着肌纤维方向切开肌肉后用放大镜观察。

3. 判定标准

(1)正常肉　肌纤维排列均匀，结构致密紧凑无断裂、无变细增粗等形态变化，色泽呈鲜红、浅红色，看不到血液和渗出液。

(2)注水肉　肌纤维肿胀、粗细不匀、结构纹理不清、有大量血水和渗出液。

(二)滤纸贴附检验法

1. 设备与器材

新华滤纸(最好是定量滤纸)剪成 1 cm×8 cm 大小的纸条若干，检验刀、镊子各 1 个。每组 1 套。

2. 方法和操作

(1)检验者用镊子固定被检肉，用检验刀切开肌肉。

(2)立即将滤纸条插入肉新鲜切面上 2 cm 深贴紧肉面 1～2 min。

(3)观察滤纸条被浸润情况，纸条揭下后两手均匀拉，检验其拉力。

3. 判定标准

(1)正常肉滤纸贴后稍湿润且有油渍，揭后耐拉。

(2)注水肉滤纸贴后立即被水分和肌肉汁浸湿，均匀一致，超过插入部分 2～5 mm 以上(注水越多，湿得越快、超过部分越高)。揭后不耐拉易断。

(三)燃纸检验法

1. 设备与器材

卷烟纸 1 本，火柴 1 盒，检验刀、镊子各 1 个，瓷盘 2 个。每组 1 套。

2. 方法和操作

(1)检验者用镊子固定被检肉，用检验刀顺着肌纤维切开肌肉。

(2)将卷烟纸贴于肉的新鲜切面上，取下后点火燃烧。

3. 判定标准

(1)正常肉　卷烟纸贴后有油渍，点火后易燃烧。

(2)注水肉　卷烟纸贴后立即湿润，点火后不燃烧。

(四)加压检验法

1. 设备与器材

干净塑料袋、重5 kg的哑铃或铁块。

2. 方法和操作

(1)取10 cm×10 cm×5 cm的正常肉和注水肉分别装在干净的塑料袋内扎紧。

(2)将哑铃或铁块压在塑料袋上,10 min后观察袋内情况。

3. 判定标准

(1)装正常肉的塑料袋内无水或有非常少的几滴血水。

(2)装注水肉的塑料袋内有水被挤出。

(五)熟肉率检验法

1. 设备与器材

锅、电炉子、检验刀、秤、量筒(500~1 000 mL)各1个。每组1套。

2. 方法和操作

(1)称取正常肉和注水肉各0.5 kg重的肉块,放入锅内,加2 000 mL水。

(2)水煮沸后继续煮1 h,捞出晾凉后称取熟肉重量。

(3)计算公式:

$$熟肉率=\frac{熟肉重(kg)}{鲜肉重(kg)}\times 100\%$$

3. 判定标准

(1)正常肉熟肉率>50%。

(2)注水肉熟肉率<50%。

4. 注意事项

正常肉与注水肉放在同锅内煮沸时要进行标记,以免混淆。

(六)肉的损耗检验法

1. 设备与器材

吊钩、秤。

2. 方法和操作

(1)取相同大小的正常和注水肉各1块,分别称重。

(2)将其分开挂在15~20 ℃通风良好的阴凉处的吊钩上,24 h后分别称重。

(3)计算公式:

$$损耗率=\frac{晾前肉重(kg)-晾后肉重(kg)}{晾前肉重(kg)}\times 100\%$$

3. 判定标准

(1)正常肉损耗率为0.5%~0.7%。

(2)注水肉损耗率为4.0%~6.0%。

(七)SY-01 型肉类注水测定仪检测法

1. 原理

该仪器应用电导原理进行测量。正常情况下，瘦肉中含水量一般均在 70%左右，正常肉电导度 $S<1/51$ V，电阻 $R>51\ \Omega$，加入不洁水质的肉电导度 $S\geqslant 1/51$ V，电阻 $R\leqslant 51\ \Omega$。

2. 设备与器材

SY-01 型肉类注水测定仪。鲜猪、牛、羊前后肢精肉(瘦肉)。

3. 方法和操作

将检测探头插入被检部位精肉中，按下测量键。表头指针所指为检测结果。

4. 判定标准

(1)正常肉表头指针停在蓝色带上。

(2)注入少量水的肉表头指针停在黄色带上。

(3)严重注水肉表头指针停在红色带上。

(八)试纸法检测法

1. 设备与器材

检验用试纸、检验刀、检验钩、大镊子各 1 个，瓷盘 2 个。每组 1 套。正常和注水的老牛肉、小牛肉和猪肉。

2. 方法和操作

(1)检验者用检验钩钩住被检肉，用检验刀将肌纤维横断，要求切面必须光滑平整。

(2)翻开切口，于一侧面贴试纸，立即压实并记录时间，试纸由蓝变红，观察记录试纸变色程度及完全变色(变红)时间。

3. 判定标准

(1)正常猪肉　试纸完全变色时间超过 20 s；注水猪肉 20 s 以内试纸完全变色。

(2)正常老牛肉　试纸完全变色时间超过 25 s；注水老牛肉 25 s 以内试纸完全变色。

(3)正常小牛肉　试纸完全变色时间超过 20 s；注水小牛肉 20 s 以内试纸完全变色。

4. 注意事项

不同部位、不同品种、宰后贮存时间都会使试纸变色时间有所不同。肉质细嫩、含水量高，如小牛肉的背最长肌，试纸变色快。

(九)刀切检验法

将待检肉品用刀将肌纤维切一深口，注水肉在切口可见渗水。

(十)放大镜观察法

1. 设备与器材

15～20 倍放大镜、检验刀、大镊子、20 mL 注射器各 1 个，大瓷盘 2 个。

2. 方法和操作

将正常的和注水的肉或光禽放入大瓷盘内，以备检验者观察。检验者用镊子固定住被检肉，用检验刀顺着肌纤维方向切开肌肉后用放大镜观察。

3. 判定标准

正常肉肌纤维排列均匀，结构致密紧凑无断裂、无变细增粗等形态变化，色泽呈鲜红、浅红色，看不到血液和渗出液；注水肉肌纤维肿胀、粗细不匀、结构纹理不清、有大量血水和渗出液。

(十一)实验室常压水分干燥法

常压水分干燥法虽简单，但耗时较长，且结果受所注水水质的影响。由于注水中含电解质等物质，而且在种类、数量上有很大差异，所以对肉类注水程度的判定难以掌握，该方法只粗略判定，方法如下：

①将称量瓶置于 105 ℃烘箱烘 1～2 h 至恒重，盖好，取出置干燥器内冷却，分析天平称重量为 W_1。

②取待检肉样 3 g 左右于称量瓶中，摊平，加盖，精密称重为 W_2，并置入 105 ℃烘箱烘 4 h 以上至恒重(两次重复烘，重量之差小于 2 mg 即为恒重)，经干燥器冷却后称重为 W_3。

③结果计算与评价。

肉品水分$=(W_2-W_3)/(W_2-W_1)\times 100\%$

正常鲜精肉水分含量为 67.3%～74%，注水猪肉大于此范围。

除上述几种方法外，还有直接干燥法等。注水肉是个复杂的问题，注入的水，多是掺进其他物质或是不洁的水，使之不易流出和鉴别。每种检验法都不十分理想，直接干燥法、熟肉率法、损耗法加入的水含不挥发性杂质多，烘干、煮后、晾后重量注水肉可能大于正常肉，SY-01 型肉类注水仪检测法不适于注入普通水，试纸法在观察时存在眼观物差，时间也不易掌握，贴纸法、燃纸法没有量的概念，只凭检验者经验判定。所以注水肉可采用多种方法进行检验，综合判定。

【资讯链接】

近年来我国开放了肉类市场，方便了群众的生活，但少数屠宰户为了牟取暴利，千方百计向肉类中掺加、注入自来水、血水、矾盐水、胶质液体等，严重影响了肉品的卫生质量，危害人民群众的健康。

畜禽肉注水肉的途径与方法很多，如宰前活体注水法和宰后注水法。

一、宰前活体注水法

强行固定猪体灌水姿势，用皮管塞入口腔或肛门注入水，注水量可占体重的 20%以上，最高可达 30%，也可灌稠状饲料或泥浆土、粪、黄沙等物充堵猪的胃肠道以达到增加体重的目的。

注水多在畜禽屠宰前的 2～3 h，此种注水方法多见于冬季。

二、宰后注水法

(1)在丰满的前后腿部、胸部用注射器直接注入水分。

(2)在开膛的鸡、鸭胸腹腔空隙处塞入冰块或其他杂物。

子任务 10-3　不同种类肉的鉴别检验

【任务】

市场采购公猪肉与正常猪肉，对它们实施感官检验，并找出它们的差别，说明处理意见。

【学习流程】

不同肉种类的鉴别 ⇒ 公、母猪肉的鉴别与处理

【资讯】

一、不同肉种类的鉴别

在肉类交易中，某些经营者在经济利益驱动下，“挂羊头，卖狗肉”欺骗消费者。另一方面由于肉制品的多样化，有时还需查明备种原料的比例和真伪等情况。因此，经常出现因肉种类而引发的问题。进行肉种类鉴别主要依据肉的外部形态、骨的解剖学特征、肉的理化特性及免疫学反应等。

1. 外部形态学特征比较

各种动物肉及脂肪的形态学特征受品种、年龄、性别阉割、肥育度、使役、饲养、放血程度及屠畜应激反应等因素的影响，不可能始终如一。因此只能作为肉种类鉴别时的参考。牛肉与马肉、羊肉、猪肉与狗肉、兔肉与禽肉的外部形态学比较见表 10-3-1 至表 10-3-3。

2. 淋巴结特征鉴别

主要是牛与马的淋巴结鉴别。牛的淋巴结是单个完整的淋巴结，多呈椭圆形，切面在灰色或黄色基础上往往有灰色或黑色的色素沉着。马的淋巴结是由多个大小不同的小淋巴结联结成的淋巴结团块，呈纽结状，比牛的淋巴结小，切面色泽灰白或黄白。

3. 脂肪熔点的测定

每种动物脂肪所含饱和脂肪酸和不饱和脂肪酸的种类和数量不同，其熔点也不相同，故可作为鉴别肉种类的依据。

表 10-3-1　牛肉与马肉形态学比较

类别	肌肉			脂肪		气味
	色泽	嫩度	肌纤维性状	色泽和硬度	肌间脂肪	
牛肉	淡红色、红色或深红色（老龄牛）；切面有光泽	质地坚实，有韧性，嫩度较差	肌纤维较细，眼观断面有颗粒感	黄色或白色（幼龄牛和水牛）；硬而脆，揉搓时易碎	肌间脂肪明显可见，切面呈大理石样花纹斑	具有牛固有的气味
马肉	深红色、棕红色，老马更深	质地坚实，韧性较差	肌纤维比牛肉粗，切面颗粒明显	浅黄色或黄色，软而黏稠	成年马少，营养好得多	具有马肉固有气味

表 10-3-2 羊肉、猪肉与狗肉形态学比较

类别	肌肉			脂肪		气味
	色泽	嫩度	肌纤维性状	色泽和硬度	肌间脂肪	
绵羊肉	淡红色、红色或暗红色，肌肉丰满，肉粘手	质地坚实	肌纤维较细短	白色或微黄色，质硬而脆，油发黏	少	具有绵羊肉固有的膻气味
山羊肉	红色、棕红色，肌肉发嫩，肉不粘手	质地坚实	比绵羊肉粗长	除油不粘手外，其余同绵羊肉	少或无	膻味浓
猪肉	鲜红色或淡红色，切面有光泽	肉质嫩软，嫩度高	肌纤维细软	纯白色，质硬而黏稠	富有脂肪，瘦肉型断面呈大理石样	具有肉腥味
狗肉	深红色或砖红色	质地坚实	比猪肉粗	灰红色，柔软而黏腻	少	具有不愉快的气味

表 10-3-3 兔肉和禽肉形态学比较

类别	肌肉			脂肪		气味
	色泽	嫩度	肌纤维性状	色泽和硬度	肌间脂肪	
兔肉	淡红色或暗红色（老龄兔或放血不全）	质地松软	黄白色，质软	沉积极少	沉积极少	具有兔肉固有的土腥味
禽肉	呈淡黄色、淡红色、灰红色或暗红色等色，急宰肉多呈淡青色	质地较细嫩	纤维细软，水禽的肌纤维比鸡的粗	黄色，质地软	肌间无脂肪沉积	具有禽肉固有的气味

(1)直接加热测定法　从检肉中取脂肪数克，剪碎，放入烧杯中加热，待熔化后，加适量冷水(10 ℃以下)，使液态油脂迅速冷却凝固并浮于液面。插入一温度计，使液面刚好淹没其水银球。将烧杯放在石棉网上加热，并随时观察温度计水银柱上升和脂肪熔化情况。当液面的脂肪刚开始熔化和完全熔化时，分别读取温度计所示读数，即为被检脂肪的熔点范围。

(2)毛细管测定法　将毛细管直立插入已熔化的油样中，当管柱内油样达 0.5～1.5 cm 高时，小心移入冰箱内或冷水中冷却凝固，取出后，用橡皮圈固定毛细管于温度计上，并使油样与水银球在同一水平面上，然后将其插入盛有冷水的烧杯中，使温度计水银球浸没于液面下 3～4 cm 处。缓慢加热，不时搅拌，使水温传热均匀并保持水的升温速度为每分钟 0.5～1 ℃，直至接近预计的脂肪熔点时，分别记录毛细管内油样刚开始熔化和完全澄清透明时的温度。将毛细管取出，冷却。再按上述方法复检 3 次，取平均温度，即为该脂肪样品的熔点。

(3)结果判定　各种动物脂肪的熔点与凝固点温度见表 10-3-4。

表 10-3-4　各种动物脂肪的熔点与凝固点温度　℃

脂肪名称	熔点温度	凝固点温度	脂肪名称	熔点温度	凝固点温度
猪脂肪	34～44	22～31	羊脂肪	44～55	32～41
马脂肪	15～39	15～30	狗脂肪	30～40	20～25
牛脂肪	45～52	27～38	鸡脂肪	30～40	—
水牛脂肪	52～57	40～49	兔脂肪	35～45	—

4. 免疫学鉴别

免疫学鉴别方法较多，用于市场肉种类鉴别的方法，首推沉淀反应和琼脂扩散反应。前者是一种单相扩散法，即以相应动物的特异蛋白作抗原接种家兔，以获得特异抗体，再用这种已知的抗血清检测未知的肉样。后者是一种双相扩散法，不仅能检测单一肉种，还能同时与有关抗原作比较，分析混合肉样中的抗原成分。琼脂扩散反应在形成沉淀线之后不再扩散，并可保存作为永久性记录，有法律证据价值。

(1)沉淀反应　本反应是一种单相扩散法，以相应动物的血清作抗原接种家兔，然后分离兔血清作为特异抗体。用这种已知的抗血清测未知的肉样浸出液(抗原)，凡能在 10 min 内以 1∶1 000 的稀释度与同源抗原呈现显著沉淀反应的抗血清，即认为是适用的。

①设备与器材：显微镜、灭菌剪刀、镊子、电炉、琼扩打孔器、恒温箱、锥形瓶(250 mL)、玻璃小漏斗、吸管(2 mL)、毛细管、载玻片、中性滤纸。

②试剂：牛蛋白原沉淀素血清、马蛋白原沉淀素血清(如欲测其他动物肉，也应有相应的血清准备)、灭菌生理盐水、硝酸(密度 1.2)。

③操作方法

a. 待检肉浸出液的制备：将除去脂肪和结缔组织的肌肉剪碎，按 1∶10 的比例放入灭菌生理盐水内，浸泡 1～3 h，不断搅拌，将浸出液通过两层滤纸或石棉过滤。按下述方法测定其稀释度：于 1 mL 的浸出液内加入 1 滴密度为 1.2 的硝酸，并煮沸，如出现轻度乳白色，证明其中含有 1∶1 000 蛋白质，说明适于反应用。如发生混浊或沉淀，证明蛋白质含量高于 1∶300，应作适当稀释。若无乳白色而完全透明，则说明其中含蛋白质过少，须将盐水的比例减少[1∶(5～3)]，重新制造浸出液。如果肉浸出液呈蔷薇色，则应置于 70 ℃水浴上加热 30 min，过滤，滤液待测。

b. 反应方法

沉淀管法：取沉淀小试管，分别加入 0.1 mL 特异沉淀素血清(勿使产生气泡)，用毛细吸管吸取等量待检肉浸出液，沿管壁徐徐流下重叠于各试管的血清层上，在室温下静置 15～30 min后，对光观察结果。阳性者于两液面之间出现白色沉淀轮环。然后振摇混合，于次日检查管底有无沉淀。

平板法：在载玻片上置数滴特异血清，并放入 37 ℃恒温箱内干燥(制成的玻片可放于干燥处长期保存)。进行检验时，将数滴透明抗原(肉浸液)加在干燥的血清上，用玻璃棒搅拌，此后将玻片放入湿盒内(用湿纱布垫在盒底即可)，置于 37 ℃温箱中 30 min，取出后，在 300 倍显微镜下观察。阳性反应者可见混浊的云雾状物。

(2)琼脂扩散反应　本反应是一种双相扩散，不但能检测单一肉种，还能同时与有关抗原作比较，便于分析混合肉样的抗原成分，比单相扩散更为敏感。琼脂扩散反应形成沉淀线以后不再扩散，并可保存作为永久记录。

①仪器与试剂：牛蛋白原沉淀素血清、马蛋白原沉淀素血清（如欲测其他动物肉，也应有相应的血清准备）、琼脂扩散反应用琼脂平板。

②操作方法：在琼脂平板上打孔，中间 1 个孔，周围 6 个孔，孔间距离为 4 mm，孔直径为 4 mm。将制备好的被检肉浸出液（同沉淀反应法）分别注入外周的 5 个孔内，第 6 个孔注入已知肉浸液作为阳性对照，中央孔加入已知特异性抗血清。每次加样时，均以刚好加满为宜。加样完毕后，将琼脂平板放入湿盒中，于 25 ℃恒温箱或 15 ℃室温下，8～72 h 内观察结果。

③判定标准：阳性反应在中央孔和外周孔之间形成一白色沉淀线。

二、公、母猪肉的鉴别与处理

1. 公猪肉、老母猪肉的鉴别

见表 10-3-5。

2. 卫生处理

(1)第一胎母猪去势后育肥 4 个月屠宰，胴体允许上销售。

(2)老母猪肉需修割掉乳腺，生殖器官等，允许上市销售或作肉食品加工原料用。

(3)老公猪肉、特老母猪肉修割牛唾液腺，剔除筋腱、公母生殖器，割除乳腺后，胴体绞碎作灌肠等熟制品原料，鲜肉销售时应予注明。

表 10-3-5 公猪肉、老母猪肉的鉴别

项目	老母猪肉	老公猪肉
皮肤	皮厚有黑色素及皱襞，毛孔粗大	背部、肩胛部皮肤角质化层厚，有皮厚有黑色素及皱襞，毛孔粗大
肌肉	肌肉呈深红色，肉抽粗硬，纤维粗糙，不易煮烂	比老母猪肉更红，肉质坚硬，肌纤维粗糙，断面颗粒大，毛糙不整
脂肪	淡白色、质较硬，肌间脂肪少，断面看不到大理石样花纹	色淡，皮下脂肪少，肌间脂肪几乎没有，断面粗糙
气味	有难闻臊气味	臊气味特浓，肉块及唾液腺煮汤后味更浓烈，消退很慢

子任务 10-4 病死畜禽肉的实验室检验

【任务】

市场检验时，只见胴体的二分体颜色不同，其中一半比较淡，另一半红染，切开断面有血液外渗，请设计一检验方案，并判断其发生原因，给出处理意见。

【学习流程】

感官检验和剖检 → 细菌学检验 → 细菌毒素检验

【资讯】

一、感官检验和剖检

1. 杀口状况

杀口状况是判别病死畜禽肉的客观标准。健康猪杀口外翻，皮下脂肪切面呈颗粒状凹凸不平，杀口组织被血红染深达 0.5～1 mm。病死畜禽由于死前血液循环变慢或已有部分凝固，放血时杀口就比较平整不外翻，附近也不污染鲜血。

2. 血液坠积情况

畜禽濒死或刚刚死亡，由于重力作用，血液流向胴体最低体位引起坠积性充血，结果畜禽尸体的卧侧皮下及肌肉组织由于血液坠积而色暗，尤其是对称性器官(如肾脏)尤为明显。肺、肾暗红瘀血，胸膜、腹膜血管充盈暴露，红褐色，这是急宰胴体或冷宰胴体的标志。

3. 疫病特异性病理变化

因传染病而死亡的胴体，可在体表或皮下观察到特有的病理变化。猪瘟在颈部和腹下皮肤上有小而密布的出血点，淋巴结和内脏有固有的病变；喘气病猪胴体消瘦呈恶病质，肌间脂肪少，肺有肺气肿病变。

4. 胴体淋巴结病变

病死畜禽的淋巴结呈现水肿、充血、出血等。不同性质的疾病于淋巴结上还会出现特有变化，中暑濒死的猪屠宰后也表现轻度放血不良现象，但淋巴结切面仍呈灰白色。这种肉也是可食用的，在市场检验时应慎重判别。

5. 物理性致死痕迹

如压痕、勒痕、皮肤破损，局部瘀血，出血及渗出等变化。但须注意区别生前骨折和死后的断骨，主要看局部有无血肿和肌肉撕裂，有血肿的，为生前骨折，否则为死后断骨。

6. 病死家禽肉尸鉴别

死家禽鸡冠、肉髯呈紫黑色，眼球下陷，眼全闭且污秽不洁，皮下充血，体表铁青，表面无光不湿润，毛孔突出，拔毛不净，翅下小血管瘀血，肌肉不丰满，外观干瘪，胴体一侧有沉积性充血，肛门松弛，周围污秽不洁，嗉囊空虚，内有恶臭液体。

二、细菌学检验

感官检验一旦发现有病、死畜禽肉征象时，应立即采样—触片—染色—镜检。

1. 设备与器材

显微镜、有盖搪瓷盘、酒精灯、镊子、剪子、载玻片(要求灭菌)。革兰氏染色液 1 套、瑞氏染色液。

2. 方法和操作

(1)无菌操作取有病理变化的淋巴结、实质器官和组织、触片(每个检样制备 2 个以上的触片)。

(2)将干燥并经火焰固定的触片,经革兰氏染色法进行染色(亦可将自然干燥的组织触片,经瑞氏法进行染色)。光学显微镜或油镜下检查。

3. 判定标准

同微生物或动物性食品微生物学检验标准,进行炭疽杆菌、猪丹毒杆菌、巴氏杆菌、链球菌等各种致病菌的判定。

三、放血程度检验

Ⅰ. 滤纸浸润法

1. 设备与器材

新华滤纸 0.5 cm×5 cm、镊子、检验刀、瓷盘。每组 1 套。

2. 方法和操作

(1)检验者用镊子固定被检肉,用检验刀切开肉。

(2)取滤纸条插入被检新鲜肉切口 1～2 cm 深。

(3)经 2～3 min 后观察。

3. 判定标准

(1)放血不全　滤纸条被血液浸润且超出插入部分 2～3 cm。

(2)严重放血不全　滤纸条被血样液严重浸润且超出插入 5 cm 以上。

Ⅱ. 愈创木脂酊反应法

1. 设备与器材

镊子、检验刀、瓷皿、吸管、吸球、量筒(10 mL)。每组 1 套。

(1)愈创木脂酊　称取 5 g 愈创木脂,加 75%乙醇至 100 mL 溶解后备用。

(2)3%过氧化氢溶液　量取 30%过氧化氢 3 mL,用蒸馏水稀释至 30 mL 即成(现用现配)。

2. 方法和操作

(1)检验者用镊子固定肉,用检验刀切取前肢或后肢肉片 1～2 g,置于瓷皿中。

(2)用吸球吸管吸取愈创木脂酊 5～10 mL 注入瓷皿中,此时肌肉不发生任何变化。

(3)加入 3%过氧化氢溶液数滴,此时肉片周围产生泡沫。

3. 判定标准

(1)放血良好　肉片周围溶液呈淡蓝色环或无变化。

(2)放血不全　数秒钟内肉片变为深蓝色,周围组织全呈深蓝色。

四、细菌毒素检验(鲎试剂试验)

1. 原理

鲎试剂中含有内毒素敏感因子凝固酶原、凝固蛋白等凝固素。微量的内毒素可将其依次激活,产生胶冻样凝集现象,其程度与被检物中内毒素含量成正比。本法不但可以定性,还可以依据凝集的最小需要量,推算出检样中内毒素含量。此反应敏感、特异性高、简便快速。

2. 设备与器材

水浴锅、天平、灭菌的剪子和镊子。小试管 3 支、锥形瓶、大平皿或广口瓶(带玻璃珠)、吸管 4 支等均需除热源处理。每组 1 套。

除热原处理方法:玻璃器皿用清洁液浸泡 24 h,取出后流水冲洗,1% NaOH 煮沸 30 min,流水充分洗净后蒸馏水冲洗,无热原蒸馏水冲洗,置于 250 ℃烘箱中烘烤 30 min 或 180 ℃烘箱中烘烤 2 h。

(1)鲎试剂(TAL 试剂)。冻干制品,临用时从冰箱内取出,打开安瓿,加入稀释液 0.5 mL 溶化后备用(可保存 2 周)。

(2)无热源蒸馏水。

(3)大肠杆菌内毒素的制成品,临用前从冰箱取出。

(4)氢氧化钠(除热原用)。

(5)健康新鲜肉浸液和生理盐水。

3. 方法和操作

(1)检验液的制备检验者以无菌法从被检肉中心剪取 3 cm 肉一块,用无热原蒸馏水冲洗表面后,置于除热原处理的平皿中剪成肉泥,称取 10 g 置于装有玻璃珠的广口瓶中,加入无热原的蒸馏水 90 mL 混匀,在 5 ℃下放置 15 min(每 5 min 振荡 1 次)后静置 2 min,取上清液过滤备用。

(2)取 3 支小试管,第 1 支加入检样液 0.1 mL;第 2 支加入大肠杆菌内毒素稀释液0.1 mL 作阳性对照;第 3 支加入健康新鲜肉浸液或生理盐水 0.1 mL 作阴性对照。

(3)依次向上述 3 个试管中加入鲎试剂 0.1 mL 稀释液,立即用透明胶带封好管口,防止污染和蒸发。

(4)轻轻摇匀后将试管置于 37 ℃水浴中保温 1 h,取出试管慢慢倾斜成 40°～180°,观察结果。

4. 判定标准

(1)完全凝固　试管中凝胶完全凝固不变形为强阳性(+++)。

(2)80%凝固　倾斜试管,凝胶稍变形,但不流动为阳性(++)。

(3)40%凝固　倾斜试管,凝胶呈半流动态,具有黏性为弱阳性(+)。

(4)无凝固　倾斜试管,凝胶不凝固为阴性(—)。

五、病死畜禽肉的卫生处理

凡病死畜禽,不论是何原因,一律不准上市销售。若检出是恶性传染病(炭疽、狂犬病)时,应在卫检人员监督下就地销毁。对胴体污染的一切场地、车辆、工具、衣物进行消毒,并报告上级主管部门,严密监视其疫情动态,凡与恶性传染病畜接触的人员,必须接受卫生防护。

对一般病死肉尸和急宰胴体,可依据四部规程及相关标准处理;对物理性致伤肥猪,可在卫生检验人员监督下,按不同情况进行无害化处理后利用。

固定摊点销售病死畜禽肉尸,除按规定处理胴体外,有关部门依据具体情况处以罚款,没收非法所得,吊销营业执照,直至追究刑事责任。

【资讯链接】

中毒肉的检验

(一)中毒肉的检验

动物中毒致死有农药中毒、化学药品中毒、工业毒物污染中毒、毒蛇毒虫咬伤中毒等。动物中毒后其临床表现和死后病理变化多种多样,在农贸集市销售此类肉多不带头蹄、内脏,胴体上的病理变化常不完整,检验中正确判别是何种药物中毒在技术上存在一定困难,所以对可疑中毒动物肉的诊断,必须全面收集病因,病、死动物宰前症状,在掌握宰后病理变化的基础上进行必要的毒物检验,综合判定。许多情况下还需要动物检疫检验人员有较丰富的业务知识和临床经验,如对动物中毒的机会、常见的中毒症状及死后特有的病理变化有较详细的了解,再结合分析,一般就可得出正确结论。中毒动物肉主要从以下4个方面进行的检验:

1. 调查

(1)中毒情况　调查询问时态度要热情、诚恳,注意引导和启发,要特别讲明中毒动物肉的危害和有关法律。详细了解动物生前饲养管理,使役和表现、饲草饲料的种类、调制及喂饮等情况,以及与周围环境接触的情况等。进一步了解发病及死亡情况,即发病时间、病程、发病后的表现、治疗经过以及死亡头数等。

(2)发病特点

①群发性　多数动物同时或相继发病,一般在饲喂后数小时或数日乃至数周内突然成群发病或相继发病。

②共同性　发病的动物具有共同的临床表现和相似的剖检变化,其中以消化系统和神经系统的症状最为明显,食欲旺盛的动物症状重剧。

③同因性　发病的动物有相同的发病原因,如喂相同饲草、饲料,条件改变后,发病随之停止。

④无热性　发病动物体温多不升高,有的动物体温下降,但并发炎症或肌肉痉挛时可能发热。

⑤无传染性　发病动物与健康动物间不发生传染。

2. 中毒症状

引起动物中毒的毒物很多,发病原因和临床表现也各不相同,常见毒物中毒的主要症状见表10-4-1。

表10-4-1　常见毒物中毒主要症状

毒物名称	中毒症状	患病器官
氰化物	发病急、死亡快,生前呼吸困难,眼结膜发绀,极度兴奋,狂叫,心功能衰竭、衰弱、昏迷	神经系统、血液、呼吸系统
有机磷、有机氯农药、亚硝酸盐、汞砷制剂、食盐等	流涎、呕吐、口腔黏膜发炎、充血、糜烂、狂躁不安、全身抽搐、瞳孔缩小、腹痛、腹泻、粪臭有血样黏液	消化系统、神经系统和眼
毒芹、麦角、颠茄、麻黄、马前子、乌头等生物碱	兴奋不安、呈强直性或阵发性肌肉痉挛、震颤、后躯不全麻痹、角弓反张	神经系统、肌肉系统
芥子油、秋水仙素、升汞等	血尿、血红蛋白尿、多尿、无尿(升汞)	泌尿系统
荞麦、三叶草、马铃薯	红斑性皮疹、黄染、脓包	皮肤
毒蛇、其他毒虫	咬伤处肿胀、出血、剧痛、兴奋不安	皮肤、皮下组织

3. 病理变化

(1)与毒物接触组织、器官的变化　一般与毒物接触的口腔、食道、胃肠黏膜会引起不同程度的充血、出血、变性、坏死、黏膜脱落、溃疡等变化。

(2)毒物吸收后实质器官的变化　毒物吸收后,引起心、肝、肾、脑等组织器官的充血、出血、水肿、变性、坏死等变化。

(3)中毒动物放血不良　胴体肌肉呈暗红色,主要淋巴结肿大、出血、切面呈紫(暗)红色。其宰杀口状态、血液坠积等现象,基本与病、死动物肉相同。

(4)中毒动物的特征性病理变化　某些毒物对某些组织器官有特殊的选择性,会引起这些组织器官特征性病理变化(表 10-4-2)。

表 10-4-2　中毒动物肉的特征性病理变化

毒物名称	主要病理变化
氰化物	血液、肌肉呈鲜红色
亚硝酸盐	血液呈黑褐色,如酱油状凝固不良
有机磷	肝肿大、脂变,肾肿大、质脆,心、肌肉、胃肠黏膜出血,肺水肿
有机氯	肝、肾、脾肿大,体表淋巴结肿大,肺气肿充血,肠呈蓝紫色
食盐	胃肠产生出血性炎症,脑、延髓水肿、充血
灭鼠药	肝、肺肿大、瘀血,胃肠壁出血
霉玉米	内脏器官广泛充血,脑膜、脑实质出血、软化
砷	肝、肾、脾呈不同程度变性、坏死,胃肠壁严重穿孔
汞	肾肿大、苍白,肺充血、出血,肝贫血,胃肠道黏膜脱落
毒蛇咬伤	咬伤处局部肿胀,伤口附近肌肉呈煮肉样

4. 毒物检验

(1)样品的采取、包装、保存及送检

①样品采取　无菌采取胃肠内容物、粪便、血液、尿液及心、肝、肾、淋巴结等,必要时采取可疑的剩余饲料。

②样品包装　将多点取的样品装入清洁、无菌、无残留药物的容器内,并分别进行无菌包装密封后详细标注采集样品名称、采集人、采集地点和时间等备查资料。

③样品保存和送检　样品采取后,冷藏并尽快送检。注意一般不要加防腐剂,只能加酒精并注明,同时将调查情况和病理剖检变化的记录一并送检,以供参考。

(2)常见毒物检验方法　主要有纸上呈色反应、薄层层析法、色谱法等。实践中市场上多采用快速、简便的定性检验法——纸上呈色反应法。

(二)中毒肉的卫生处理

(1)确认中毒致死(包括毒死的鸟及野兽)或死因不明的中毒动物肉,禁止上市销售,其肉尸、内脏应全部销毁。

(2)如发现中毒濒死急宰的肉尸及被食物中毒性微生物污染的肉尸,禁止上市销售,其肉尸、内脏全部销毁。

(3)某些饲料中毒如食盐中毒、酒精中毒、尿素中毒、棉籽饼中毒、霉玉米中毒、甘薯黑斑病中毒等,其肉尸经高温处理后利用,内脏、头蹄化制或销毁。

(4)被毒蛇毒虫咬伤而急宰的肉尸,将咬伤局部和病变组织修割后,肉尸高温处理后利用。内脏、头蹄全部销毁。

任务11

水产品的检验

学习目标

- 掌握水产品的检验方法。

学习流程

鱼的检验与处理 ⇒ 有毒水产品的鉴别检验与处理 ⇒ 贝甲类的检验与处理 ⇒ 贝哈类的检验与处理

任务概述

子任务	依据及资讯
11-1 鱼的检验与处理	鱼的检验
11-2 有毒水产品的鉴别检验与处理	有毒水产品的鉴别检验
11-3 贝甲类的检验与处理	贝甲类的检验
11-4 贝哈类的检验与处理	贝哈类的检验

子任务 11-1 鱼的检验与处理

【任务】

市场采购不同新鲜程度的鲜鱼，进行感官检验和理化检验，并给出处理意见。

【学习流程】

感官检验 ⇒ 理化检验

鱼及鱼制品的检查以感官检查为主。必要时辅以理化检验和细菌检验。感官检验在生产上应用最广，无需仪器与设备，只要了解鱼体的固有特征及其死后的变化规律，再结合实际经验,就能得出比较可靠的判断。

1. 感官检验

(1)鲜鱼的检验　首先观察鱼眼角膜清晰光亮程度和眼球饱满程度,眼球是否下陷及周围有无发红现象。再揭开鳃盖观察鳃丝色泽及黏液性状,并嗅测其气味。然后检查鳞的色泽与完整性及附着是否牢固,同时用手测定体表黏液的性状,必要时可用一块吸水纸印渍鱼体黏液进行嗅测。再以手指按压肌肉或将鱼置于手掌,确定肌肉坚实度和弹性。注意肛门周围有无污染,肛门是否凸出。直接嗅闻鱼体表、鳃、肌肉或内脏的气味,也可用竹签刺入肌肉深层,拔出后立即印染现象;然后横断脊柱,观察有无脊柱旁红染现象。嗅闻。如有必要也可进行剖检,去除一侧体壁观察内脏状况,检查内脏有无溶解吸收及胆汁。

不同新鲜度鱼的感官特征见表 11-1-1。

表 11-1-1　鱼的感官特征

项目	新鲜鱼	次鲜鱼	不新鲜鱼
体表	具有鲜鱼固有的体色与光泽,嘴鳍末端鲜红,黏液透明	体色较暗淡,光泽差,黏液透明度较差	体色暗淡无光,黏液浑浊或污秽并有腥臭味
眼睛	眼睛饱满,角膜光亮透明,有弹性	眼球平坦或稍凹陷,角膜起皱、暗淡或微混浊,或有溢血	眼球凹陷,角膜浑浊或发黏
鳃部	鳃盖紧闭,鳃丝鲜红或紫红色,结构清晰,黏液透明,无异味	鳃盖较松,鳃丝呈紫红、淡红或暗红色,黏液有酸味或较重的腥味	鳃盖松弛,鳃丝粘连,呈淡红、暗红或灰红色,黏液混浊并有显著腥臭味
鳞片	鳞片完整,紧贴鱼体不易剥落	鳞片不完整,较易剥落,光泽较差	鳞片不完整,松弛,极易剥落
坚挺度	死后坚挺,竹签抬起鱼身中部两端稍弯或呈直弧形	坚挺度较差,竹签抬起头尾端较下垂	坚挺度极差,从中间提起几乎呈弯弓状
气味	有固有的鱼腥味	有较重的腥味	浓腥味为腐败鱼,大蒜味为有机磷中毒鱼,六六六味为有机氯致死鱼,污泥水味为污水毒死鱼
腹部、肛门	腹部正常不膨胀,肛门紧缩凹陷不外突(雌鱼产卵期除外)、不红肿	膨胀不明显,肛门稍突出	膨胀或变软,表面有暗色或淡绿色斑点,肛门突出
肌肉	肌肉坚实,富有弹性,手指压后凹陷立即消失,无异味,肌纤维清晰有光泽	肌肉组织结构紧密、有弹性,压陷能较快恢复,但肌纤维光泽较差,稍有腥味	肌肉松弛,弹性差,压陷恢复较慢,肌纤维无光泽,有霉味和酸臭味
内脏	气鳔充满,胆囊完整,肠管稍硬,走向清晰可辨	气鳔固定不实,胆汁稍有外溢,肠管色暗	胆汁外溢,内脏呈黄色,肠管腐烂,相互脱离
骨肉联合	鱼肉和鱼骨联系紧密,肌肉鲜嫩	腹底骨肉联系不密,剖腹后骨骼末端突出	明显的肉骨脱离,剖腹有污水流出,有腥腐臭味
脊柱	无脊柱旁红染现象	脊柱旁红染现象不明显	脊柱旁红染现象明显

活鱼冰冻后的特征：眼睛明亮，眼球凸出、充满眼眶；鳞片上覆有冻结的透明黏液层，皮肤色泽明显；鱼鳍展平张开，鱼体仍保持临死前挣扎的弯曲状态。

穿刺鱼肉嗅闻其气味，或者切取鱼鳃一块，浸于热水后嗅测之。

此外，对冰冻较久的鱼，应检查头部和体表有无哈喇味，有无黄色或褐色锈斑。因长期存放的鱼，脂肪有可能被氧化。

(2)咸鱼的检验 观察鱼体外观是否正常，条形是否完整，外表有无脂肪氧化引起的泛油发黄，即所谓发酵及嗜盐细菌大量繁殖引起的发红现象。质次和不新鲜的咸鱼，鱼体多不清洁。注意鱼鳃及肌肉等处有无蝇的幼虫(俗称跳虫)和红带皮蠹等害虫活动的残迹。用手触摸鱼体有无黏糊、腐烂现象。为了检查其深层肌肉的色泽以及肌肉与骨骼结合状况，可用刀切鱼体，观察鱼肉断面，鉴定肉的坚实度及气味。好的咸鱼肉质坚实，用手指揉捏时，不成面团样，肌肉色泽均匀，无陈腐、霉变、发酸、发臭。最后可试煮以测定其气味和滋味。此外，注意有无回潮、析盐或发霉、虫蛀等现象。

不同新鲜度咸鱼的感官指标见表 11-1-2。

表 11-1-2 不同新鲜度咸鱼的感官指标

项目	良质咸鱼	次质咸鱼	劣质咸鱼
色泽	色泽新鲜，具有光泽	色泽不鲜明或暗淡	体表发黄或变红
体表	体表完整，无破肚及骨肉分离现象，体形平展，无残鳞、无污物	鱼体基本完整，但可有少部分变成红色或轻度变质，有少量残鳞或污物	体表不完整，骨肉分离，残鳞及污物较多，有霉变现象
肌肉	肉质致密结实，有弹性	肉质稍软，弹性差	肉质疏松易散
气味	具有咸鱼所特有的风味，咸度适中	可有轻度腥臭味	具有明显的腐败臭味

(3)干鱼的检验 观察鱼体是否完整，体表色泽是否正常，有无霉变、发红、脂肪氧化、虫蛀及异味。内脏是否除尽，腹腔是否干燥，肌纤维是否清晰，有无干鱼固有滋味。

不同新鲜度干鱼的感官指标见表 11-1-3。

表 11-1-3 不同新鲜度干鱼的感官指标

项目	良质干鱼	次质干鱼	劣质干鱼
色泽	外表洁净有光泽，表面无盐霜，鱼体呈白色或淡	外表光泽度差，色泽稍暗	体表暗淡色污，无光泽，发红或呈灰白，黄褐，浑黄色
气味	具有干鱼的正常风味	可有轻微的异味	有酸味、脂肪酸败或腐败臭味
组织状态	鱼体完整、干度足，肉质韧性好，切割刀口处平滑无裂纹、破碎和残缺现象	鱼体外观基本完善，但肉质韧性较差	肉质疏松，有裂纹、破碎或残缺，水分含量高

2. 理化检验

根据鱼肉腐败分解产物的种类和数量可判定鱼类的新鲜度。目前已经有了一系列的测定方法，如测定挥发性盐基氮含量、pH 测定、硫化氢试验、球蛋白沉淀反应、吲哚含量的测定等。目前能较好地反映鲜度变化规律而且与感官指标比较一致的是挥发性盐基氮。可采用半微量凯氏定氮法或康维氏微量扩散法测定鱼肉样品中挥发性盐基氮含量。

国外用核苷磷酸化酶、次黄嘌呤氧化酶，测定鱼肉匀浆中肌苷及次黄嘌呤的积累浓度来确定其新鲜度，近年还开展了酶色条快速目测试验。这类新的方法，国内虽也开始试用，但因捕捞鱼的实际保鲜条件较差，在生产中使用这些指标，目前还很困难。

理化检验指标还有重金属毒物(如汞)、农药及组胺含量等的检测。可采用冷原子吸收法或双硫腙比色法测定鱼肉样品中总汞含量。

3. 微生物检验

鱼类所污染的微生物，由于受环境条件的影响而差异较大，微生物检验也很费时，因此，一般只在需要微生物指标时才进行检验，通常情况下并不作为生产上检验鲜度的依据。

4. 寄生虫检验

鱼类常见的寄生虫病有 50 多种，是鱼类疾病中的一个大类。按病原的种类可将其分为原虫病、蠕虫病等。病原常寄生于鳃、体表、肌肉和内脏，有些寄生虫终生寄生于鱼体，有些寄生虫则仅以鱼类作为中间宿主或终末宿主。有些寄生虫只有在大量寄生时才会引起鱼类发病，甚至死亡，有些寄生虫则危害不很明显。在所有鱼类寄生虫病中，华支睾吸虫病、猫后睾吸虫病、阔节裂头蚴病、异形吸虫病、横川后殖吸虫病和球虫病可感染人，在公共卫生方面有重要意义。

在鱼的卫生检验中一般用肉眼观察判别，必要时取其蚴虫所在的组织，滴入适量的0.85％食盐水，直接压片镜检(此法对鳃不适宜)。必要时可加滴少许甘油(浓度为 1∶3)以提高其透明度。也可用含 1％稀盐酸和 1％胃蛋白酶生理盐水，在 37 ℃下消化病鱼组织 24 h 左右，过筛离心后，取其沉淀镜检，发现圆形或卵圆形带吸盘或吸沟的小囊状体即可确诊。

子任务 11-2　有毒水产品的鉴别检验与处理

【任务】

了解主要水产品中有毒的品种及中毒后的症状，说明中毒的预防。

【学习流程】

毒鱼类 → 刺毒鱼类 → 毒鱼类的利用及中毒的预防 → 卫生评价及处理

一、毒鱼类

有许多鱼类含有生理毒素(经常性或一时性的)，有的几乎遍布于全身，有的仅存于局部脏器、组织或分泌物中，能使食用者发生中毒，毒性剧烈者可引起死亡。产于我国的有毒鱼类约有 170 余种，并分布在不同的水域。

1. 肉毒鱼类

肉毒鱼类广泛分布于太平洋、印度洋、大西洋热带和亚热带海域，种类很多，生活习性各异。据初步统计，属于肉毒鱼类的有300余种，我国亦有30种，主要分布在广东和海南沿海，少数种类亦见于东海南部和我国台湾省。这类鱼的肌肉和内脏含有雪卡毒素，食后会引起中毒。这些鱼的外形和一般食用鱼几乎没有什么差异，从外形不易鉴别，需要有经验者辨认。肉有强毒或猛毒的有点线鳃棘鲈、侧牙鲈、黄边裸胸鳝、大眼鲹等。而且有些科、属的大多数种类是食用鱼类，其中少部分有毒，因此区别难度很大，容易误食中毒。例如，餐桌上的虾虎鱼是一款美肴，但同科的云斑栉虾虎鱼却吃不得，1964年台湾省基隆市曾发生数起食此鱼的中毒事故。肉毒鱼类的食毒原因十分复杂，有些鱼类在某个地区无毒，为食用鱼，但到了另一个地区却有毒，不能食用；也有的种类，平时没有毒，但一到生殖季节就有毒；有些鱼类本身无毒，但当赤潮时其摄食有毒涡鞭毛藻后被毒化，雪加毒素（雪卡毒）进入鱼的肌肉和内脏中，被食入后即可引起中毒。

2. 豚毒鱼类

河豚鱼（tetrodontidae），又名鲀鲅鱼、气泡鱼，属鲀形目、鲀亚目、鲀科，是一种味道鲜美但含有剧毒物质的鱼类。在我国，河豚分布于沿海，少数种类上溯江河，约有40种。河豚鱼一般形态特征为：体形椭圆，不侧扁，体表无鳞而长有小刺，头粗圆，后部逐渐狭小，类似前粗后细的棒槌。小口，唇发达，有明显的门牙，上下各两枚。有气囊，遇敌害时能使腹部膨胀如球样。有尾柄，背鳍与臀鳍对生并位于近尾部，无腹鳍。背面黑灰色或杂以其他颜色的条纹（斑块），满生棘刺，腹部多为乳白色。

河豚鱼体内含有一种毒性极强的天然毒素，称为河豚毒素（tetrodotoxin，TTX），LD_{50}为8.7 μg/kg体重（小鼠腹腔注射），人的致死剂量约为2 mg。

河豚鱼的含毒情况比较复杂，其毒力强弱随鱼体部位、品种、季节、性别以及生长水域等因素而异，概括地说，在鱼体中以卵、卵巢、皮肤、肝脏的毒力最强，肾、肠、眼、鳃、脑髓等次之，肌肉和睾丸毒力较小。在品种中以星点东方鲀、斑点东方鲀、双斑东方鲀、虫纹东方鲀、铅点东方鲀、豹纹东方鲀、红鳍东方鲀、黄鳍东方鲀等毒力较强，特别是这些品种的肌肉也含有相当强的毒力。在季节上以3月份卵巢孕育期间毒力最强，但全年都有毒。在性别上除生殖器官的毒力雌性远较雄性为强外，其他部位的毒力两性无甚差异。

河豚鱼中毒患者一般在食后0.5～3 h后出现症状，最初表现为口渴，唇舌和指头等神经末梢分布处发麻，以后发展到四肢麻痹、共济失调和全身软瘫，心率由加速而变缓慢，血压下降，瞳孔先收缩而又放大，重症因呼吸困难窒息而死。

3. 胆毒鱼类

我国胆毒鱼类中毒病例仅次于河豚鱼中毒。中毒主要发生在有吞服鱼胆治疗眼病或作为“凉药”习惯的地区。胆毒鱼类的胆汁含有胆汁毒素，主要损害肝和肾，中毒患者有时出现神经症状。其典型代表为青、草、鲢、鳙、鲤等淡水鱼，尤以草鱼（鲩）最多。

4. 卵毒鱼类

这类鱼的卵子含有鱼卵毒素。鲤科鱼类中产于我国西北及西南地区的裂腹鱼亚科各属的许多鱼类，鱼卵有毒。大部分分布在湖泊河流等淡水区域。如青海湖裸鲤、软刺裸裂尻鱼、小头单列齿鱼、半刺光唇鱼、条纹光唇鱼、薄颌光唇鱼、虹彩光唇鱼、长鳍光唇鱼。云南光唇鱼、温州厚唇鱼，以及狗鱼、鲭鱼、鲶鱼。最典型的有光唇鱼中的溪鱼、裂腹鱼类中的鳇鱼。线鳚是海产卵毒鱼的代表种。

5. 血毒鱼类

这类鱼血液中含有血毒素，仅见于鳗鲡、黄鳝和海鳝。轻者恶心、呕吐、腹泻、无力、多涎、皮疹，严重的可因呼吸困难而死亡。

6. 肝毒鱼类

鱼类肝脏本是富含营养物的佳品，可是吃了某些海产鱼类的肝脏却会引起剧烈中毒。这类鱼的肝中含有丰富的维生素 A、维生素 D、鱼油毒、痉挛毒和麻痹毒，如鲨鱼、鲔鱼、鲅(蓝点马鲛)鱼、旗鱼、鲕鱼、金枪鱼、大鲟、鲟鳇鱼以及鲸鱼等的肝脏都含有毒素，若误做菜肴就会发生食物中毒。不过，这些鱼类的肌肉都是无毒的。从积累资料得知，一些使人中毒的肝脏有毒鱼类，都是一些大型的老龄鱼，同一种类的小型鱼、幼龄鱼的肝脏，人食后大多不会发生中毒。目前的防疫卫生部门规定 5 kg 以上的大型鱼(如鲨鱼、鲔鱼)，必须摘除肝脏后上市、人们千万不可食用。

7. 含高组胺鱼类

主要见于海产鱼类中的青皮红肉鱼，如金枪鱼、鲐鱼、鲹鱼、鲭鱼、鲣鱼、鲱鱼、沙丁鱼等，这些鱼类的体内含有较多的组氨酸，当鱼死亡后，受到富含组氨酸脱羧酶的细菌污染，发生腐败，肉中组氨酸脱去竣基产生组胺，人食用后可引起过敏性食物中毒。

二、刺毒鱼类

刺毒鱼类体内有毒棘和毒腺，包括虎鲨类、角鲨类、工鲶类等，这类毒鱼能螫伤人体，引起中毒。有些鱼类死后，其棘刺的毒力可保持数小时，烹饪时也应注意。毒鲉科鱼类背上密生硬刺，虹鱼尾端有一硬刺，若触及人的皮肤，疼痛难忍，特别是毒鲉中的日本鬼毒鲉为渔民所最畏惧，一经触及，即日夜剧痛不止，往往须经数天才能恢复。虹鱼截除尾刺后可供食用，毒鲉因处理困难而不作食用。

三、毒鱼类的利用及中毒的预防

上述各科毒鱼虽然有毒，但其含毒部位不同，故并不意味着所有的毒鱼都不能食用，只要处理得当，弃去有毒脏器或破坏其毒素，就可成为营养价值很高的食用鱼类。

毒鱼类的利用和中毒的预防应遵循以下原则：

(1)应进行普及识别毒鱼及预防中毒的宣传教育，加强对水产品的管理，不得擅自处理和乱扔毒鱼及其有毒的脏器。

(2)肉毒鱼类与几种河豚的肌肉有毒不宜食用。凡在渔业生产中(包括集体或个人)捕得的河豚鱼，都应送交水产购销部门收购，不得私自出售、赠送或食用。供市售的水产品中不得混有河豚鱼，水产批发、零售单位应层层把关，严防河豚鱼流入市场。经批准加工河豚鱼的单位，应在非产卵季节利用鲜活河豚鱼，并且必须严格按照规定进行“三去”加工，即先去尽内脏、皮、头；洗净血污，再盐腌晒干。剖割下来的内脏、皮、头等含毒部分，以及经营中剔除的变质河豚鱼和小河豚鱼等应妥善处理，勿随便抛弃。

(3)对卵毒、胆毒、血毒鱼类，只要不吃有毒的鱼卵，不乱吞食鱼胆治病，不吃生鳗和不生饮鳗血，就可避免中毒。有必要使用鱼胆治病时，应遵医嘱，严格控制剂量。同时也应向民间某些不懂毒理、轻率搬用土方的医生普及鱼胆毒性的知识。

(4)在产销经营过程中应确保鱼体鲜度，以免鱼卵、内脏中的毒素渗入肌肉内。

(5)对含组胺高的鱼类，要选择新鲜者食用，变质者废弃。组胺为碱性物质，烧煮时加入醋、雪里蕻或山楂等能减少鱼肉中组胺的含量，可避免过敏性食物中毒。

(6)如量大需加工食用时，应在有条件的地方集中加工。加工前必须先除去内脏、皮、头等含毒部位，洗净血污，鱼肉经盐腌、晒干后，完全无毒方可出售。

(7)在生产加工过程中小心谨慎，防止被刺毒鱼螫伤。

四、卫生评价及处理

1.鲜、冻动物性水产品的评价及处理

(1)感官指标(GB 2733—2005) 泥螺、河蟹、蟛蜞、河虾、淡水贝类必须鲜活。

(2)理化指标(GB 2733—2005) 见表11-2-1。

表11-2-1 鲜、冻动物性水产品卫生理化指标

项目	指标
挥发性盐基氮[a]/(mg/100 g)	
海水鱼、虾、头足类	≤30
海蟹	≤25
淡水鱼、虾	≤20
海水贝类	≤15
湟鱼、牡蛎	≤10
组胺[a]/(mg/100 g)	
鲐鱼	≤100
其他鱼类	≤30
铅(Pb)/(mg/kg)	
鱼类	≤0.5
无机砷/(mg/kg)	
鱼类	≤0.1
其他动物性水产品	≤0.5
甲基汞/(mg/kg)	
食肉鱼(鲨鱼、旗鱼、金枪鱼、梭子鱼等)	≤1.0
其他动物性水产品	≤0.5
镉(Cd)/(mg/kg)	
鱼类	≤0.1
多氯联苯[b]/(mg/kg)	≤2.0
PCB 138/(mg/kg)	≤0.5
PCB 153/(mg/kg)	≤0.5

a 不适用于活的水产品。

b 仅适用于海水产品，并以PCB 28、PCB 52、PCB 101、PCB 118、PCB 138、PCB 153、PCB 180总和计。

2. 鱼及鱼制品的评价及处理

良质新鲜鱼与鱼制品符合国家规定的感官、理化及细菌指标，通过检验后，根据其卫生质量做出相应的卫生处理。

(1)新鲜鱼不受限制食用。

(2)次鲜鱼通常应立即销售食用(以高温烹调为宜)。

(3)腐败变质鱼禁止食用。变质严重者，也不能作为饲料。

(4)变质咸鱼缺陷轻微者，经卫生处理后可供食用。但有下列变化者，不得供食用。

①由于腐败变质产生明显的臭味或异味时。

②脂肪氧化蔓延至深层者。

③严重的“锈斑”或“变红”(赤变)侵入肌肉深部时。

④虫蛀已侵入皮下或腹腔时。

⑤凡青皮红肉的鱼类(鲣鱼、鲐鱼、参鱼等)要特别注意检查质量鲜度。这类鱼易分解产生大量组胺，发现鱼体软化者则不能销售，防止食后引起中毒。

⑥凡因中毒致死的鱼类不得供食用。

⑦黄鳝应鲜、活出售。凡已死亡者不得销售或加工。

子任务 11-3　贝甲类的检验与处理

【任务】

了解主要贝甲类的检验及中毒的预防。

【学习流程】

虾及虾制品的检验 ⇒ 蟹及蟹制品的检验 ⇒ 贝甲类的评价及处理

贝甲类水产动物因体内组织含水分较多，同时也含相当量的蛋白质，其生活环境又多半不大清净，体表污染带菌的机会很多，加之捕、运、购、销辗转较多，极易发生腐败变质，故贝甲类水产品以鲜、活为佳。除对虾、青虾等在捕获离水或死后应及时加冰保藏加工外，其他各种贝类、河蟹、青蟹死后均不得作食用。为此，做好贝甲类的质量检验和卫生管理工作，十分重要。

贝甲类的检验，一般只作感官检验，必要时，才做理化检验或微生物检验。贝甲类的理化检验首先是除去外壳，以下的操作方法与鱼相同。

一、虾及虾制品的检验

虾的感官检验方法：观察虾体头胸节与腹节连接的紧密程度，以测知虾体的肌肉组织和结缔组织是否完好。在头胸节末端有胃和肝脏，容易腐败分解，并影响节间连接处的组织；观察虾体腹节背沿内的黑色肠管是否明显可辨，以测知虾体是否自溶或变质；观察虾体体表色泽、是否干燥、有无发黏变色，以测知体表组织是否完好；观察虾体是否能保持死亡时的姿态，是否可加外力使其改变伸曲状态，以测知肌肉组织是否完好。

(1)生虾　不同新鲜度虾的感官特征见表11-3-1。

表11-3-1　不同新鲜度虾的感官特征

项目	新鲜生虾	不新鲜或变质生虾
外壳	体形完整,外壳透明、光亮	外壳暗淡无光泽
体表	体表呈青白色或青绿色 清洁无污秽黏性物质,触之有干燥感	体色变红,体质柔软 甲壳下颗粒细胞崩解,大量黏液渗到体表,触之有滑腻感
肢节	头、胸、腹处连接紧密	头胸节和腹节连接处松弛易脱落,甲壳与虾体分离
伸曲力	须足无损,刚死亡虾保持伸张或蜷曲的固有状态,外力拉动松手后可恢复原有姿态	死亡时间长且气温高,虾体发生自溶,组织变软,失去伸曲力
肌肉	肉体硬实,紧密而有韧性,断面半透明	肉质松软、黏腐,切面呈暗白色或淡红色
内脏	内脏完整,胃脏及肝脏没有腐败	内脏溶解
气味	有固有的清淡腥味,无异常气味	有浓腥臭味,严重腐败时,有氨臭味

(2)冻虾仁　不同新鲜度冻虾仁的感官特征见表11-3-2。

表11-3-2　不同新鲜度冻虾仁的感官特征

项目	良质虾仁	劣质虾仁
色泽	呈淡青色或乳白色	色变红
气味	无异味	有酸臭气味
组织形态	肉质清洁完整,无脱落之虾头、虾尾、虾壳及杂质,虾仁冻块中心在−12 ℃以下,冰衣外表整洁	肉体不整洁,肌肉组织松软

(3)虾米　不同新鲜度虾米的感官特征见表11-3-3。

表11-3-3　不同新鲜度虾米的感官特征

项目	良质虾米	变质虾米
色泽	外观整洁,呈淡黄色而有光泽	暗淡无光,呈灰白至灰褐色
组织形态	无搭壳现象,虾尾向下蟠曲,肉质紧密坚硬	碎末多,表面潮润,搭壳严重,肉质酥软或如石灰状
滋味及气味	无异味	有霉味

(4)虾皮　不同新鲜度虾皮的感官特征见表11-3-4。

表 11-3-4　不同新鲜度虾皮的感官特征

项目	良质虾皮	变质虾皮
色泽	淡黄色有光泽	呈苍白或淡红色，暗淡无光
组织形态	外壳清洁，体形完整；尾弯如钩状，虾眼齐全，头部和躯干紧联；以手紧握一把放松后，能自动散开，无杂质	外表污秽，体形不完整，碎末较多。以手紧握后，黏结而不易散开
气味	无异味	有严重霉味

二、蟹及蟹制品的检验

蟹的感官检验方法：观察蟹体腹面脐部上方是否呈现黑印，以测知蟹胃是否腐败；观察步足与躯体连接的紧密程度，以测知肌肉组织和结缔组织是否完好；持蟹体加以侧动，观察内部有无流动状，以测知内脏（蟹黄）是否自溶或变质；检视体表是否保持固有色泽，以测知外壳所含色素是否已分解变化；必要时可剥开蟹壳，直接观察蟹黄是否液化，鳃丝是否发生变化和混浊现象。

（1）鲜蟹　不同新鲜度蟹的感官特征见表 11-3-5。

表 11-3-5　不同新鲜度蟹的感官特征

项目	活鲜蟹	垂死蟹
灵敏度	蟹只灵活，好爬行，善于翻身	蟹只精神委顿，不愿爬行，如将其仰卧时，不能翻身
组织状态	腹面甲壳较硬，肉多黄足，腹盖与蟹壳之间突起明显	肉少黄不足，体重轻

（2）梭子蟹（死鲜蟹）　不同新鲜度梭子蟹的感官特征见表 11-3-6。

表 11-3-6　不同新鲜度梭子蟹的感官特征

项目	良质梭子蟹	变质梭子蟹
体表色泽	外表纹理清晰有光泽，背壳青褐色或紫色，脐上部无胃印，腹部和螯足内侧呈白色	外表纹理模糊光泽暗淡，背壳褐色，脐上部透现出褐色或微绿色的胃印，螯足内壁灰白色或褐色
蟹黄性状	蟹黄凝固不流动	蟹黄发黑或呈液状，能流动
鳃	眼光亮，鳃丝清晰，白色或稍带褐色	鳃丝暗浊，灰褐色或深褐色
肢体连接程度	肉质致密，有韧性，色泽洁白，步足和躯体连接紧密，提起蟹体时，步足不松弛下垂	肉质黏糊，步足和躯干连接松弛，提起时，步足下垂甚至脱落
气味	有一种新鲜气味，无异味	有腐败臭味

(3)醉蟹和腌蟹　不同新鲜度醉蟹和腌蟹的感官特征见表 11-3-7。

表 11-3-7　不同新鲜度醉蟹和腌蟹的感官特征

项目	良质醉蟹和腌蟹	变质醉蟹和腌蟹
外观	外表清亮,甲壳坚硬	壳纹浑浊
鳃	鳃丝清晰呈米色	鳃不清洁呈褐色或黑色
组织状态	蟹黄凝结,深黄或淡黄色;螯足和步足僵硬;肉质致密,有韧性	蟹黄流动或呈液状;螯足和步足松弛下垂,甚至经常脱落;肉质发糊,有霉味或臭味;严重者,壳内肉质空虚,重量明显减轻或壳内流出大量发臭卤水,卤水不洁净,甚至飘浮油滴
滋味与气味	咸度均匀适中并有醉蟹或腌蟹特有之香味和滋味	

三、贝甲类的评价及处理

凡供食用的贝甲类水产品必须符合国家卫生标准和相应的行业标准的规定。

(1)虾类,虾肉组织变软,无伸屈力,体表发黏,色暗、有臭味等,说明虾已自溶或变质,不能食用。

(2)甲鱼、乌龟、蟹、各种贝蛤类均应鲜、活出售。凡死亡者不得出售加工。

(3)含有自然毒的贝蛤类,不得出售,应予销毁。

(4)凡因中毒致死的贝类及虫蛀、赤变、氧化蔓延和深层腐败的贝类,不得供食用。

子任务 11-4　贝蛤类的检验与处理

【任务】

了解贝蛤类的检验及卫生评价。

【学习流程】

贝蛤的检验 → 牡蛎、蚶、蛏的检验 → 咸泥螺的检验

一、贝蛤的检验

贝蛤类的感官检验方法:贝类以死活作为可否食用的标准。活的贝蛤,贝壳紧闭,不易揭开。当两壳张开时,稍加触动就立刻闭合,并有清亮的水自壳内流出。如果触动后不闭合,则表示已经死亡。检查文蛤、蚶子时,还可随便取数枚在手掌上探重、抖动或互相撞击,活贝在相互敲击时发出笃笃的实音;死贝一般都较轻(排除内部泥沙),在相互敲击时发出咯咯的空音。

对大批贝蛤类进行检验，可以用脚触动包件，如包件内活贝多，即发出的贝壳合闭的嗤嗤声；反之其声微弱或完全没有。后一情况应进一步抽取一定数量的贝体做探重和敲击试验，逐一检查死活。如死亡率较高，则整个包件逐只检查或改作饲料用。剖检时，死贝蛤两壳一揭就开，水汁浑浊而稍带微黄色，肉体干瘪，色变黑或红，有腐败臭味。必要时，可以煮熟后进行感官评定。

二、牡蛎、蚶、蛏的检验

牡蛎、蚶、蛏等都可采用上述方法检查。

三、田螺、咸泥螺的检验

(1)田螺　田螺可抽样检查。将样品放在一定容器内，加水至适量，搅动多次，放置15 min后，检出浮水螺和死螺。

(2)咸泥螺　良质的贝壳清晰，色泽光亮，呈乌绿色或灰色，并沉于卤水中，卤水浓厚洁净，有黏性，无泡沫，深黄色或淡黄色，无异味；变质的则贝壳暗淡，肉与壳稍有脱离而使壳略显白色，螺体上浮。卤液混浊产气，或呈褐色，有酸败刺鼻的气味。

◆◆◆◆◆附　录

附录一　中华人民共和国动物防疫法

（1997 年 7 月 3 日第八届全国人民代表大会常务委员会第二十六次会议通过　2007 年 8 月 30 日第十届全国人民代表大会常务委员会第二十九次会议修订）

目　录

第一章　总　　则

第一条　为了加强对动物防疫活动的管理，预防、控制和扑灭动物疫病，促进养殖业发展，保护人体健康，维护公共卫生安全，制定本法。

第二条　本法适用于在中华人民共和国领域内的动物防疫及其监督管理活动。

进出境动物、动物产品的检疫，适用《中华人民共和国进出境动植物检疫法》。

第三条　本法所称动物，是指家畜家禽和人工饲养、合法捕获的其他动物。

本法所称动物产品，是指动物的肉、生皮、原毛、绒、脏器、脂、血液、精液、卵、胚胎、骨、蹄、头、角、筋以及可能传播动物疫病的奶、蛋等。

本法所称动物疫病，是指动物传染病、寄生虫病。

本法所称动物防疫，是指动物疫病的预防、控制、扑灭和动物产品的检疫。

第四条　根据动物疫病对养殖业生产和人体健康的危害程度，本法规定管理的动物疫病分为下列三类：

（一）一类疫病，是指对人与动物危害严重，需要采取紧急、严厉的强制预防、控制、扑灭等措施的；

（二）二类疫病，是指可能造成重大经济损失，需要采取严格控制、扑灭等措施，防止扩散的；

（三）三类疫病，是指常见多发、可能造成重大经济损失，需要控制和净化的。

前款一、二、三类动物疫病具体病种名录由国务院兽医主管部门制定并公布。

第五条　国家对动物疫病实行预防为主的方针。

第六条　县级以上人民政府应当加强对动物防疫工作的统一领导，加强基层动物防疫队伍建设，建立健全动物防疫体系，制定并组织实施动物疫病防治规划。

乡级人民政府、城市街道办事处应当组织群众协助做好本管辖区域内的动物疫病预防与控制工作。

第七条　国务院兽医主管部门主管全国的动物防疫工作。

县级以上地方人民政府兽医主管部门主管本行政区域内的动物防疫工作。

县级以上人民政府其他部门在各自的职责范围内做好动物防疫工作。

军队和武装警察部队动物卫生监督职能部门分别负责军队和武装警察部队现役动物及饲养自用动物的防疫工作。

第八条　县级以上地方人民政府设立的动物卫生监督机构依照本法规定，负责动物、动物产品的检疫工作和其他有关动物防疫的监督管理执法工作。

第九条　县级以上人民政府按照国务院的规定，根据统筹规划、合理布局、综合设置的原则建立动物疫病预防控制机构，承担动物疫病的监测、检测、诊断、流行病学调查、疫情报告以及其他预防、控制等技术工作。

第十条　国家支持和鼓励开展动物疫病的科学研究以及国际合作与交流，推广先进适用的科学研究成果，普及动物防疫科学知识，提高动物疫病防治的科学技术水平。

第十一条　对在动物防疫工作、动物防疫科学研究中做出成绩和贡献的单位和个人，各级人民政府及有关部门给予奖励。

第二章　动物疫病的预防

第十二条　国务院兽医主管部门对动物疫病状况进行风险评估，根据评估结果制定相应的动物疫病预防、控制措施。

国务院兽医主管部门根据国内外动物疫情和保护养殖业生产及人体健康的需要，及时制定并公布动物疫病预防、控制技术规范。

第十三条　国家对严重危害养殖业生产和人体健康的动物疫病实施强制免疫。国务院兽医主管部门确定强制免疫的动物疫病病种和区域，并会同国务院有关部门制定国家动物疫病强制免疫计划。

省、自治区、直辖市人民政府兽医主管部门根据国家动物疫病强制免疫计划，制订本行政区域的强制免疫计划；并可以根据本行政区域内动物疫病流行情况增加实施强制免疫的动物疫病病种和区域，报本级人民政府批准后执行，并报国务院兽医主管部门备案。

第十四条　县级以上地方人民政府兽医主管部门组织实施动物疫病强制免疫计划。乡级人民政府、城市街道办事处应当组织本管辖区域内饲养动物的单位和个人做好强制免疫工作。

饲养动物的单位和个人应当依法履行动物疫病强制免疫义务，按照兽医主管部门的要求做好强制免疫工作。

经强制免疫的动物,应当按照国务院兽医主管部门的规定建立免疫档案,加施畜禽标识,实施可追溯管理。

第十五条　县级以上人民政府应当建立健全动物疫情监测网络,加强动物疫情监测。

国务院兽医主管部门应当制定国家动物疫病监测计划。省、自治区、直辖市人民政府兽医主管部门应当根据国家动物疫病监测计划,制定本行政区域的动物疫病监测计划。

动物疫病预防控制机构应当按照国务院兽医主管部门的规定,对动物疫病的发生、流行等情况进行监测;从事动物饲养、屠宰、经营、隔离、运输以及动物产品生产、经营、加工、贮藏等活动的单位和个人不得拒绝或者阻碍。

第十六条　国务院兽医主管部门和省、自治区、直辖市人民政府兽医主管部门应当根据对动物疫病发生、流行趋势的预测,及时发出动物疫情预警。地方各级人民政府接到动物疫情预警后,应当采取相应的预防、控制措施。

第十七条　从事动物饲养、屠宰、经营、隔离、运输以及动物产品生产、经营、加工、贮藏等活动的单位和个人,应当依照本法和国务院兽医主管部门的规定,做好免疫、消毒等动物疫病预防工作。

第十八条　种用、乳用动物和宠物应当符合国务院兽医主管部门规定的健康标准。

种用、乳用动物应当接受动物疫病预防控制机构的定期检测;检测不合格的,应当按照国务院兽医主管部门的规定予以处理。

第十九条　动物饲养场(养殖小区)和隔离场所,动物屠宰加工场所,以及动物和动物产品无害化处理场所,应当符合下列动物防疫条件:

(一)场所的位置与居民生活区、生活饮用水源地、学校、医院等公共场所的距离符合国务院兽医主管部门规定的标准;

(二)生产区封闭隔离,工程设计和工艺流程符合动物防疫要求;

(三)有相应的污水、污物、病死动物、染疫动物产品的无害化处理设施设备和清洗消毒设施设备;

(四)有为其服务的动物防疫技术人员;

(五)有完善的动物防疫制度;

(六)具备国务院兽医主管部门规定的其他动物防疫条件。

第二十条　兴办动物饲养场(养殖小区)和隔离场所,动物屠宰加工场所,以及动物和动物产品无害化处理场所,应当向县级以上地方人民政府兽医主管部门提出申请,并附具相关材料。受理申请的兽医主管部门应当依照本法和《中华人民共和国行政许可法》的规定进行审查。经审查合格的,发给动物防疫条件合格证;不合格的,应当通知申请人并说明理由。需要办理工商登记的,申请人凭动物防疫条件合格证向工商行政管理部门申请办理登记注册手续。

动物防疫条件合格证应当载明申请人的名称、场(厂)址等事项。

经营动物、动物产品的集贸市场应当具备国务院兽医主管部门规定的动物防疫条件,并接受动物卫生监督机构的监督检查。

第二十一条　动物、动物产品的运载工具、垫料、包装物、容器等应当符合国务院兽医主管部门规定的动物防疫要求。

染疫动物及其排泄物、染疫动物产品,病死或者死因不明的动物尸体,运载工具中的动物排泄物以及垫料、包装物、容器等污染物，应当按照国务院兽医主管部门的规定处理，不得随意处置。

第二十二条　采集、保存、运输动物病料或者病原微生物以及从事病原微生物研究、教学、检测、诊断等活动，应当遵守国家有关病原微生物实验室管理的规定。

第二十三条　患有人畜共患传染病的人员不得直接从事动物诊疗以及易感染动物的饲养、屠宰、经营、隔离、运输等活动。

人畜共患传染病名录由国务院兽医主管部门会同国务院卫生主管部门制定并公布。

第二十四条　国家对动物疫病实行区域化管理，逐步建立无规定动物疫病区。无规定动物疫病区应当符合国务院兽医主管部门规定的标准，经国务院兽医主管部门验收合格予以公布。

本法所称无规定动物疫病区，是指具有天然屏障或者采取人工措施，在一定期限内没有发生规定的一种或者几种动物疫病，并经验收合格的区域。

第二十五条　禁止屠宰、经营、运输下列动物和生产、经营、加工、贮藏、运输下列动物产品：

（一）封锁疫区内与所发生动物疫病有关的；

（二）疫区内易感染的；

（三）依法应当检疫而未经检疫或者检疫不合格的；

（四）染疫或者疑似染疫的；

（五）病死或者死因不明的；

（六）其他不符合国务院兽医主管部门有关动物防疫规定的。

第三章　动物疫情的报告、通报和公布

第二十六条　从事动物疫情监测、检验检疫、疫病研究与诊疗以及动物饲养、屠宰、经营、隔离、运输等活动的单位和个人，发现动物染疫或者疑似染疫的，应当立即向当地兽医主管部门、动物卫生监督机构或者动物疫病预防控制机构报告，并采取隔离等控制措施，防止动物疫情扩散。其他单位和个人发现动物染疫或者疑似染疫的，应当及时报告。

接到动物疫情报告的单位，应当及时采取必要的控制处理措施，并按照国家规定的程序上报。

第二十七条　动物疫情由县级以上人民政府兽医主管部门认定；其中重大动物疫情由省、自治区、直辖市人民政府兽医主管部门认定，必要时报国务院兽医主管部门认定。

第二十八条　国务院兽医主管部门应当及时向国务院有关部门和军队有关部门以及省、自治区、直辖市人民政府兽医主管部门通报重大动物疫情的发生和处理情况；发生人畜共患传染病的，县级以上人民政府兽医主管部门与同级卫生主管部门应当及时相互通报。

国务院兽医主管部门应当依照我国缔结或者参加的条约、协定，及时向有关国际组织或者贸易方通报重大动物疫情的发生和处理情况。

第二十九条　国务院兽医主管部门负责向社会及时公布全国动物疫情，也可以根据需要授权省、自治区、直辖市人民政府兽医主管部门公布本行政区域内的动物疫情。其他单位和个人不得发布动物疫情。

第三十条　任何单位和个人不得瞒报、谎报、迟报、漏报动物疫情，不得授意他人瞒报、谎

报、迟报动物疫情，不得阻碍他人报告动物疫情。

第四章 动物疫病的控制和扑灭

第三十一条 发生一类动物疫病时，应当采取下列控制和扑灭措施：

（一）当地县级以上地方人民政府兽医主管部门应当立即派人到现场，划定疫点、疫区、受威胁区，调查疫源，及时报请本级人民政府对疫区实行封锁。疫区范围涉及两个以上行政区域的，由有关行政区域共同的上一级人民政府对疫区实行封锁，或者由各有关行政区域的上一级人民政府共同对疫区实行封锁。必要时，上级人民政府可以责成下级人民政府对疫区实行封锁。

（二）县级以上地方人民政府应当立即组织有关部门和单位采取封锁、隔离、扑杀、销毁、消毒、无害化处理、紧急免疫接种等强制性措施，迅速扑灭疫病。

（三）在封锁期间，禁止染疫、疑似染疫和易感染的动物、动物产品流出疫区，禁止非疫区的易感染动物进入疫区，并根据扑灭动物疫病的需要对出入疫区的人员、运输工具及有关物品采取消毒和其他限制性措施。

第三十二条 发生二类动物疫病时，应当采取下列控制和扑灭措施：

（一）当地县级以上地方人民政府兽医主管部门应当划定疫点、疫区、受威胁区。

（二）县级以上地方人民政府根据需要组织有关部门和单位采取隔离、扑杀、销毁、消毒、无害化处理、紧急免疫接种、限制易感染的动物和动物产品及有关物品出入等控制、扑灭措施。

第三十三条 疫点、疫区、受威胁区的撤销和疫区封锁的解除，按照国务院兽医主管部门规定的标准和程序评估后，由原决定机关决定并宣布。

第三十四条 发生三类动物疫病时，当地县级、乡级人民政府应当按照国务院兽医主管部门的规定组织防治和净化。

第三十五条 二、三类动物疫病呈暴发性流行时，按照一类动物疫病处理。

第三十六条 为控制、扑灭动物疫病，动物卫生监督机构应当派人在当地依法设立的现有检查站执行监督检查任务；必要时，经省、自治区、直辖市人民政府批准，可以设立临时性的动物卫生监督检查站，执行监督检查任务。

第三十七条 发生人畜共患传染病时，卫生主管部门应当组织对疫区易感染的人群进行监测，并采取相应的预防、控制措施。

第三十八条 疫区内有关单位和个人，应当遵守县级以上人民政府及其兽医主管部门依法作出的有关控制、扑灭动物疫病的规定。

任何单位和个人不得藏匿、转移、盗掘已被依法隔离、封存、处理的动物和动物产品。

第三十九条 发生动物疫情时，航空、铁路、公路、水路等运输部门应当优先组织运送控制、扑灭疫病的人员和有关物资。

第四十条 一、二、三类动物疫病突然发生，迅速传播，给养殖业生产安全造成严重威胁、危害，以及可能对公众身体健康与生命安全造成危害，构成重大动物疫情的，依照法律和国务院的规定采取应急处理措施。

第五章 动物和动物产品的检疫

第四十一条 动物卫生监督机构依照本法和国务院兽医主管部门的规定对动物、动物产品实施检疫。

动物卫生监督机构的官方兽医具体实施动物、动物产品检疫。官方兽医应当具备规定的资格条件，取得国务院兽医主管部门颁发的资格证书，具体办法由国务院兽医主管部门会同国务院人事行政部门制定。

本法所称官方兽医，是指具备规定的资格条件并经兽医主管部门任命的，负责出具检疫等证明的国家兽医工作人员。

第四十二条　屠宰、出售或者运输动物以及出售或者运输动物产品前，货主应当按照国务院兽医主管部门的规定向当地动物卫生监督机构申报检疫。

动物卫生监督机构接到检疫申报后，应当及时指派官方兽医对动物、动物产品实施现场检疫；检疫合格的，出具检疫证明、加施检疫标志。实施现场检疫的官方兽医应当在检疫证明、检疫标志上签字或者盖章，并对检疫结论负责。

第四十三条　屠宰、经营、运输以及参加展览、演出和比赛的动物，应当附有检疫证明；经营和运输的动物产品，应当附有检疫证明、检疫标志。

对前款规定的动物、动物产品，动物卫生监督机构可以查验检疫证明、检疫标志，进行监督抽查，但不得重复检疫收费。

第四十四条　经铁路、公路、水路、航空运输动物和动物产品的，托运人托运时应当提供检疫证明；没有检疫证明的，承运人不得承运。

运载工具在装载前和卸载后应当及时清洗、消毒。

第四十五条　输入到无规定动物疫病区的动物、动物产品，货主应当按照国务院兽医主管部门的规定向无规定动物疫病区所在地动物卫生监督机构申报检疫，经检疫合格的，方可进入；检疫所需费用纳入无规定动物疫病区所在地地方人民政府财政预算。

第四十六条　跨省、自治区、直辖市引进乳用动物、种用动物及其精液、胚胎、种蛋的，应当向输入地省、自治区、直辖市动物卫生监督机构申请办理审批手续，并依照本法第四十二条的规定取得检疫证明。

跨省、自治区、直辖市引进的乳用动物、种用动物到达输入地后，货主应当按照国务院兽医主管部门的规定对引进的乳用动物、种用动物进行隔离观察。

第四十七条　人工捕获的可能传播动物疫病的野生动物，应当报经捕获地动物卫生监督机构检疫，经检疫合格的，方可饲养、经营和运输。

第四十八条　经检疫不合格的动物、动物产品，货主应当在动物卫生监督机构监督下按照国务院兽医主管部门的规定处理，处理费用由货主承担。

第四十九条　依法进行检疫需要收取费用的，其项目和标准由国务院财政部门、物价主管部门规定。

第六章　动 物 诊 疗

第五十条　从事动物诊疗活动的机构，应当具备下列条件：

（一）有与动物诊疗活动相适应并符合动物防疫条件的场所；

（二）有与动物诊疗活动相适应的执业兽医；

（三）有与动物诊疗活动相适应的兽医器械和设备；

（四）有完善的管理制度。

第五十一条　设立从事动物诊疗活动的机构，应当向县级以上地方人民政府兽医主管部门申请动物诊疗许可证。受理申请的兽医主管部门应当依照本法和《中华人民共和国行政许可法》的规定进行审查。经审查合格的，发给动物诊疗许可证；不合格的，应当通知申请人并说明理由。申请人凭动物诊疗许可证向工商行政管理部门申请办理登记注册手续，取得营业执照后，方可从事动物诊疗活动。

第五十二条　动物诊疗许可证应当载明诊疗机构名称、诊疗活动范围、从业地点和法定代表人（负责人）等事项。

动物诊疗许可证载明事项变更的，应当申请变更或者换发动物诊疗许可证，并依法办理工商变更登记手续。

第五十三条　动物诊疗机构应当按照国务院兽医主管部门的规定，做好诊疗活动中的卫生安全防护、消毒、隔离和诊疗废弃物处置等工作。

第五十四条　国家实行执业兽医资格考试制度。具有兽医相关专业大学专科以上学历的，可以申请参加执业兽医资格考试；考试合格的，由国务院兽医主管部门颁发执业兽医资格证书；从事动物诊疗的，还应当向当地县级人民政府兽医主管部门申请注册。执业兽医资格考试和注册办法由国务院兽医主管部门商国务院人事行政部门制定。

本法所称执业兽医，是指从事动物诊疗和动物保健等经营活动的兽医。

第五十五条　经注册的执业兽医，方可从事动物诊疗、开具兽药处方等活动。但是，本法第五十七条对乡村兽医服务人员另有规定的，从其规定。

执业兽医、乡村兽医服务人员应当按照当地人民政府或者兽医主管部门的要求，参加预防、控制和扑灭动物疫病的活动。

第五十六条　从事动物诊疗活动，应当遵守有关动物诊疗的操作技术规范，使用符合国家规定的兽药和兽医器械。

第五十七条　乡村兽医服务人员可以在乡村从事动物诊疗服务活动，具体管理办法由国务院兽医主管部门制定。

第七章　监督管理

第五十八条　动物卫生监督机构依照本法规定，对动物饲养、屠宰、经营、隔离、运输以及动物产品生产、经营、加工、贮藏、运输等活动中的动物防疫实施监督管理。

第五十九条　动物卫生监督机构执行监督检查任务，可以采取下列措施，有关单位和个人不得拒绝或者阻碍：

（一）对动物、动物产品按照规定采样、留验、抽检；

（二）对染疫或者疑似染疫的动物、动物产品及相关物品进行隔离、查封、扣押和处理；

（三）对依法应当检疫而未经检疫的动物实施补检；

（四）对依法应当检疫而未经检疫的动物产品，具备补检条件的实施补检，不具备补检条件的予以没收销毁；

（五）查验检疫证明、检疫标志和畜禽标识；

（六）进入有关场所调查取证，查阅、复制与动物防疫有关的资料。

动物卫生监督机构根据动物疫病预防、控制需要，经当地县级以上地方人民政府批准，可以在车站、港口、机场等相关场所派驻官方兽医。

第六十条　官方兽医执行动物防疫监督检查任务，应当出示行政执法证件，佩戴统一标志。

动物卫生监督机构及其工作人员不得从事与动物防疫有关的经营性活动，进行监督检查不得收取任何费用。

第六十一条　禁止转让、伪造或者变造检疫证明、检疫标志或者畜禽标识。

检疫证明、检疫标志的管理办法，由国务院兽医主管部门制定。

第八章　保障措施

第六十二条　县级以上人民政府应当将动物防疫纳入本级国民经济和社会发展规划及年度计划。

第六十三条　县级人民政府和乡级人民政府应当采取有效措施，加强村级防疫员队伍建设。

县级人民政府兽医主管部门可以根据动物防疫工作需要，向乡、镇或者特定区域派驻兽医机构。

第六十四条　县级以上人民政府按照本级政府职责，将动物疫病预防、控制、扑灭、检疫和监督管理所需经费纳入本级财政预算。

第六十五条　县级以上人民政府应当储备动物疫情应急处理工作所需的防疫物资。

第六十六条　对在动物疫病预防和控制、扑灭过程中强制扑杀的动物、销毁的动物产品和相关物品，县级以上人民政府应当给予补偿。具体补偿标准和办法由国务院财政部门会同有关部门制定。

因依法实施强制免疫造成动物应激死亡的，给予补偿。具体补偿标准和办法由国务院财政部门会同有关部门制定。

第六十七条　对从事动物疫病预防、检疫、监督检查、现场处理疫情以及在工作中接触动物疫病病原体的人员，有关单位应当按照国家规定采取有效的卫生防护措施和医疗保健措施。

第九章　法律责任

第六十八条　地方各级人民政府及其工作人员未依照本法规定履行职责的，对直接负责的主管人员和其他直接责任人员依法给予处分。

第六十九条　县级以上人民政府兽医主管部门及其工作人员违反本法规定，有下列行为之一的，由本级人民政府责令改正，通报批评；对直接负责的主管人员和其他直接责任人员依法给予处分：

（一）未及时采取预防、控制、扑灭等措施的；

（二）对不符合条件的颁发动物防疫条件合格证、动物诊疗许可证，或者对符合条件的拒不颁发动物防疫条件合格证、动物诊疗许可证的；

（三）其他未依照本法规定履行职责的行为。

第七十条　动物卫生监督机构及其工作人员违反本法规定，有下列行为之一的，由本级人民政府或者兽医主管部门责令改正，通报批评；对直接负责的主管人员和其他直接责任人员依法给予处分：

（一）对未经现场检疫或者检疫不合格的动物、动物产品出具检疫证明、加施检疫标志，或者对检疫合格的动物、动物产品拒不出具检疫证明、加施检疫标志的；

(二)对附有检疫证明、检疫标志的动物、动物产品重复检疫的；

(三)从事与动物防疫有关的经营性活动，或者在国务院财政部门、物价主管部门规定外加收费用、重复收费的；

(四)其他未依照本法规定履行职责的行为。

第七十一条　动物疫病预防控制机构及其工作人员违反本法规定，有下列行为之一的，由本级人民政府或者兽医主管部门责令改正，通报批评；对直接负责的主管人员和其他直接责任人员依法给予处分：

(一)未履行动物疫病监测、检测职责或者伪造监测、检测结果的；

(二)发生动物疫情时未及时进行诊断、调查的；

(三)其他未依照本法规定履行职责的行为。

第七十二条　地方各级人民政府、有关部门及其工作人员瞒报、谎报、迟报、漏报或者授意他人瞒报、谎报、迟报动物疫情，或者阻碍他人报告动物疫情的，由上级人民政府或者有关部门责令改正，通报批评；对直接负责的主管人员和其他直接责任人员依法给予处分。

第七十三条　违反本法规定，有下列行为之一的，由动物卫生监督机构责令改正，给予警告；拒不改正的，由动物卫生监督机构代作处理，所需处理费用由违法行为人承担，可以处一千元以下罚款：

(一)对饲养的动物不按照动物疫病强制免疫计划进行免疫接种的；

(二)种用、乳用动物未经检测或者经检测不合格而不按照规定处理的；

(三)动物、动物产品的运载工具在装载前和卸载后没有及时清洗、消毒的。

第七十四条　违反本法规定，对经强制免疫的动物未按照国务院兽医主管部门规定建立免疫档案、加施畜禽标识的，依照《中华人民共和国畜牧法》的有关规定处罚。

第七十五条　违反本法规定，不按照国务院兽医主管部门规定处置染疫动物及其排泄物，染疫动物产品，病死或者死因不明的动物尸体，运载工具中的动物排泄物以及垫料、包装物、容器等污染物以及其他经检疫不合格的动物、动物产品的，由动物卫生监督机构责令无害化处理，所需处理费用由违法行为人承担，可以处三千元以下罚款。

第七十六条　违反本法第二十五条规定，屠宰、经营、运输动物或者生产、经营、加工、贮藏、运输动物产品的，由动物卫生监督机构责令改正、采取补救措施，没收违法所得和动物、动物产品，并处同类检疫合格动物、动物产品货值金额一倍以上五倍以下罚款；其中依法应当检疫而未检疫的，依照本法第七十八条的规定处罚。

第七十七条　违反本法规定，有下列行为之一的，由动物卫生监督机构责令改正，处一千元以上一万元以下罚款；情节严重的，处一万元以上十万元以下罚款：

(一)兴办动物饲养场(养殖小区)和隔离场所，动物屠宰加工场所，以及动物和动物产品无害化处理场所，未取得动物防疫条件合格证的；

(二)未办理审批手续，跨省、自治区、直辖市引进乳用动物、种用动物及其精液、胚胎、种蛋的；

(三)未经检疫，向无规定动物疫病区输入动物、动物产品的。

第七十八条　违反本法规定，屠宰、经营、运输的动物未附有检疫证明，经营和运输的动物产品未附有检疫证明、检疫标志的，由动物卫生监督机构责令改正，处同类检疫合格动物、动物产品货值金额百分之十以上百分之五十以下罚款；对货主以外的承运人处运输费用一倍以上三倍以下罚款。

违反本法规定，参加展览、演出和比赛的动物未附有检疫证明的，由动物卫生监督机构责令改正，处一千元以上三千元以下罚款。

第七十九条　违反本法规定，转让、伪造或者变造检疫证明、检疫标志或者畜禽标识的，由动物卫生监督机构没收违法所得，收缴检疫证明、检疫标志或者畜禽标识，并处三千元以上三万元以下罚款。

第八十条　违反本法规定，有下列行为之一的，由动物卫生监督机构责令改正，处一千元以上一万元以下罚款：

（一）不遵守县级以上人民政府及其兽医主管部门依法作出的有关控制、扑灭动物疫病规定的；

（二）藏匿、转移、盗掘已被依法隔离、封存、处理的动物和动物产品的；

（三）发布动物疫情的。

第八十一条　违反本法规定，未取得动物诊疗许可证从事动物诊疗活动的，由动物卫生监督机构责令停止诊疗活动，没收违法所得；违法所得在三万元以上的，并处违法所得一倍以上三倍以下罚款；没有违法所得或者违法所得不足三万元的，并处三千元以上三万元以下罚款。

动物诊疗机构违反本法规定，造成动物疫病扩散的，由动物卫生监督机构责令改正，处一万元以上五万元以下罚款；情节严重的，由发证机关吊销动物诊疗许可证。

第八十二条　违反本法规定，未经兽医执业注册从事动物诊疗活动的，由动物卫生监督机构责令停止动物诊疗活动，没收违法所得，并处一千元以上一万元以下罚款。

执业兽医有下列行为之一的，由动物卫生监督机构给予警告，责令暂停六个月以上一年以下动物诊疗活动；情节严重的，由发证机关吊销注册证书：

（一）违反有关动物诊疗的操作技术规范，造成或者可能造成动物疫病传播、流行的；

（二）使用不符合国家规定的兽药和兽医器械的；

（三）不按照当地人民政府或者兽医主管部门要求参加动物疫病预防、控制和扑灭活动的。

第八十三条　违反本法规定，从事动物疫病研究与诊疗和动物饲养、屠宰、经营、隔离、运输，以及动物产品生产、经营、加工、贮藏等活动的单位和个人，有下列行为之一的，由动物卫生监督机构责令改正；拒不改正的，对违法行为单位处一千元以上一万元以下罚款，对违法行为个人可以处五百元以下罚款：

（一）不履行动物疫情报告义务的；

（二）不如实提供与动物防疫活动有关资料的；

（三）拒绝动物卫生监督机构进行监督检查的；

（四）拒绝动物疫病预防控制机构进行动物疫病监测、检测的。

第八十四条　违反本法规定，构成犯罪的，依法追究刑事责任。

违反本法规定，导致动物疫病传播、流行等，给他人人身、财产造成损害的，依法承担民事责任。

第十章　附　　则

第八十五条　本法自2008年1月1日起施行。

附录二 生猪屠宰管理条例

（1997年12月12日国务院第六十四次常务会议通过
1997年12月19日中华人民共和国国务院令第238号发布）

第一条 为了加强生猪屠宰管理，保证生猪产品质量，保障人民身体健康，制定本条例。

第二条 国家对生猪实行定点屠宰、集中检疫、统一纳税、分散经营的制度。

第三条 国务院商品流通行政主管部门主管全国生猪屠宰的行业管理工作。

县级以上地方人民政府商品流通行政主管部门负责本行政区域内生猪屠宰活动的监督管理。

乡镇屠宰厂(场)生猪屠宰活动的具体管理体制，由省、自治区、直辖市人民政府规定。

第四条 定点屠宰厂(场)的设置规划由省、自治区、直辖市人民政府按照统一规定、合理布局、有利流通、方便群众、便于检疫和管理的原则，结合本地实际情况制定。

第五条 定点屠宰厂(场)由市、县人民政府根据定点屠宰厂(场)的设置规划，组织商品流通行政主管部门和农牧部门以及其他有关部门，依照本条例规定的条件审查、确定，并颁发定点屠宰标志牌。

定点屠宰厂(场)应当将定点屠宰标志牌悬挂于显著位置。

未经定点，任何单位和个人不得屠宰生猪；但是，农村地区个人自宰自食的除外。

第六条 定点屠宰厂(场)的选址，应当远离生活饮用水的地表水源保护区，并不得妨碍或者影响所在地居民生活和公共场所的活动。

第七条 定点屠宰厂(场)应具备下列条件：

(一)有与屠宰规模相适应，水质符合国家规定标准的水源条件；

(二)有符合国家规定要求的待宰间、屠宰间、急宰间以及生猪屠宰设备和运载工具；

(三)有依法取得健康证明的屠宰技术人员；

(四)有经考核合格的专职或者兼职的肉品品质检验人员；

(五)有必要的检验设备、消毒设施和消毒药品及污染物处理设施；

(六)有生猪及生猪产品无害化处理设施；

(七)有符合《中华人民共和国动物防疫法》规定的防疫条件。

第八条 生猪屠宰的检疫及监督，依照《中华人民共和国动物防疫法》和国务院的有关规定执行。

生猪屠宰的卫生检验及监督，依照《中华人民共和国食品卫生法》的规定进行。

第九条 定点屠宰厂(场)屠宰的生猪，应当经生猪产地动物防疫监督机构检疫合格。

第十条 定点屠宰厂(场)屠宰生猪，应当符合国家规定的操作规程和技术要求。

第十一条 定点屠宰厂(场)应当建立严格的肉品品质检验管理制度。肉品品质检验必须与生猪屠宰同步进行，并对肉品品质检验结果及其处理情况进行登记。

经肉品品质检验合格的生猪产品，定点屠宰厂(场)应当加盖肉品品质检验合格验讫印章，放行出厂(场)；经肉品品质检验不合格的生猪产品，应当在肉品品质检验人员的监督下，按照国家有关规定处理。

第十二条 定点屠宰厂(场)不得对生猪或者生猪产品注水或者注入其他物质。

第十三条 定点屠宰厂(场)对未能及时销售或者及时出厂(场)的生猪产品,应当采取冷冻或者冷藏等必要措施予以储存。

第十四条 从事生猪产品销售、生猪产品加工的单位和个人以及饭店、宾馆、集体伙食单位,销售或者使用的生猪产品应当是定点屠宰厂(场)屠宰的生猪产品。

第十五条 违反本条例规定,未经定点,擅自屠宰生猪的,由市、县人民政府商品流通行政主管部门予以取缔,并由市、县人民政府商品流通行政主管部门会同其他有关部门没收非法屠宰的生猪产品和违法所得,可以并处违法经营额3倍以下的罚款。

第十六条 违反本条例规定,定点屠宰厂(场)对经肉品品质检验不合格的生猪产品未按国家有关规定处理的,由市、县人民政府商品流通行政主管部门责令限期处理,可以处50 000元以下的罚款。

第十七条 违反本条例规定,定点屠宰厂(场)出厂(场)未经肉品品质检验或者经肉品品质检验不合格的生猪产品,由市、县人民政府商品流通行政主管部门没收生猪产品和违法所得,可以并处违法经营额1倍以下的罚款。

市场销售的生猪产品未经肉品品质检验或者经肉品品质检验不合格的,由卫生行政、工商行政管理等有关部门按照各自的职责分工,对负有责任的生产者、销售者依法给予处罚。

第十八条 违反本条例规定,定点屠宰厂(场)对生猪、生猪产品注水或者注入其他物质的,由市、县人民政府商品流通行政主管部门责令停止屠宰活动,没收注水或者注入其他物质的生猪、生猪产品和违法所得,可以并处违法经营额1倍以上5倍以下的罚款;情节严重的,经市、县人民政府批准,取消定点屠宰厂(场)资格。

市场销售的生猪产品是注水或者注入其他物质的,由卫生行政、工商行政管理等有关部门按照各自的职责分工,对负有责任的生产者、销售者依照前款规定给予处罚。

第十九条 商品流通行政主管部门和其他有关部门的工作人员滥用职权、玩忽职守、徇私舞弊、索贿受贿,构成犯罪的,依法追究刑事责任;尚不构成犯罪的,依法给予行政处分。

第二十条 商品流通行政主管部门的工作人员依照本条例规定对定点屠宰厂(场)进行监督检查时,应当出示检查证件。

第二十一条 牛、羊和省、自治区、直辖市人民政府确定实行定点屠宰的其他动物的屠宰管理办法,由省、自治区、直辖市根据本地区的实际情况,参照本条例规定。

第二十二条 本条例所称生猪产品,是指生猪屠宰后未经加工的胴体、肉、脂、脏器、血液、骨、头、蹄、皮。

第二十三条 本条例实施前设立的屠宰厂(场),符合本条例规定的定点要求和条件的。其定点资格不再重新审查、确定;不符合本条例规定的定点要求和条件的,应当自本条例实施之日起180天内达到本条例规定的定点要求和条件,逾期仍达不到的,应当停止屠宰活动,进行整顿或者予以撤销。

第二十四条 本条例自1998年1月1日起实施。

附录三 中华人民共和国国家标准

畜禽病害肉尸及其产品无害化处理规程(GB 16548—2006)

1 主题内容与适用范围

本标准规定了畜禽病害肉尸及其产品的销毁、化制、高温处理和化学处理的技术规范。

本标准适用于各类畜禽饲养场、肉类联合加工厂、定点屠宰点和畜禽运输及肉类市场等。

2 处理对象

2.1 猪、牛、羊、马、驴、骡、驼、兔、鸡及火鸡、鸭等患传染性疾病、寄生虫病和中毒性疾病的肉尸(除去皮毛、内脏和蹄)及其产品(内脏、血液、骨、蹄、角和皮毛)。

2.2 其他动物病害肉尸及其产品的无害化处理,参照本标准执行。

3 病死畜禽的无害化处理

3.1 销毁

3.1.1 适用对象

确认为炭疽、鼻疽、牛瘟、牛肺疫、恶性水肿、气肿疽、狂犬病、羊快疫、羊肠毒血症、肉毒梭菌中毒症、羊猝狙、马流行性淋巴管炎、马传染性贫血、马鼻腔肺炎、马鼻气管炎、蓝舌病、非洲猪瘟、猪瘟、口蹄疫、猪传染性水泡病、猪密螺旋体病、急性猪丹毒、牛鼻气管炎、牛病毒性腹泻、黏膜病、钩端螺旋体病(已黄染的肉尸)、李氏杆菌病、布鲁氏菌病、鸡新城疫、马立克氏病、鸡瘟(禽流感)、小鹅瘟、鸭瘟、兔病毒性出血症、野兔热、兔产气荚膜梭菌病等传染病和恶性肿瘤或两个器官发现肿瘤的病畜禽整个尸体;从其他患病畜禽各部分修割下来的病变部分和内脏。

3.1.2 操作方法

下述操作中,运送尸体应采用密闭容器。

3.1.2.1 湿法化制

利用湿化机,将整个尸体投入化制(熬制工业油)。

3.1.2.2 焚毁

将整个尸体或修割下来的病变部分和内脏投入焚化炉中烧毁炭化。

3.2 化制

3.2.1 适用对象

凡病变严重、肌肉发生退行性变化,按规定须销毁以外的其他疾病、中毒性疾病、囊虫病、旋毛虫病及自行死亡或不明原因死亡的畜禽的整个尸体或胴体和内脏。

3.2.2 操作方法

利用干化机,将原料分类,分别投入化制,亦可使用3.1.2.1方法化制。

3.3 高温处理

3.3.1 适用对象

猪肺疫、溶血性链球菌病、猪副伤寒、结核病、副结核病、禽霍乱、传染性法氏囊病、鸡传染性支气管炎、鸡传染性喉气管炎、羊痘、山羊关节炎脑炎、绵羊梅迪/维斯那病、弓形虫病、梨形虫病、锥虫病等病畜的胴体和内脏。

确认为3.1.1传染病病畜禽的同群畜禽以及怀疑被其污染的胴体和内脏。

3.3.2　操作方法

3.3.2.1　高压蒸煮法

把肉尸切成重不超过 2 kg、厚不超过 8 cm 的肉块，放在密闭的高压锅内，在 112 kPa 压力下蒸煮 1.5～2 h。

3.3.2.2　一般煮沸法

将肉尸切成 3.3.2.1 规定大小的肉块，放在普通锅内煮沸 2～2.5 h(从水沸腾时算起)。

4　病畜禽产品的无害化处理

4.1　血液

4.1.1　漂白粉消毒法

用于 3.1.1 中的传染病以及血液寄生虫病病畜禽血液的处理。

将 1 份漂白粉加入 4 份血液中充分搅匀，放置 24 h 后于专设掩埋废弃物的地点掩埋。

4.1.2　高温处理

将已凝固的血液切成豆腐方块，放入沸水中烧煮，至血块深部呈黑红色并成蜂窝状时为止。

4.2　蹄、骨和角

将肉尸作高温处理时剔出的病畜禽骨和病畜的蹄、角放入高压锅内蒸煮至骨脱胶或脱脂时为止。

4.3　皮毛

4.3.1　盐酸食盐溶液消毒法

用于 3.1.1 疫病被污染的和一般病畜的皮毛消毒。

用 2.5%盐酸溶液和 15%食盐水溶液等量混合，将皮张浸泡在此溶液中，并使液温保持在 30 ℃左右，浸泡 40 h，皮张与消毒液之比为 1∶10(m / V)。浸泡后捞出沥干，放入 2%氢氧化钠溶液中，以中和皮张上的酸，再用水冲洗后晾干。也可按 100 mL 25%食盐水溶液中加入盐酸 1 mL 配制消毒液，在室温 15 ℃条件下浸泡 48 h，皮张与消毒液之比为 1∶4。浸泡后捞出沥干，再放入 1%氢氧化钠溶液中浸泡，以中和皮张上的酸，再用水冲洗后晾干。

4.3.2　过氧乙酸消毒法

用于任何病畜的皮毛消毒。

将皮毛放入新鲜配制的 2%过氧乙酸溶液中浸泡 30 min，捞出，用水冲洗后晾干。

4.3.3　碱盐液浸泡消毒

用于 3.1.1 疫病污染的皮毛消毒。

将病皮浸入 5%碱盐液(饱和盐水内加 5%烧碱)中，室温(17～20 ℃)浸泡 24 h，并随时加以搅拌，然后取出挂起，待碱盐液流净，放入 5%盐酸液内浸泡，使皮上的酸碱中和，捞出，用水冲洗后晾干。

4.3.4　石灰乳浸泡消毒

用于口蹄疫和螨病病皮的消毒。

制法：将 1 份生石灰加 1 份水制成熟石灰，再用水配成 10%或 5%混悬液(石灰乳)。

口蹄疫病皮，将病皮浸入 10%石灰乳中浸泡 2 h；螨病病皮，则将皮浸入 5%石灰乳中浸泡 12 h，然后取出晾干。

4.3.5　盐腌消毒

用于布鲁氏菌病病皮的消毒

用皮重 15%食盐，均匀撒在皮的表面，一般毛皮腌制 2 个月，胎儿毛皮腌制 3 个月。

4.4　病畜鬃毛的处理

将鬃毛置于沸水中煮沸 2～2.5 h。

用于任何病畜的鬃毛处理。

参 考 文 献

[1] 郑明光. 动物性食品卫生检验. 北京:解放军出版社,2003

[2] 甘肃农业大学,南京农业大学. 动物性食品卫生学. 北京:中国农业出版社,1997

[3] 甘肃农业大学,南京农业大学. 动物性食品卫生学实验实习指导. 北京:中国农业出版社,1990

[4] 孙锡斌. 动物性食品卫生学. 北京:高等教育出版社,2006

[5] 王雪敏. 动物性食品卫生检验. 北京:中国农业出版社,2002

[6] 佘锐萍. 动物产品卫生检验. 北京:中国农业大学出版社,2000

[7] 史贤明. 食品安全与卫生学. 北京:中国农业出版社,2005

[8] 孔繁瑶. 家畜寄生虫病学. 2 版 . 北京:中国农业大学出版社,1997

[9] 杨文泰等. 乳及乳制品检验技术. 北京:中国计量出版社,1997

[10] 许益民. 动物性食品卫生学. 北京:中国农业出版社,2003

[11] 王秉栋. 食品卫生检验手册. 上海:上海科技出版社,2003

[12] 蔡宝祥. 家畜传染病学. 北京:中国农业出版社,2001

[13] 张彦明. 佘锐萍. 动物性食品卫生学. 3 版 . 北京:中国农业出版社,2002

[14] 卫生部卫生监督中心卫生标准处. 食品卫生标准及相关法规汇编(上、下). 北京:中国标准出版社,2005

[15] 农业部农产品质量安全中心. 无公害食品标准汇编.

[16] 马美湖,刘焱. 无公害肉制品综合生产技术. 北京:中国农业出版社,2003

[17] 曹斌,姜凤丽. 动物性食品卫生检验. 北京:中国农业大学出版社,2008